PERSPECTIVAS ENERGETICAS Y CRECIMIENTO ECONOMICO EN ARGENTINA

UN ESTUDIO GLOBAL Y SECTORIAL DE LA DEMANDA DE ENERGIA

PROGRAMA DE ENERGETICOS

Oscar Guzmán y Hugo Altomonte

Perspectivas energéticas y crecimiento económico en Argentina

Un estudio global y sectorial de la demanda de energía

El Colegio de México

Primera edición (1 000 ejemplares) 1982

Camino al Ajusco, 20
Pedregal de Sta. Teresa
10740 - México D.F.

Impreso y hecho en México. *Printed and made in Mexico*

ISBN 968-12-0200-7 (versión original)
978-968-120-200-2 (versión facsimilar)

INDICE

PREFACIO

Desde principios de los años setenta los países semi-industriales así como los subdesarrollados, ante los fuertes incrementos de los precios del petróleo en el mercado internacional, se vieron enfrentados a una agudización del deterioro de sus economías. La crisis económica global con su secuela de disminución del comercio internacional, se sumó al encarecimiento de los energéticos, acentuó los crónicos problemas de la balanza de pagc de los países subdesarrollados y multiplicó su endeudamiento externo. Las nuevas condiciones aparecidas en el abastecimiento energético se constituyeron, así, en una restricción adicional en el intento de dinamizar las economías de los países menos avanzados por medio de la industrialización.

La racionalización del crecimiento de la demanda energética a través de la sustitución del petróleo crudo y de sus derivados por otras fuentes, la política de precios y los incentivos al ahorro de energía en los principales sectores consumidores, se convirtió en uno de los ejes principales de las políticas energéticas de los mayores países consumidores. La importancia de la regulación de la demanda energética quedó evidenciada a principios de los ochenta cuando constituyó uno de los principales factores de la sobreoferta de crudo en el mercado internacional con lo que se revirtió la situación surgida en el decenio anterior.

Si bien en ciertos países subdesarrollados surgieron algunos lineamientos generales de política energética tendientes a amortiguar los efectos del encarecimiento de la energía y a regular el crecimiento de la demanda, la falta de un conocimiento preciso de la naturaleza de la misma, así como de los factores determinantes de su evolución, restringió la capacidad de elaboración y aplicación de una política energética que al menos paliara el déficit energético de la mayoría de estos países.

Ante la importancia que ha adquirido la cuestión energética en la planificación del desarrollo en el último decenio, El Colegio de México a través de su Programa de Energéticos, decidió publicar este libro con el propósito de contribuir a esclarecer el estudio de las bases sobre las que debe apoyarse la planeación energética en el marco de la planeación económica general.

El trabajo que aquí se presenta aborda el problema energético desde el campo de la demanda, llevando a cabo un análisis riguroso de su evolución de las modificaciones que ha experimentado y de los factores que han incidido en ambos. Para lograr su objetivo los autores no se han restringido al empleo de la econometría y a la simple evaluación cuantitativa de los indicadores, sino que sitúan el problema en una perspectiva histórica en la que se consideran como fundamentales las características estructurales propias así como las condicionantes internas y la inserción internacional de la formación económica y social argentina. En el análisis de las cuatro décadas consideradas en el trabajo, 1939-1977, se trata el tema en el contexto de una periodización económico-política fundamentada en las distintas fases de la evolución económica del país. Este marco constituye un referente indispensable del análisis global y sectorial de los dos primeros capítulos y una base para la prospección al año 2000 del tercero.

Las condiciones del abastecimiento en cuanto a la infraestructura, los precios, así como la incidencia de éstos en los gastos de las familias y de las industrias, entre otros elementos, son explorados en la perspectiva de encontrar una explicación a la evolución y modificación de los patrones de consumo energético del país. El tratamiento de estos aspectos ha obligado a los autores a un valioso esfuerzo de recopilación, homogeneización y procesamiento de la información y del cual se da cuenta tanto en el transcurso del libro como en el anexo estadístico incorporado.

El Colegio de México, al publicar este libro, ha querido contribuir a difundir los esfuerzos de investigadores latinoamericanos por enriquecer las bases para la planificación energética en esta parte del continente y se propone, así, alentar el acercamiento entre quienes están preocupados por sacar a los países de la región de su estancamiento económico y de su dependencia política.

Mayo de 1982

Miguel S. Wionczek
Programa de Energéticos

NOTA ACLARATORIA

El presente trabajo es la versión castellana resumida del que fuera elaborado junto con H. Altomonte y presentado en febrero de 1980 como tesis de doctorado en la Facultad de Ciencias Económicas de la Universidad de Grenoble, Francia, en coordinación con el Instituto Económico y Jurídico de la Energía de dicha universidad.

Esta versión recoge los aspectos principales de la anterior; sin embargo, debo señalar que las necesidades de síntesis me llevaron a simplificar algunos temas, a dejar de lado otros, así como a introducir ligeras modificaciones de presentación.

Quiero expresar nuestro sincero agradecimiento a Jacques Percebois y a Jean Marie Martin del IEJE, como a Carlos Suárez y Víctor Bravo del Instituto De Economía Energética de Argentina, por el apoyo amplio que nos brindaron en el transcurso de la investigación. Esta publicación es posible gracias a la generosa disposición de El Colegio de México que le ha dado cabida dentro del Programa de Energéticos dirigido por Miguel S. Wionczek a quien agradecemos sus constantes estímulos.

Mayo de 1982

Oscar M. Guzmán
El Colegio de México

INTRODUCCION

Desde hace ya varios años, un cierto número de instituciones argentinas, en particular organismos gubernamentales, han tenido la preocupación constante de desarrollar una evaluación de los posibles niveles de la futura demanda energética del país, situándose ya sea en un plano global o de mayor desagregación. Esta preocupación remonta más allá de la llamada crisis energética mundial de principios de los setenta, sin embargo, no está desligada de la crítica situación planteada por el sistema de abastecimiento de energía del país durante los decenios que precedieron a los años sesenta. Surgieron así diferentes estudios previsionales en relación con las diversas orientaciones económicas y políticas de las sucesivas administraciones de gobierno.

Si se examina el Plan Energético Nacional 1977-1985, publicado por la Secretaría de Estado de Energía en 1977, que efectúa una estimación de la demanda energética en el horizonte temporal de 1985, se verifica que el estudio se lleva adelante desde una perspectiva relativamente global:

> La evolución de la demanda total de energía aparente ha sido realizada por correlación entre ésta y un crecimiento económico esperado, expresado a partir del producto interno bruto.[1]

Estas observaciones junto a otras semejantes aparecidas en diferentes estudios previsionales destacan tres aspectos que es conveniente poner de manifiesto:

– En primer lugar, la voluntad de relacionar el consumo de energía con la evolución del *conjunto* de la economía, relación que aparece aquí con-

[1] Secretaría de Estado de Energía, Presidencia de la Nación, ***Plan Energético Nacional 1977-1985,*** Buenos Aires, 1977.

cretada simplemente a través de una correlación estadística entre la demanda de energía y el producto interior bruto.

- En segundo lugar, el hecho de suponer una tasa de crecimiento del producto interno bruto implica considerar una determinada alternativa de crecimiento, tanto sectorial como global, a la cual se supone asociado un consumo frecuentemente ya determinado, una vez más, por correlación con el valor agregado sectorial correspondiente.
- Por último, la mayoría de estos estudios subestiman la influencia que puede tener sobre la demanda de energía el desarrollo del sistema de abastecimiento.

En vista del alto grado de rigidez e inercia estructurales de corto plazo existentes en lo que concierne tanto a la producción como a la demanda de energía, este tipo de tratamiento de la prospección y de la previsión de la demanda puede dar resultados relativamente satisfactorios en períodos de igual característica. Sin embargo, la validez de estos modelos globales sólo se verifica bajo la condición de continuidad en el tiempo del conjunto de la actividad económica y del aporte del sistema de aprovisionamiento de energía, es decir, en la medida de que esa continuidad persista más allá de las fluctuaciones del funcionamiento de la estructura productiva global. Además, el carácter extremadamente agregado de esta metodología suprime toda explicación seria de las razones que fundamentan la evolución de la demanda y sus cambios a través de los factores que la determinan. Es precisamente por este motivo que estos modelos se ven fuertemente cuestionados cuando surgen modificaciones importantes en el sistema económico general; esto se debe a que las transformaciones más profundas que pueden desarrollarse dentro de los diversos sectores implicados en el sistema productivo, incluido el energético, no se traducen necesariamente en un indicador como el PIB.

Con frecuencia la evaluación de la futura demanda de energía a partir de una correlación estadística, tal como se efectuó en el plan mencionado anteriormente, implica la transposición en el futuro de las tendencias pasadas para un período que excede normalmente el corto plazo. Dicho de otro modo, esto equivale a proyectar en el futuro la evolución pasada del contenido energético del producto sin tener en cuenta sus posibles modificaciones derivadas tanto del nivel de la producción como del consumo energético y sin considerar, por consiguiente, las vicisitudes del modelo de crecimiento que puede llevar a distintas situaciones en la utilización de la energía.

Puesto de esta manera, el problema queda planteado a nivel de la relación existente entre crecimiento económico y sistema energético global, de abastecimiento y de consumo. Por ello, la precisión de los mecanismos que determinan esta relación y sus características se presenta como uno de los aspectos esenciales pòr analizar para poder establecer una base interpretativa de la demanda y desarrollar un ensayo previsional o prospectivo. Esta especificación cobra aún mayor significación al tratarse, como en este caso, de un país semiindustrializado o bien subdesarrollado, donde los márgenes de maniobra en el campo energético, como en otros, aparecen a menudo restringidos ante la escasez relativa de capital, de tecnología o de recursos energéticos.

El objetivo de este trabajo de configurar un esquema explicativo de la evolución de los consumos energéticos con la perspectiva de construir una base para el análisis previsional e incluso prospectivo, hace indispensable determinar las relaciones que han existido y existen entre la demanda de energía, el abastecimiento energético y el conjunto del sistema económico y social.

Estas relaciones no son fijas ni estables en el tiempo, por ello, un análisis histórico de los rasgos que las caracterizaron en las diferentes fases de la evolución de la formación social argentina, desde fines de los años treinta, debe contribuir a una mejor comprensión del sistema de interrelaciones.

En el presente estudio se considera que el consumo de energía está estrechamente asociado, en su nivel y composición, a las condiciones en las cuales se desenvuelve el abastecimiento de energía, considerándolo desde el punto de vista de la composición de su estructura productiva así como de la procedencia de sus suministros. En el caso argentino, el abastecimiento energético ha evolucionado fuertemente restringido por las circunstancias que rodearon el proceso de crecimiento basado en la sustitución de las importaciones; así, entre los elementos que han incidido en la conformación de las características de la oferta energética se pueden destacar:

i) los recursos internos de las diferentes formas de energía primaria existentes,
ii) la explotación de esos recursos,
iii) la relación de fuerza establecida entre diferentes grupos económicos y sociales en el interior del país y sus correlaciones con los distintos grupos de interés a nivel internacional.

Este es un aspecto que de ningún modo puede dejarse de lado, puesto que ha sido el origen de políticas económicas y energéticas de las más diversas naturalezas que influyeron de manera esencial en la elección de alguna de las distintas opciones energéticas posibles.

La combinación de estos tres elementos, permanentemente presentes en los distintos períodos, ha producido resultados desiguales de una etapa a la otra. En efecto, a pesar de que desde hace ya varias décadas se sabía de la existencia en el territorio nacional de recursos energéticos suficientes como para satisfacer la demanda interna, hasta principios de los sesenta el país estuvo sujeto a una fuerte dependencia energética del exterior. Esta situación de dependencia no se revirtió sino con la instrumentación de políticas económicas bien precisas, en las que se reservó un trato preferencial a la inversión privada, en particular la extranjera, aplicadas en el contexto de relaciones internacionales definidas.

En el primer capítulo de este trabajo se intentará, en lo posible, poner de manifiesto cuáles han sido las repercusiones sobre el abastecimiento y la demanda de energéticos de los cambios producidos en la evolución del sistema económico en su conjunto, es decir, abordado desde una perspectiva global.

Puesto que, por un lado, la relación energía-producto interior bruto ha sido utilizada frecuentemente para el análisis de las relaciones entre el sector energético (producción y/o consumo) y el crecimiento económico, y que, por otra, se asocian a esas evoluciones consideraciones relativas tanto a las modificaciones de la estructura productiva como de los rendimientos de utilización de la energía, se procederá al estudio de dichas variaciones en el transcurso de los diferentes períodos que se definirán.

En vista de ello, cabe preguntarse si es válido considerar para un país como la Argentina, que el contenido energético del producto deberá evolucionar según lo han hecho los contenidos energéticos de los países industrializados en estadios de desarrollo que se aproximarían al actual de la Argentina. A pesar de que en el caso de Argentina puedan encontrarse ciertas semejanzas con algunos países desarrollados al comparar las tendencias del consumo de energía y del incremento del PIB, el análisis del sistema energético del país debe partir de la consideración de las características particulares de su estructura productiva, de su evolución y de su inserción en el sistema económico internacional.

Así, no sólo es necesario abandonar una perspectiva de análisis de tipo rostowiana, sino que también se hace indispensable superar los esquemas de estudio globales puesto que, por una parte, el PIB es un agregado que encierra sectores extremadamente heterogéneos desde el punto de vista de la actividad económica y, por otra, la energía total es, a su vez, un conjunto que reagrupa distintas formas de energía utilizadas con fines diversos.

Es por ello que en la búsqueda de un modelo explicativo de la evolución de los consumos, en el capítulo II de este trabajo se desarrolla el estudio de la demanda de las diferentes formas de energía consumidas en el país ubicándolas en el plano de mayor desagregación posible. En esta perspectiva se trata de encontrar las relaciones que vinculan la demanda de energía, el aprovisionamiento energético y las transformaciones socioeconómicas analizadas a nivel sectorial. Ello ha llevado a considerar numerosos conjuntos coherentes, en lo posible, desde el punto de vista de su actividad y de la utilización de la energía que resulta de ella. Así se distingue:

a) El sector doméstico, que comprende los consumos energéticos destinados a cubrir las necesidades en el *hábitat.*

b) El sector industrial, en el que se ha introducido una diferenciación entre la industria manufacturera y el sector de la producción de energía.

c) El sector transportes, dentro del cual se consideran los distintos sistemas de desplazamiento tanto de personas como de mercancías.

d) El sector terciario, que es el único sector donde se reagrupan conjuntos heterogéneos tales como comercio, gobierno y servicios en general.

e) El sector agropecuario, que abarca la actividad agrícola y la cría de ganado.

Estos sectores inciden de manera diferente sobre el conjunto de la demanda de las distintas formas de energía, por ello, en este análisis se ha privilegiado en particular el estudio de los tres primeros cuya importancia es determinante en la evolución de la demanda energética. Sin embargo, en todos los casos se ha tratado de precisar los factores explicativos de la evolución de los consumos y de la modificación de su estructura a partir de las características propias de la actividad de cada sector. Esta forma de llevar a cabo el análisis permite una mejor comprensión de la evolución de los niveles de consumo y de las transformaciones en su composición, lo que no es posible cuando se lo aborda desde una perspectiva global.

En relación a la información existente y disponible es necesario hacer una observación común al conjunto de los sectores; en primer lugar, a medida que el análisis retrocede en el tiempo, la existencia de datos desagregados y confiables se hace mucho más difícil (es el caso particular del período 1939-1953 para el cual se ha debido recurrir al análisis en corte). En segundo lugar, dentro de cada sector el nivel de desagregación es a menudo muy reducido tanto en lo que se refiere al consumo de energía como a las variables explicativas.

Otra de las restricciones del presente trabajo surge de una de las características del país como es el fuerte contraste existente entre regiones (en particular entre la zona de Capital Federal-Buenos Aires y el resto del país). Si bien se ha podido elaborar una base informativa sectorial no ha sido posible hacerlo regionalmente, consecuentemente el estudio se efectúa a nivel del conjunto del país, sabiéndose pertinentemente que la división regional resulta indispensable para un estudio prospectivo de la demanda de energía.

Un inconveniente adicional aparece en la diferenciación de la energía consumida en energía aparente y energía útil, a través de la introducción de los rendimientos de transformación final. En casi todos los casos el análisis se desarrolló a nivel de energía aparente, en ese sentido la óptica de la producción se vuelve necesariamente preponderante en detrimento de la óptica del consumo final.

Las limitaciones de la información no corresponden solamente a la demanda de energía, sino que aparecen también parcialmente en el análisis de los factores explicativos como, por ejemplo, los precios y las tarifas según los distintos niveles de consumo, los equipos utilizados en todos los sectores y sus rendimientos, etcétera. Esta restricción se agrava aún más cuando se quiere analizar la evolución simultánea de los consumos de energía y de algunos factores explicativos que están asociados a ellos.

A pesar de las características propias de cada sector tanto para el uso de la energía como por la naturaleza de las actividades que en él se desarrollan, el intento de explicar la evolución de la demanda de energía y sus modificaciones llevó a considerar no solamente elementos específicos propios de cada uno de ellos, sino también a tener en cuenta algunos que son comunes a todos. Entre estos últimos se consideraron los precios de las diferentes formas de energía puestos en vigencia en los distintos sectores consumidores; así, se intentó estimar la posible incidencia de los precios sobre los niveles de consumo y sobre las sustituciones entre las distintas formas de energía. Esto permite también observar indirectamente los resultados de las distintas políticas de precios sobre los consumos de la energía. Cabe destacar que existen diferencias intra e intersectoriales en los precios así como disparidades regionales en su aplicación que complican considerablemente todo estudio. Además, la información disponible no vincula los distintos niveles de precios con las respectivas cantidades consumidas. Por todo ello el análisis de este factor no constituye sino un marco de referencia que orienta parcialmente la explicación de la evolución de la demanda de energía.

Junto con los precios, la infraestructura puesta en servicio para el abastecimiento energético: producción, transporte y distribución, es otro de los elementos que ha incidido considerablemente en el uso de la energía. En este trabajo se tratará de poner de manifiesto el impacto que ha tenido el desarrollo de esta infraestructura sobre los consumos de determinados sectores y sobre la modificación de la estructura de las energías utilizadas en ellos. A partir de los años sesenta el establecimiento de la infraestructura energética tuvo una influencia notable en la expansión del consumo de algunas formas de energía e inversamente, en el caso de otros energéticos, el bloqueo en la oferta junto con una determinada política de precios trajo como consecuencia el estancamiento de la demanda.

El hecho de aislar los diferentes sectores con el propósito de buscar factores explicativos en el interior de ellos mismos no significa necesariamente dejar de lado las posibles relaciones existentes entre los mismos, relaciones que pueden incidir en la evolución de los consumos energéticos. En este sentido, el surgimiento de algunas ramas de la industria en un período determinado se tradujo en el equipamiento de algunos sectores, tal como aconteció con la agricultura y los transportes, e incidió por consiguiente en la utilización de la energía en su conjunto.

Un análisis sectorial de la demanda puede constituir una plataforma para intentar la evaluación de los consumos futuros de energía, partiendo de las características propias del desarrollo de cada sector, por un lado, y de la posible evolución del sistema de aprovisionamiento energético, por otro. Precisamente sobre esta base se apoya el tercer capítulo del trabajo, en el cual se lleva a cabo un estudio de la demanda de energía a largo plazo con base en una metodología que puede considerarse como la de los escenarios sectoriales exploratorios.

El propósito se concreta después de haber analizado los principales ensayos previsionales efectuados en Argentina tratando de poner en evidencia sus contribuciones al estudio del tema así como sus limitaciones.

En lo que respecta al ensayo prospectivo desarrollado, se elaboraron dos escenarios fuertemente contrastados y fundamentados en un cierto número de hipótesis coherentes, en lo posible, dentro del contexto de cada uno de los escenarios; a partir de estas hipótesis y de los marcos globales establecidos, se estudió la evolución del consumo de energía al año 2000.

Así, el conjunto del trabajo comprende los tres capítulos siguientes:

I. El análisis global de la demanda de energía.
II. El análisis sectorial de la demanda de energía.
III. Las perspectivas energéticas al año 2000.

Capítulo I

EL ANALISIS GLOBAL DE LA DEMANDA DE ENERGIA

SECCION I

Reseña de la evolución del sistema económico argentino

Los acontecimientos económico-políticos de los años 1929 a 1932 al igual que la crisis internacional de la Primera Guerra Mundial, marcaron fuertemente la evolución de la economía argentina, no sólo en razón de sus efectos inmediatos sino también, y en especial, porque pusieron de manifiesto nuevamente las debilidades de la estructura económica existente en esa época. Después de la consolidación de la unidad institucional en 1853 y desde los dos últimos decenios del siglo XIX, el país se integró progresivamente a la economía internacional. Al disponer de amplias llanuras aptas para la agricultura y la ganadería, la producción agropecuaria se desarrolló de manera extensiva e íntimamente ligada a la exportación hacia los mercados británicos y de Europa continental. Así quedó establecido el sistema de intercambio de productos agrícolas primarios por productos manufacturados y el país se insertó en la división internacional del trabajo como proveedor de productos agropecuarios bajo la hegemonía de Gran Bretaña.

Al mismo tiempo y en apoyo a este esquema de funcionamiento, las inversiones extranjeras fluyeron hacia el país con una intensidad que no tenía precedentes, ya sea directamente, ya sea a través de empréstitos al Estado con la finalidad de crear y extender la infraestructura necesaria para consolidar un sistema económico extravertido. Las inversiones se orientaron a la construcción de ferrocarriles, puertos y carreteras, pero además a las primeras industrias manufactureras destinadas, en su mayoría, a una primera transformación de los productos agropecuarios dirigidos a los mercados externos.

El proceso de crecimiento dio lugar a una estructuración del espacio caracterizada por la localización de la actividad económica, en el sentido más amplio de la expresión, alrededor de la ciudad de Buenos Aires cuyo puerto concentró el movimiento de exportación e importación y constituyó, a la vez, el centro de un sistema ferroviario desarrollado en forma radial.

La industria comenzó a extenderse no solamente a partir de la producción de las ramas alimenticias sino también, aunque de manera más restringida, sobre la base de algunas ramas centradas en la elaboración de determinados productos de consumo duradero. De esta manera entre 1925 y 1929 alrededor del 50 por ciento del valor agregado industrial fue provisto por las industrias de alimentos, de productos textiles, de vestimentas, de la madera y del cuero.[1]

Una fuerza de trabajo inmigrada llegó por olas sucesivas provenientes de los países europeos[2] y aseguró en gran medida la valorización de los capitales de idéntico origen así como de aquéllos que comenzaron a fluir desde Estados Unidos.[3] Por otra parte, este crecimiento de la fuerza de trabajo contribuyó al desarrollo de la demanda interna, con lo que facilitó la ampliación de las industrias cuya producción estaba dirigida a su reproducción.

A fines del primer tercio del siglo XX Argentina conformaba un sistema socioeconómico altamente dependiente de los mercados externos, tanto para la colocación de la producción agropecuaria como para su abastecimiento de productos intermedios y de maquinarias y equipos para la industria.

La crisis de 1929-1932, al igual que la Primera Guerra Mundial con anterioridad y el estrangulamiento externo que ella generó, cuestionaron el funcionamiento del sistema económico en su conjunto y marcaron de cierta manera el punto de partida de un proceso de crecimiento donde la industria constituyó el sector dinámico por excelencia. Se trató de un proceso de industrialización basado en la sustitución de importaciones en determinadas ramas de la producción que, aunque con diferencias importantes, se prolongó en un primer período hasta 1952. A lo largo de estos veintidós años es posible distinguir dos fases: la que va de 1930 a 1943 primero, y la de 1943 a 1952 después.

1. El período 1930-1952, los inicios de la industrialización por sustitución de importaciones

1.1 La fase 1930-1943

La crisis económica de principios de los treinta dio lugar, entre otros aspectos, a una mayor participación del estado como agente regulador de la economía. La aplicación de un conjunto de medidas tales como la elevación de los impuestos a la importación de determinados productos, el control del cambio,

[1] *Cf.*, C. Díaz Alejandro, *Ensayos sobre la historia económica argentina*, Buenos Aires, Argentina, 1975, pp. 222-223.

[2] La población del país aumentó de 4 millones de habitantes en 1900 a 11.9 millones en 1930, a un ritmo de 3.6% anual.

[3] En un principio la mayoría de las inversiones provinieron de Gran Bretaña, la diversificación se produjo en parte en los años treinta pero sobre todo desde los cincuenta.

la devaluación de la moneda, etcétera, favorecieron el surgimiento de numerosas ramas industriales.[4] En el transcurso de estos años la inversión aumentó significativamente en relación al producto interno bruto (PIB), en particular entre 1933 y 1938, y estuvo dirigida directamente a la industria donde los capitales norteamericanos comenzaron a adquirir un rol decisivo en el conjunto de la inversión.[5]

A su vez, la producción industrial creció a un ritmo mayor (6.5% entre 1933-38) que el PIB y que la producción agropecuaria. En este crecimiento sobresalieron las industrias que ya ocupaban un lugar importante a fines de los años treinta (alimentos y bebidas, textil), pero además productos metálicos y vehículos así como maquinarias no eléctricas. Así, entre 1933 y 1938 la sustitución de importaciones originó una menor participación de los productos de consumo no duraderos en el total de las importaciones al pasar ésta de 39% a 27.6%.

En este período la producción industrial se desarrolló sobre la base de dos características de concentración:

- en primer lugar el 57.6% de la producción correspondió al 1.9% de los establecimientos, los que ocuparon el 37.2% del total de los obreros; y
- en segundo lugar, el 98.1% de las empresas, que representaban el 42% de la producción y empleaban el 63% de la fuerza de trabajo, estaba compuesto en un 90% por pequeñas empresas y artesanos, quienes generaron solamente el 16.4% de la producción industrial.[6]

El peso creciente de la industria en la actividad económica determinó su mayor participación en el total del PIB en concordancia con una reducción de la incidencia del sector agropecuario (cuadro I.1.1).

Esta tendencia no impidió que la producción del campo mantuviera su papel clave en la economía y que los grupos sociales que la controlaban conservaran su hegemonía en el sistema político. Por el contrario, las exportaciones agrícola-ganaderas siguieron proveyendo las divisas necesarias para mantener el equilibrio de la balanza de pagos;[7] ello fue así a pesar de la disminución

[4] Estas medidas de los años treinta no deben interpretarse como resultantes de la instrumentación de una política económica coherente cuyo objetivo fuera el desarrollo del país por vía de la industrialización.

[5] *Cf.*, G. Ditella y M. Zymelman, *Los Ciclos Económicos Argentinos*, Buenos Aires, Argentina, 1973, vol. II, pp. 272-273.

[6] *Cf.*, A. Dorfman, *Evolución Industrial Argentina*, Buenos Aires, Argentina, 1942, p. 263.

[7] El mantenimiento del déficit de la balanza de pagos dentro de límites reducidos se convirtió en uno de los aspectos críticos que sería tenido en cuenta en la formulación de políticas económicas posteriores.

creciente de la parte de la producción dirigida al mercado internacional, parte que de todos modos se orientó al consumo interno, fenómeno este que se acentuó con posterioridad.[8] Dichas exportaciones constituyeron la base ecónómica sobre la cual se apoyó la oligarquía terrateniente en el gobierno la que, por los acuerdos firmados con Gran Bretaña en 1933 y profundizados en 1936, garantizó un tratamiento preferencial a los productos originarios de ese país, entre ellos algunos energéticos, a cambio del mantenimiento de la cuota de los productos agropecuarios argentinos en el conjunto de las importaciones inglesas.

Cuadro I.1.1. Participación de la industria y de la agricultura en el PIB (%)

	1930	1938	1950/54	1960/64	1970/73
Agricultura	25.8	21.7	18.8	16.3	12.3
Industria	18.6	20.9	27.7	31.2	37

FUENTE: 1930-1938, CEPAL. El Desarrollo Económico Argentino, Santiago de Chile, 1958. in. Ditella-Zymelman, *op. cit.*, p. 267.
1950-1973, Banco Central de la República Argentina (BCRA), *Producto e Ingreso de la Argentina, 1950-1973.*
Bs Hs 1974, Vol. II, pp. 130-131.

Las tendencias aparecidas después de la crisis del treinta fueron trastocadas durante los primeros años de la Segunda Guerra Mundial como consecuencia de la contracción del comercio exterior, la pérdida de los mercados europeos para la colocación de los productos del campo y las dificultades en la obtención de suministros para la industria. Sin embargo, la prioridad otorgada a las carnes argentinas por los aliados aseguró su venta durante el conflicto mundial, lo cual no sucedió en el caso de los granos (esencialmente trigo y maíz), mismos que ante la falta de bodegas fueron dirigidos a los mercados internos de combustibles en circunstancias en que estos últimos no alcanzaban a cubrir la demanda energética (entre 1940 y 1943).

1.2 La fase 1943-1952

Si bien a lo largo de los años treinta la producción industrial creció con base en las ramas indicadas sin que existiera la explicitación clara de una política gubernamental de apoyo a un proceso amplio de industrialización, la situación sufrió un cambio sustancial a partir de los años cuarenta y en especial desde

[8] En 1930-34 el 51.9% de la producción agropecuaria era destinada al consumo interno; este porcentaje fue de 74.2% en 1940-44 y de 78.7% en 1950-54, OECEI, *Argentina Económica y Social,* Buenos Aires, Argentina, 1973, vol. I, p. 75.

1943 con la llegada al poder de una fracción del ejército. Al considerar que la existencia de una industria nacional integrada constituía la base más sólida para garantizar la seguridad del país, el desarrollo de la industria se convirtió en un objetivo estratégico esencial del gobierno.[9]

La evolución de la industria con posterioridad a la gran crisis, y en particular en la segunda mitad de la década del treinta, estableció la base sobre la que se apoyaría la expansión del período siguiente. El bloqueo impuesto por la guerra actuó a modo de estimulante sobre el conjunto de la industria al surgir la necesidad de asegurar la fabricación de los bienes indispensables para la continuidad del proceso de producción.

Dada la situación internacional y la estructura productiva del país, el desarrollo industrial propuesto tuvo como elemento fundamental la ampliación del mercado de consumo interno[10] de manera tal de garantizar la realización de la producción de la industria. Esta política se concretó a través de la extensión del consumo a las más amplias capas de trabajadores por medio de la mejora de sus condiciones de vida y de un constante aumento del poder adquisitivo de los salarios. El crecimiento del empleo urbano-industrial intensificó los movimientos migratorios desde las áreas rurales hacia las ciudades, y al mismo tiempo desde el interior del país hacia la ciudad de Buenos Aires, produciéndose así una marcada disminución del número de trabajadores rurales. Los cambios sociales y políticos acaecidos en este período no dejarían de incidir sobre la evolución futura de la sociedad argentina.

Además de la ampliación del mercado interno, el crecimiento de la industria estuvo apoyado por la orientación del crédito hacia ese sector. La transferencia del excedente agropecuario hacia la industria, la nacionalización y el control de los depósitos bancarios, así como la regulación cambiaria, constituyeron las bases para el desarrollo de dicho crédito. La transferencia se realizó a partir del control del comercio exterior por el estado que le permitió apropiarse de la diferencia entre los precios agropecuarios internacionales a los que colocaba la producción y los precios internos fijados por él. Los aumentos de las ventas al exterior durante los últimos años de la guerra así como en la inmediata posguerra y la acumulación de divisas que originaron, permitieron el pago de la deuda externa, la compra y nacionalización de un cierto número de empresas extranjeras,[11] y la aplicación de una amplia política de bienestar social.

[9] El Gral. J.D. Perón asumió el gobierno en 1946, reelecto en 1952 fue destituido por un golpe de estado en 1955.

[10] *Cf.* M. Peralta Ramos, *Etapas de Acumulación y Alianzas de Clase en Argentina*, Buenos Aires, Argentina, 1972, pp. 95 a 100.

[11] El bloqueo de la deuda inglesa por la inconvertibilidad de la libra incidió en la nacionalización de los ferrocarriles; además, se nacionalizaron los servicios telefónicos, de gas y la flota mercante. Es decir que este proceso se centró en áreas de la infraestructura de servicios más que de producción industrial.

La intervención del estado en todos los campos de la actividad económica fue una característica del período, así, las medidas de protección a la industria local y de control de la inversión extranjera no favorecieron la llegada de nuevos flujos de capital.[12] De esta manera se acentuó el retroceso de las inversiones provenientes del extranjero, tendencia que ya era perceptible en el período anterior y que no se revertiría con intensidad sino hacia fines de la década de los cincuenta. Sin embargo, la inversión bruta fija interna en relación al PIB aumentó considerablemente debido a la participación activa del estado.

El crecimiento de la producción industrial se prolongó hasta 1948, fecha a partir de la cual se hicieron sentir las consecuencias del estancamiento progresivo del conjunto del sistema económico.[13] Las industrias a las que correspondieron los mayores ritmos de producción fueron la textil, la química y sobre todo la de vehículos y maquinarias y aparatos eléctricos; la participación de estos dos últimos grupos en el valor agregado total de la industria manufacturera (VAIM) que representaba del 8 al 10% del total a fines de los cuarenta, aumentó en cerca de 70% entre 1939 y 1950.

A pesar de la evolución favorable del principio del período, la caída de los términos de intercambio redujo la capacidad de importación y la situación económica en general comenzó a deteriorarse progresivamente hacia fines de los cuarenta. Para entonces, la importación de determinadas materias primas y productos intermedios, así como la renovación de una parte del equipamiento industrial obsoleto y no producido en el país, constituyeron problemas críticos por resolver para asegurar la continuidad de la producción. Finalmente, la crisis económica global estalló a principios de los cincuenta (1952) como consecuencia de la merma de la producción agrícola y del consecuente estrangulamiento de la fuente de divisas.

A modo de síntesis, deben destacarse los siguientes elementos para el conjunto del período 1930-1952:

a) En el plano internacional la crisis económica de 1930 y la Segunda Guerra Mundial colocaron al país en la necesidad de recurrir al desarrollo de la producción local ante la retracción de los mercados externos en los que se colocaba la producción agropecuaria y se compraban materias primas, productos intermedios y maquinaria requeridos por la industria. Por otra parte, éste fue el período durante el cual se concretó la transición de la dependencia del país que lo volcó progresivamente del espacio hegemónico de Gran Bretaña al de Estados Unidos.

[12] Debe señalarse que esta política se puso en vigencia en un período de crisis internacional durante el cual se relajaron las presiones externas sobre el país.

[13] Mientras que la producción industrial creció a razón de 9.2% anual en el quinquenio 1943-1948, sólo lo hizo a 3.9% entre 1948-1952.

b) En él se acentuó el proceso de crecimiento industrial comenzado en el período precedente y que llevó a la industria a ocupar una posición primordial en el conjunto de la economía.

c) Esta industrialización tuvo como rasgos distintivos:
   i. el haberse tratado de un proceso de sustitución de importaciones en el terreno de ciertos productos de consumo no duradero y semiduradero, que originó la disminución de los respectivos coeficientes de importación,
   ii. las ramas industriales implicadas en esta evolución correspondieron a la llamada "industria ligera", con baja participación del capital fijo, con recurso a tecnologías relativamente simples,[14] y se desarrollaron a partir de la extensión del uso de la fuerza de trabajo.
   iii. las pequeñas y medianas empresas desempeñaron en ella un papel importante, en particular a lo largo de los años cuarenta, y
   iv. se basó fundamentalmente en la ampliación del mercado de consumo interno a las más amplias capas de trabajadores.

d) Este tipo de crecimiento industrial encontró un bloqueo en el abastecimiento de equipos, materias primas (en particular energéticos) y de productos intermedios que no pudieron ser provistos por la producción local en circunstancias de contracción de los mercados externos y de dificultades en la balanza de pagos.

El comienzo de la década de los cincuenta constituyó el punto de partida de una nueva fase de la industrialización y por consiguiente de la evolución del conjunto de la economía del país. Las limitaciones puestas de manifiesto a lo largo del período anterior dieron lugar a la reorientación de las políticas económicas de los gobiernos que se sucedieron desde entonces. De ahí en adelante la industrialización sustitutiva debería apoyarse en las industrias pesadas generadoras de equipos y de bienes intermedios.

2. *El período 1952-1977, la profundización del modelo sustitutivo de importaciones*

En un segundo momento del desarrollo de este modelo de industrialización es posible distinguir dos fases, la primera de 1952 a 1963 y la segunda de 1963 a 1977.

2.1 La fase 1952-1963

Se trató de un período clave para la futura historia del país como consecuencia de los acontecimientos sociopolíticos que tuvieron lugar durante su

[14] *Cf.*, M. Peralta Ramos, *op. cit.*, pp. 30-35 y J.C. Esteban, *Imperialismo y Desarrollo Económico, el caso de Argentina*, Buenos Aires, Argentina, 1972, pp. 26-30.

transcurso.[15] Entre 1952 y 1955 el gobierno peronista introdujo cambios importantes en la política económica que había impulsado desde 1946, en este sentido se instrumentaron un conjunto de medidas[16] que tuvieron por objetivo:

a) impulsar el desarrollo de las industrias proveedoras de productos intermedios y de equipos,
b) mejorar la productividad del trabajo, aspecto que se transformó en una preocupación central desde entonces, a través de las modificaciones en el proceso de trabajo y de una creciente disciplina laboral, y
c) limitar la intervención del estado en la actividad productiva y mejorar la situación del sector agropecuario por medio del sistema de precios para estimular la producción y por consiguiente las exportaciones.

El desarrollo de las ramas consideradas como prioritarias, de alta composición en capital fijo, requirió de inversiones crecientes y de nuevas importaciones. Para atraer la inversión extranjera fue necesario suprimir en parte las restricciones existentes hasta entonces tal como aconteció en 1953.[17] A pesar del giro de la política económica del gobierno desde 1952, éste no pudo alcanzar sus objetivos, en parte porque la nueva política, sobre todo la de inversiones extranjeras, no constituyó una garantía suficiente para los inversionistas externos.

Los años que siguieron al derrocamiento del gobierno peronista no revelaron tendencias fundamentalmente divergentes de las anteriores, por el contrario, éstas se profundizaron en un contexto político y social distinto que permitió su concreción sobre la base del sistema de fuerza instaurado.

Para hacer viable la nueva estrategia industrial de los años cincuenta y dadas las restricciones financieras existentes, se recurrió al endeudamiento con el exterior a través de las instituciones financieras internacionales. Las inversiones masivas y los créditos externos largamente esperados llegaron entre 1958 y 1962, después de la subordinación de la política económica interna a

[15] En el período se sucedieron gobiernos con orientaciones políticas diferentes:
1952-55: segundo gobierno de Perón
1955-58: período de la Revolución Libertadora
1958-62: gobierno de A. Frondizi (desarrollismo)
1962-63: interinato de Guido, quien sucedió al anterior presidente depuesto por un golpe de estado militar.

[16] *Cf.* Presidencia de la Nación, *Plan de Emergencia 1952.*

[17] *Cf.*, Ley 14222 de 1955. En el campo energético los lineamientos políticos siguieron la misma orientación; ante la insuficiencia de la producción interna el gobierno firmó acuerdos de intención con la Standard Oil de California, pero en condiciones tan desventajosas para el país que fueron vetados por el Congreso.

las condiciones impuestas por las instituciones financieras internacionales[18] que deberían asegurar la rentabilidad de los capitales que se establecieran en el país. Surgieron, así, los sucesivos planes de estabilización y reactivación que fueron puestos en práctica por el gobierno[19] y supervisados por dichas instituciones.

El impacto de la entrada de capitales repercutió sobre el conjunto de la estructura productiva industrial (cuadro I.1.2) pero incidió de manera particular sobre determinados grupos de industrias tales como productos metálicos, maquinaria y equipo (en correspondencia con la industria automotriz), en primer lugar; la industria metalúrgica en segundo y por último sobre la química, los derivados del petróleo y del carbón, y los productos plásticos. En estos tres grupos se concentró el 92% del total de las autorizaciones de inversión entre 1953 y 1973; es de señalar que en esos veinte años el 67.2% de las inversiones se realizaron entre 1958-1963, el 12.9% entre 1962-1966 y el 17.6% entre 1966-1973.[20]

Cuadro I.1.2. Crecimiento del PIB, del valor agregado de la industria y de la agricultura (% anual)

	1950/54 a 1960/64	1960/64 a 1970/73	1950/54 a 1970/73
PIB cf.	3.2	4.9	4.0
V.A. Industria	4.5	6.9	5.7
V.A. Agricultura	1.8	1.6	1.7

FUENTE: BCRA, *op. cit.*, pp. 130-131.

Algunos de los efectos de este flujo de inversiones se hicieron sentir inmediatamente como en el caso de la producción petrolera, pero otros recién en el período siguiente. Aunque el arribo de capitales de fines de la década

[18] Entre las medidas reclamadas se puede señalar la reducción de la intervención estatal en la economía al mínimo indispensable "para el libre juego de las fuerzas del mercado", libertad de movimiento de los capitales y de las ganancias, la disminución del gasto público, el control estricto de los salarios, en síntesis se exigía la liberalización de la economía.

[19] *Cf.*, A. Ferrer, *et al.*, *Los planes de estabilización en Argentina*, Buenos Aires, Argentina, 1970.

[20] Entre 1953-1973 el monto global de la inversión extranjera fue de 770.2 millones de dólares, J. Neffa, *División Internacional del Trabajo y Empleo*, documento número 5, DGRST-IREP, Grenoble 1978, pp. 63-64.

de los cincuenta fue un factor decisivo en la evolución de la estructura productiva, la importancia de ramas tales como la química y la metálica se había acentuado ya en el transcurso del decenio 1950-60 (cuadro I.1.3). El fin de este período estuvo marcado por intensas fluctuaciones en el crecimiento (1959, 1962 y 1963) que reflejaron el fuerte proceso de recomposición de la economía en un movimiento de concentración acentuada.

Cuadro I.1.3. Valor agregado industrial por grupos de industrias (%)

	1939	1950	1960	1973
GRUPO A				
1. Alimentos, bebidas, tabaco	26.4	26.1	20.0	15.5
2. Textiles, vestimenta y cuero	20.8	23.8	17.5	11.2
3. Madera y productos de la madera	5.7	2.5	2.0	1.5
4. Fabricación de papel, imprentas y editoriales	10.4	5.7	4.3	4.0
Subtotal A	63.3	58.1	43.8	32.2
GRUPO B				
5. Fabricación de productos químicos, derivados del petróleo, del carbón y plásticos	7.1	11.7	14.7	19.2
6. Fabricación de productos no metálicos excepto derivados del petróleo y del carbón	4.2	5.4	4.2	4.0
7. Industrias metálicas básicas	-.-	2.3	4.1	6.3
8. Fabricación de productos metálicos, maquinarias y equipos	22.5[1]	15.9	28.1	34.4
9. Otras industrias	2.9	6.8	5.1	4.0
Subtotal B	36.7	41.9	56.2	67.8
TOTAL A + B		100%		

[1] 8% corresponde a actividades artesanales.

FUENTE: Para 1950-1973, BCRA, *op. cit.*, p. 128-131.
Para 1939, Presidencia de la Nación, Ministerio de asuntos técnicos, *IV Censo General de la Nación*, T. III, pp. 25-31, Buenos Aires, 1952.

2.2 La fase 1963-1977

Los primeros años, correspondientes a la administración del Partido Radical del Pueblo (1963-66), señalaron cambios significativos en la política económica, ya que el gobierno se propuso disminuir la apertura de la economía y desarrollarla sobre bases nacionales, apoyándose en las medianas y pequeñas empresas industriales y en los medianos y pequeños productores agropecuarios. Se procuró impulsar el consumo de productos no duraderos y semiduraderos por medio de una redistribución positiva del ingreso en favor de los asalariados y se intentó estimular las denominadas exportaciones "no tradicionales".[21]

La decisión de restringir la libertad de acción de los capitales extranjeros llevó a la supresión de los contratos petroleros[22] firmados desde 1958 y a sostener la actividad de la empresa petrolera estatal. Los objetivos perseguidos por el gobierno no pudieron concretarse dada la debilidad de la base económica que lo sustentaba y de la falta de un apoyo sostenido por parte del movimiento obrero en un período de consolidación de las empresas transnacionales en el país.

Desde 1966 la tendencia a la internacionalización de la economía se afianzó bajo el impulso del propio gobierno militar. Esta nueva etapa, que se extiende en lo esencial hasta 1973, puede ser considerada como una prolongación y desarrollo de la registrada a fines de los años cincuenta. En contraposición con las medidas del gobierno del radicalismo del pueblo, se redujo la intervención del estado y se ejerció un mayor control sobre el movimiento de los salarios, "la racionalización" de toda la economía fue la consigna. De hecho en este período las empresas transnacionales afirmaron su poder económico en el país, se incrementó la concentración y la oligopolización de los mercados internos a la vez que se continuó el proceso de diversificación de la producción industrial.

En 1973 se produjo un nuevo giro en la política económica con la llegada del peronismo al gobierno. Inserto en los mismos lineamientos socioeconómicos de fines de los cuarenta, intentó promover las ramas industriales rezagadas (maquinarias, equipos y bienes intermedios), acrecentar la participación de la pequeña y mediana empresa nacional y de las empresas estatales, así como redistribuir el ingreso en favor de los trabajadores a través del incremento salarial y el control de los precios. Esta política suponía por un lado, una intervención más activa y amplia del estado en la esfera de la producción así como la movilización del ahorro interno y, por otro, la ampliación de la capacidad de negociación con los centros de poder económico y financiero a nivel internacional.

A pesar de sus intenciones, las medidas aplicadas no fueron suficientes para activar la economía y concretar la realización de las metas fijadas en el plan de gobierno elaborado,[23] así pues, el deterioro de la situación desencadenó

[21] Los objetivos del gobierno fueron formulados en el *Plan Nacional de Desarrollo 1965-70,* Presidencia de la Nación, Buenos Aires, Argentina, 1964.

[22] La supresión de los contratos petroleros tuvo consecuencias inmediatas; la reacción de las empresas productoras provocó, entre otros factores, una caída de la producción y restricciones en la oferta energética en 1963.

[23] *Cf.*, Presidencia de la Nación, *Plan Trienal 1973-1977*, Buenos Aires, Argentina, 1973 y A. Ferrer, *Crisis y Alternativas de la Política Económica Argentina,* Buenos Aires, Argentina, 1977, pp. 47-52.

un proceso inflacionario vertiginoso en el marco de fuertes y crecientes tensiones sociales que desembocaron en un nuevo cambio en la política socioeconómica a partir del golpe militar de marzo de 1976.

La importancia del crecimiento de la industria a lo largo de este período, en particular durante los sesenta, se pone en evidencia al contrastar las tasas de crecimiento del PIB, del valor agregado de la industria y la agricultura (cuadro I.1.2). La comparación entre estos diferentes sectores permite visualizar el peso creciente de la industria en el desarrollo de la economía durante todo el período (cuadro I.1.1). La expansión de la actividad industrial tuvo lugar junto con la transformación de la composición del sector puesto que los grupos de industrias que marcaron su crecimiento entre 1952 y 1976 no fueron los mismos que en el período precedente (cuadro I.1.3). Se observa claramente la progresión del grupo B de industrias correspondiente a las llamadas "industrias pesadas" en relación al grupo A constituido por las llamadas "industrias livianas"; el avance de las primeras ha sido tal que las participaciones de ambos grupos en el producto industrial se invierten de un extremo al otro del período. Dentro del grupo B incrementaron de manera significativa su incidencia las industrias de productos metálicos, maquinarias y equipos (comprendida la producción automotriz) por un lado, la fabricación de productos químicos, derivados del petróleo y del carbón y de plásticos por otro. Estos dos conjuntos representaban el 27.6% del VAIM en 1950 y 53.6% en 1973.

Como síntesis del período 1952-1976 interesa destacar las características siguientes:

a) A nivel internacional, significó la concreción de una nueva forma de integración del país en la división internacional del trabajo, bajo la hegemonía de Estados Unidos, no ya como exportador agropecuario, sino como mercado para la colocación de equipos y productos intermedios de tecnologías aún no controladas localmente.
b) La estrategia de profundización del proceso de sustitución de importaciones, aunque introdujo modificaciones en la estructura productiva, se convirtió en un proceso de penetración de la economía por las empresas transnacionales.
c) A nivel de la producción industrial, se debe señalar:

- el desarrollo de ramas de fuerte composición de capital fijo, correspondiente a tecnologías de mayor complejidad que las utilizadas durante el período anterior, y donde la organización del trabajo permitió un acrecentamiento importante de la productividad,
- las empresas instaladas dirigieron su producción a un mercado de consumo constituido, en lo esencial, por las capas medias de la población; mercado que ellas mismas estimularon a través de las remuneraciones que practicaron.

d) Este crecimiento sustitutivo de importaciones no pudo resolver el problema de consolidar un desarrollo integrado de los diferentes sectores de la economía, en particular de la industria, ni reducir el cuello de botella externo que implicó déficits sistemáticos en la balanza de pagos.

Aunque la producción interna llevó a una reducción de las importaciones de ciertas mercancías, el desarrollo de algunas ramas industriales generó a su vez nuevas y crecientes importaciones.[24] A pesar del sostenido proteccionismo practicado y de las ventajas que fueron concedidas con la finalidad de fomentar las ventas de productos manufacturados en el exterior, las exportaciones "no tradicionales" no llegaron a constituir el elemento impulsor de un nuevo proceso de crecimiento industrial.

El modelo de acumulación vigente en el país hasta principios de los años setenta, llegó a su agotamiento hacia 1975-1976, al desencadenarse la crisis económica, social y política más profunda de la historia del país. Desde entonces, la política económica aplicada aceleró el proceso de desintegración de la estructura productiva industrial existente y llevó a la desaparición de una parte importante de las empresas pequeñas y medianas de capital nacional, acentuó la concentración y centralización del capital y afianzó la hegemonía del capital financiero a la vez que introdujo un cambio en la composición del empleo de la fuerza de trabajo, incrementando su terciarización.

El análisis de este proceso, que tiene su correlato en el sistema energético, escapa a los alcances de este trabajo aunque en él se dará cuenta de algunas de sus primeras manifestaciones a nivel de la demanda energética.

[24] J.V. Sourrouille, *El Impacto de las Empresas Transnacionales sobre el Empleo y los Ingresos: el caso de Argentina*, International Labor Office, Working Papers, Ginebra, 1976, pp. 133-136.

SECCION II

Las reservas energéticas, la producción de energía primaria, de electricidad y de derivados del petróleo

1. *Las reservas energéticas*

La necesidad de precisar el contenido de los conceptos de recursos o de reservas energéticas aparece como un prerequisito indispensable cuando se plantea el análisis de las fuentes energéticas de que dispone un país. Ello es tanto más necesario en la actualidad después de que recursos y reservas energéticas se convirtieran en instrumento privilegiado de estrategias económico-políticas en el ámbito internacional.

Con el propósito de evitar interpretaciones y conclusiones erróneas y en virtud de que la uniformidad en las definiciones no es la regla vigente en buena parte de la literatura que de alguna manera u otra hace referencia al tema, en el presente trabajo se dejó de lado la idea de recursos y se restringió el campo de estudio a la sola consideración de las "reservas probadas recuperables" (rpr). La evaluación de las rpr de una determinada fuente de energía se apoya en un conocimiento cierto del monto de las existencias del energético y en la posibilidad de su explotación en las condiciones económicas y técnicas actuales,[1] mientras que no sucede así en la estimación de los recursos donde se entra en el terreno de la especulación.[2]

En la medida en que la estimación del nivel de las reservas es tributario de los esfuerzos que se realicen en el área de la exploración, las diferentes intensidades con las que se consagraron recursos en ese campo ha dado lugar a una variación del volumen y de la estructura de las reservas energéticas argentinas a lo largo del tiempo. En efecto, la evaluación de las mismas se quintuplicó

[1] De esta manera se sigue la definición de reserva probada recuperable dada en *Enquete sur les Ressources Energetiques,* Conferencia Mundial de la Energía, 1974, Introducción, pp. 5 a 7.

[2] "La diferencia entre recursos y reservas puede variar fuertemente, yendo incluso de 10 a 100", Jean-Marie Martin, *L'energie: stratégie des firmes et politique des Etats,* mimeo, Institut d'Etudes Politiques, Grenoble, 1977, parte 2, p. 50.

entre 1946 y 1973 ascendiendo a 1 804 millones de TEP en este año (cuadro I.2.1), pero además su composición se modificó al cabo de este período durante el cual debe destacarse que:

a) En la década del cuarenta el carbón mineral aparecía como la fuente de mayores reservas probadas (45.5% del total en 1946), siguiéndole en importancia la energía hidráulica, mientras que los hidrocarburos, petróleo y gas natural, alcanzaban un nivel equivalente al de los combustibles vegetales (13.6%).
b) A lo largo de los cincuenta, la composición de las reservas se modificó por la incorporación de los nuevos depósitos de petróleo y gas encontrados en las exploraciones realizadas por la empresa estatal y promovidas por la política energética de la primera mitad de la década. De esta manera, a mediados de los cincuenta los hidrocarburos alcanzaron en el conjunto de las reservas una incidencia mayor que la del carbón mineral una década atrás. Además, en estos años se incorporaron al acervo energético las primeras reservas de uranio.
c) A principios de los setenta los trabajos de prospección desarrollados durante el decenio anterior en materia de energía hidráulica y de uranio —históricamente relegada la primera, de aparición relativamente reciente el segundo— dieron una nueva conformación a la estructura de las reservas; así, en 1973 ambas fuentes representaron el 60% del total de las reservas probadas del país. Por otra parte, mientras las reservas de petróleo crudo se estancaron en términos absolutos durante los sesenta, las de gas natural experimentaron una ligera progresión debido, en parte, al descubrimiento de nuevos yacimientos de gas libre.

El alza de los precios internacionales del petróleo a partir de 1973 debió dar lugar a una nueva evaluación de las reservas a las que el encarecimiento de la energía incorporaría una nueva porción de los recursos. Si bien a principios de 1978 la magnitud de las reservas totales había aumentado en 13% en relación a 1973, este incremento se debió en un 60% al uranio,[3] y en un 30% a los nuevos descubrimientos de gas. Vale decir que para 1977 la actualización del monto de las reservas probadas era sólo parcial puesto que no se había efectuado aún para el petróleo; de haberse concretado dicha revisión la incidencia del crudo sería mayor que la señalada.

El conocimiento de la magnitud de las reservas de las distintas fuentes de energía pudo haber sido un instrumento útil para orientar la explotación de los recursos naturales, sin embargo no fue así en Argentina donde históricamente dicho conocimiento no constituyó uno de los elementos decisivos del desarrollo de la producción de energía. En Argentina, el 80% del consumo

[3] Las reservas uraníferas se estimaron en 28 000 tn. de $U_3 0_8$ considerando $U_3 0_8$ $\leqslant$60 U$S/libra.

Cuadro I.2.1. Evolución del volumen y la estructura de las reservas energéticas en Argentina

	1946		1956		1966		1970		1973		1977	
	10^6tep	%	10^6tep	%	10^6tep	%	10^6tep	%	10^6tep	%	10^6tep	%
Hidráulica	106	27.3	163	25.2	220	21.4	420	28.5	730	40.2	730	34.0
Uranio	-	-	2	0.3	132	12.8	375	25.2	375	20.6	596	28.0
Petróleo	42	10.9	210	32.8	308	29.9	344	23.2	344	19.0	326	15.0
Carbón mineral	176	45.5	176	27.4	176	17.1	158	10.7	157	9.3	266	12.0
Gas natural	11	2.7	63	9.9	158	15.4	150	10.3	168	9.4	218	10.0
Combustibles vegetales	53	13.6	28	4.4	35	3.4	32	2.1	30	1.5	30	1.0
TOTAL	388	100	642	100	1 029	100	1 479	100	1 804	100	2 156	100

NOTA: Para el petróleo se trata de las reservas probadas primarias en 1946 y 1956, incluye las secundarias desde 1966.
Para el carbón mineral y los hidrocarburos, se trata de reservas probadas al 31 de diciembre de cada año.
Para el uranio se han tomado los "recursos razonablemente asegurados". Si se agregan los recursos suplementarios en 1973, el monto indicado se cuadruplica para U_3O_8 <30 U$S/lb. Los recursos razonablemente asegurados se presentan 17.300 tn (F. Bariloche, Anexo Estadístico 1974, anexo 21), esto significa un coeficiente de equivalencia del orden de 22.000 TEP/ton uranio. Valor que se ubica en el límite superior del calor desprendido en un reactor uranio natural-agua pesada.

Para la hidráulica, el Plan Trienal tomó 15 años de producción para la térmica equivalente, con lo que subestimó su participación.
En el caso del carbón, aunque el Plan Trienal no lo aclaró, se trata de las reservas totales *in situ*. Si se consideran las primeras 145.10^6 TEP, según Conferencia Mundial de la Energía, "Enquete . . .", *op. cit.*, p. 78, la participación del carbón cae a 5% en 1973. F. B. estimó las "reservas brutas" en 1973 en 216.10^6 TEP.

FUENTE: 1946-73, Plan Trienal, Plan Energético 1974-77.
1977, Fundación Bariloche, Anexo Estadístico 1978, Anexo 21 y 23.

total de energía primaria se localiza en la región Litoral-Centro que comprende los centros urbano-industriales de Buenos Aires, Rosario y Córdoba, mientras que el 76% de las reservas energéticas están ubicadas fuera de esta región. Este desequilibrio espacial entre la distribución de las reservas y los centros consumidores trajo aparejada la necesidad de desarrollar importantes medios para el transporte de energía, por ello, en determinados períodos, este rubro del abastecimiento se constituyó en una de las más serias restricciones de la oferta energética.

2. *La producción interna de energía primaria*

2.1 *La producción de energía primaria 1930-1951, la transición del carbón mineral al petróleo importado*

En 1930 la producción local de energía no alcanzaba a satisfacer las necesidades del consumo interno y más de la mitad de la energía utilizada provenía de las importaciones de combustible (cuadro I.2.2). La composición de éstas se repartía entre el carbón mineral (56%) por un lado, el petróleo crudo y los derivados por otro (14% y 30% respectivamente) (cuadro I.2.3) mientras que la producción interna se asentaba principalmente en los combustibles vegetales y el petróleo (33.7% y 58% respectivamente), (cuadro I.2.4 y gráfica I.2.1).

Cuadro I.2.2. La importación de energía en relación al consumo total de energía primaria en Argentina (1930-1977, años seleccionados) (%)

	1930	1939	1941	1944	1946	1951	1955	1962	1977
Relación importación/consumo	53	47	26	8	40	59	57	22	16

FUENTE: Anexo 8 y Anexo 10.

A lo largo de los años treinta el campo de la energía no permaneció ajeno a la evolución de las relaciones económicas que primaron hasta 1943. La producción agropecuaria y su colocación en los mercados de Gran Bretaña constituyeron el eje de la economía y la base material en la que se apoyó del bloque hegemónico en el poder. A cambio de las exportaciones llegaron productos manufacturados y combustibles, con lo que se estableció un lazo estrecho entre las condiciones de venta de carnes y granos argentinos y las de compra de carbón, petróleo y sus derivados en los mercados externos. Los acuerdos firmados en 1933[4] que garantizaban a los exportadores locales el manteni-

[4] Se trata de los acuerdos de Roca-Runciman ratificados en 1937, ver Ditella Zymelman, *op. cit.*, vol. II, pp. 281-284.

Cuadro I.2.3. La composición de las importaciones de energía en Argentina, 1930-1977 años seleccionados (%)

Años	Petróleo	Derivados	Carbón mineral y coque	Gas natural	Gas licuado	TOTAL
1930	14	30	56	--	--	100
1939	16	32	52	--	--	100
1951	38	39	22	--	--	100
1958	64	25	10	--	1	100
1977	47	8	12	29	4	100

FUENTE: Anexo 10.

Cuadro I.2.4. La estructura de la producción de energía primaria en Argentina, 1930-1977 años seleccionados (%)

Años	Petróleo	Gas natural	Carbón	Hidroelectricidad	Combustibles vegetales	Uranio	TOTAL
1930	33.7	7.9	-.-	0.9	58.0	-.-	100
1951	55.6	11.9	0.7	1.0	30.8	-.-	100
1958	58.0	17.0	2.0	3.0	20.0	-.-	100
1977	60.0	27.0	1.0	5.0	6.0	1.0	100

FUENTE: Anexo 9.

miento de una cuota en el mercado británico, comprometían al estado argentino a un trato preferencial para los combustibles procedentes de Inglaterra. En este contexto, en 1937, se llevó a la empresa petrolera estatal (YPF) a firmar un convenio secreto con Shell y Standard Oil por el cual se instauró la división del mercado interno de combustibles a la vez que se establecieron diversas restricciones a la acción de la empresa nacional. Según el convenio, YPF debía ajustar su producción de crudo a los límites de la cuota que le fue asignada, se le prohibió la exportación e importación de crudo y de gasolina, operaciones que se reservaron a Shell y Standard Oil.[5] Si bien operaban en el país dos empresas extranjeras, fueron los intereses de origen británico los que se encontraron en la situación más favorable; no es abusivo afirmar que en la

[5] Marcos Kaplan, *Economía y Política del Petróleo Argentino (1939-56)*, p. 25 y 26.

Gráfica I.2.1
La producción de energía primaria por formas
1950-1965

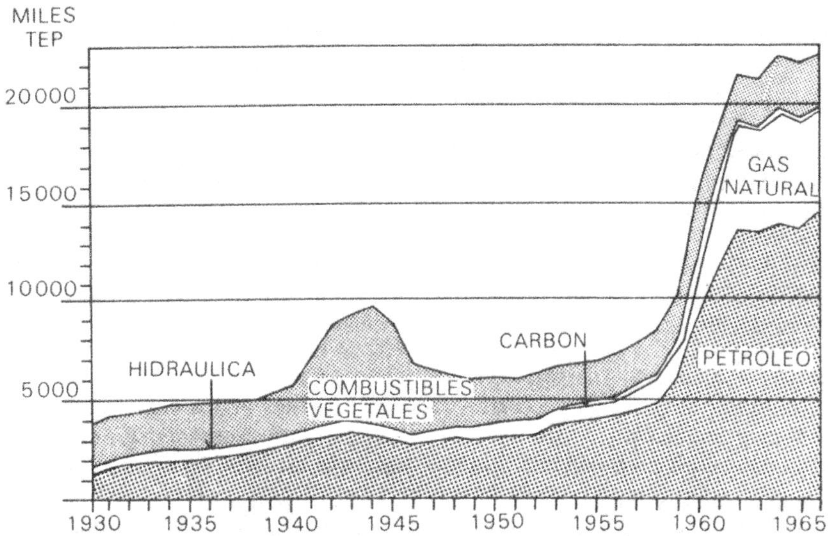

época el abastecimiento energético estaba condicionado por los precios de las exportaciones agropecuarias y en particular por los de las carnes en el mercado inglés de Smithfield.

El control del mercado interno y el condicionamiento de las importaciones por parte de los capitales extranjeros, consolidaron la dependencia energética del exterior, con ello se restringió el desarrollo de la extracción y transformación interna de hidrocarburos a la vez que se dificultó la diversificación de las fuentes de energía, diversificación que entonces era posible sobre la base de la producción de carbón y gas locales.

En tales condiciones la retracción de los centros proveedores externos a causa del conflicto bélico internacional no podía dejar de repercutirse tal como sucedió. La fuerte disminución tanto de los suministros de crudo y derivados por parte de las dos transnacionales, como del carbón mineral de Gran Bretaña, no pudieron ser compensados por el incremento de la producción de YPF. La escasa disponibilidad de energéticos en el mercado nacional llevó al uso intensivo de los combustibles vegetales para cubrir la demanda interna. La explotación indiscriminada de los recursos forestales tuvo como consecuencia la pérdida de cerca de 800 mil a 1 millón de hectáreas de bosques como resultado de la falta de reforestación y la degradación progresiva de los suelos por la erosión.[6] Pero además de la madera, también los excedentes de granos, maíz y trigo fueron volcados a precios promocionales sobre el mercado de combustibles, ante la escasez de bodegas para su transporte al exterior y la insuficiencia de silos para su almacenamiento.[7] La contingencia de la situación internacional no hizo sino poner de manifiesto las debilidades y las implicaciones inherentes a un sistema de producción y abastecimiento energético dependientes del exterior, como el que consolidara el bloque oligárquico en el poder durante los años treinta.

La emergencia de la burguesía industrial y su afianzamiento como grupo social hegemónico a lo largo de la década del cuarenta determinó, en el marco del populismo nacional, un cambio en la política económica y energética. Como consecuencia de ello, se instrumentó una mayor intervención del Estado a través de su empresa petrolera y se promovió la diversificación de la producción de energía; con ese fin se crearon nuevas empresas estatales para la explotación del carbón, el aprovechamiento del gas y de la energía hidráulica y la investigación en el campo de la energía nuclear.[8]

Sin embargo, a pesar de las propuestas y realizaciones para el logro del autoabastecimiento energético, los problemas más serios concernientes a la producción de petróleo no fueron resueltos. A fines de los cuarenta la renovación y ampliación de los equipos necesarios para prospectar y explotar el crudo se tornó indispensable. Sin embargo, por un lado, las condiciones económicas internacionales de la posguerra que dificultaron la obtención de dichos equipos, y por otro, el tratamiento que se reservó al capital extranjero, impidieron la superación del cuello de botella de la producción.[9] Por ello, en 1951, la dependencia energética no configuraba un panorama distinto al de dos décadas atrás, por el contrario, la situación se había agravado ante el crecimiento de la demanda durante esos años. A principio de los cincuenta la mitad de los requerimientos internos de energía eran cubiertos por las importaciones de combustible, importaciones cuya composición se modificó como consecuencia de la reducción a la mitad de la incidencia del carbón mineral, el que fue remplazado por mayores importaciones de crudo y derivados (cuadro I.2.3).

[6] M. Kaplan, *op. cit.*, p. 29.

[7] El uso de los granos como combustibles tuvo lugar entre 1940 y 1943; en este último año se quemaron 700 000 tn de trigo con fines energéticos.

[8] De YPF surgieron Gas del Estado y Yacimientos Carboníferos Fiscales, con lo que se comenzó la explotación del carbón, a la vez que se separó administrativamente la producción de gas de su transporte y distribución, se crearon Agua y Energía y la Comisión Nacional de Energía Nuclear (CONEA).

[9] Entre 1942 y 1955 la producción de crudo en el país aumentó en 29% como resultado de la actividad de YPF que acrecentó la extracción en un 66% mientras que las transnacionales disminuyeron la suya en 59%

2.2 El período de transición 1951-1958, la búsqueda del autoabastecimiento

Si bien en 1951 la producción total de energía primaria del país llegó al límite inferior de los últimos cuarenta años (6 144 miles de TEP, anexo 10), desde entonces comenzó a crecer progresivamente hasta alcanzar un ritmo de 4.9% anual entre 1951 y 1958 que superó considerablemente al 2.9% registrado en el período anterior (cuadro I.2.5). Sin embargo, la expansión de la demanda energética a una tasa similar determinó la agudización de la dependencia del abastecimiento externo.[10]

Cuadro I.2.5. Evolución de la producción de energía primaria (% anual)

Años	TOTAL	Petróleo	Gas natural	Hidroelectricidad	Combustibles vegetales	Carbón	Uranio
1930-1951	2.3	4.8	4.3	3.1	- 0.7	-	-
1930-1939	3.9	8.4	4.8	1.0	0.1	-	-
1939-1946	3.8	1.6	1.1	7.4	6.3	39.0	-
1946-1951	- 2.4	3.3	8.0	1.0	-11.1	- 8.9	-
1951-1958	4.9	5.5	10.4	21.5	- 1.1	26.3	-
1958-1977	7.9	8.1	10.5	10.8	0.8	3.5	-
1958-1962	25.8	28.8	38.9	8.6	1.9	- 6.5	-
1962-1966	1.1	1.6	- 0.8	5.6	1.7	11.7	-
1966-1972	6.3	7.1	5.7	0.6	- 1.2	12.7	-
1972-1977	2.2	- 0.1	4.5	33.4	1.8	- 4.8	6.1

FUENTE: Anexo 9.

La diversificación de la producción empezó a hacerse sentir en forma paulatina a través de la instalación de nuevos medios de transporte y distribución de gas natural[11] que permitieron una primera etapa de mayor consumo del combustible en los centros urbanos (cuadro I.2.4), por otra parte se quintuplicó la potencia instalada para la generación hidráulica de electricidad, la que alcanzó 260 MW en 1958 frente a los 51 MW de 1951, a pesar de lo cual la hidroelectricidad proporcionaba sólo el 3% de la producción global de energía a fines de los cincuenta. No obstante el avance en términos absolutos de la

[10] En 1955 las importaciones energéticas equivalieron al 54% del consumo total del país y su valor representó el 17% del valor de las importaciones totales.

[11] En 1950-1952 se construyeron los gasoductos Comodoro Rivadavia-Buenos Aires y Plaza Huincul-Conesa.

explotación del carbón mineral, su contribución a la producción siguió siendo marginal (2%) en 1958; además, debido a la baja calidad del carbón de los yacimientos argentinos, una parte del consumo se cubría con las compras en el exterior. Por su parte, el uso de los combustibles vegetales se ubicó en un nivel cercano a los 2 millones de TEP, nivel que difiere apenas del actual.

La nueva orientación económica puesta en práctica a principios de este período y las tendencias aparecidas en el proceso de crecimiento industrial tuvieron su correlato en el sector energético y sobre todo en uno de sus aspectos centrales como lo era la producción de petróleo. A lo largo de estos años se impulsó progresivamente una apertura hacia la participación de las compañías petroleras internacionales en la producción de hidrocarburos, actitud que tuvo continuidad a pesar de las divergencias políticas que diferenciaron a los gobiernos separados por los acontecimientos de 1955. En efecto, después de la crisis de 1952 el Estado modificó su posición anterior con respecto al capital extranjero y procuró acrecentar su participación en la economía del país y sobre todo en el sector energético donde las dificultades de la producción aparecían particularmente acentuadas.[12] Sin embargo, sólo después de 1955 los inversionistas extranjeros consideraron que estaban dadas las condiciones de seguridad y rentabilidad requeridas por la inversión de sus capitales, consecuentemente desde 1958 se acentuó la ampliación de la estructura productiva de petróleo a través de la inversión de las empresas extranjeras, proceso concordante con el creciente flujo externo de capitales hacia otros sectores del sistema productivo. De esta manera la política de industrialización por sustitución de importaciones en su fase de "sustituciones pesadas" encontró en la energía un área privilegiada.

2.3 El período 1958-1977, el autoabastecimiento energético, un equilibrio inestable

Durante los dos decenios que abarca este período, la producción total de energía primaria se cuadruplicó al crecer a un ritmo de 7.9% por año que lo distingue fuertemente de las etapas anteriores (cuadro I.2.5). Los incrementos de la producción variaron según las formas de energía: el gas natural, la hidroelectricidad y el petróleo se desarrollaron rápidamente (10.5%, 10.8% y 8.1% anual respectivamente entre 1958 y 1977), mientras que la producción de carbón mineral lo hizo en forma más lenta (3.5% anual) sin que llegara a duplicar su nivel en todo el período.

[12] Las negociaciones del gobierno de J. Perón concluyeron en 1955 en un acuerdo con SOCAL; este acuerdo hacía concesiones de tales características en favor de dicha empresa que fue rechazado por el Congreso. Ver M. Kaplan, *op. cit.*, p. 105 y siguientes y Víctor Bravo, *La Legislación de hidrocarburos en Argentina*, p. 16 a 19, Fundación Bariloche, 1971.

Estas diferentes progresiones de la producción originaron la modificación de su estructura (cuadro I.2.4). Así en 1958 el petróleo y el gas aportaban el 75% de la producción de energía primaria, los combustibles vegetales el 20%, mientras que el carbón y la hidroelectricidad sólo contribuían marginalmente (2% y 3% respectivamente). Para fines del período, en 1977, los hidrocarburos habían reforzado su peso al cubrir el 87% del total de la producción con un fuerte incremento del aporte de gas natural, a su vez los combustibles vegetales habían disminuido su participación al 6%. Además, la electricidad de origen hidráulico aumentó ligeramente su incidencia (5% en 1977), sin embargo, junto con el carbón apenas equivalían a los combustibles vegetales; por otra parte, la generación nucleoeléctrica constituyó la nueva forma de energía incorporada en los años setenta (1% en 1977).

Por lo tanto, se puede afirmar que en estos años la estructura de la producción se vió reforzada en sus tendencias anteriores por el impulso dado a los hidrocarburos y la menor incidencia de los combustibles vegetales, a la vez que la participación de las demás formas de energía permaneció en niveles muy bajos. Ahora bien, la evolución de la producción y la importancia concedida al desarrollo de las diversas fuentes de energía ha variado en relación con las fases económico-políticas que se sucedieron a lo largo del período. La no resolución de las contradicciones tanto socioeconómicas como políticas que acentuó el enfrentamiento entre distintos sectores sociales, se tradujo en la alternancia de estos grupos en la conducción del Estado y en la aplicación de proyectos económicos divergentes. Las orientaciones impuestas en el campo energético, al estar insertas en los lineamientos generales de cada gobierno, dieron lugar a la sucesión de disposiciones muchas veces encontradas al pasarse de un momento político a otro. A pesar de las diferencias existentes entre éstos, y que no deben dejarse de lado, es posible encontrar orientaciones comunes en el terreno de la energía que permiten reagrupar distintos períodos:

- por un lado, 1958-63,[13] 1966-73 y 1976-79, períodos caracterizados por una orientación en la cual el Estado, y por ende sus empresas, no se adjudicó un papel preponderante como administrador de la producción del sistema energético, concedió una situación preferencial a las empresas privadas e incentivó la participación del capital extranjero. La idea de "eficiencia económica" debía imponerse, de allí las sucesivas "racionalizaciones administrativas", y el criterio de máxima rentabilidad de la inversión en el corto plazo tenía que guiar las actividades de las empresas, fueran éstas nacionales o extranjeras, estatales o privadas.
- por otro lado, 1963-66 y 1973-76, períodos durante los cuales los gobiernos consideraron que al Estado le cabe un rol activo en la produc-

[13] De hecho los lineamientos económicos desarrollistas (1958-63) encuentran su manifestación en los esbozados en los años precedentes.

ción de energía a través de sus empresas, al mismo tiempo que debe desarrollar los programas adecuados para una utilización equilibrada de las fuentes energéticas disponibles en el país,[14] en ambos casos, se distinguió una política de corte nacionalista que contrastó con la de las etapas antes indicadas.

La alternancia en el tiempo de posiciones y medidas contrapuestas incidieron sobre la producción, en particular la petrolera, hasta pasada la mitad de los sesenta. Hacia 1958 la situación crítica creada por la dependencia del abastecimiento de petróleo y derivados, la política económica de industrialización sustitutiva impulsada por el desarrollismo junto con el movimiento internacional de capitales, se conjugaron para originar el desarrollo sin precedentes de la explotación del petróleo argentino con base en los contratos firmados con las compañías petroleras internacionales. Los resultados "espectaculares" conseguidos hicieron que en 1962 la producción local (gráfica I.2.1 y anexo 9) asegurara la casi totalidad de los requerimientos internos (en ese año la producción de crudo representó el 95% del consumo de derivados), habiéndose concedido a las transnacionales las áreas ya exploradas por YPF y en las cuales estaba garantizada una alta productividad por pozo.[15]

Este período 1958-62 aparece como central en la evolución del sector energético del país por la transformación del sistema de abastecimiento tanto de petróleo y derivados como de gas natural. La habilitación del gasoducto Campo Durán-Buenos Aires marcó el punto de partida de la ampliación intensiva de su uso, expansión que habría de caracterizar las dos décadas siguientes.[16]

La controversia planteada por los contratos petroleros concluyó en su anulación por parte del gobierno radical (1963-66). Las anulaciones junto con la caída de la productividad en ciertas regiones productoras por el deterioro de los yacimientos resultante del número de perforaciones efectuadas y de los ritmos de extracción practicados, provocaron la fluctuación de la producción, la que sólo se recuperó hacia 1966.[17] Al mismo tiempo se impulsó el estudio para la instalación de una primera central nuclear (habilitada nueve años des-

[14] Los proyectos fueron explicitados en *Plan Nacional de Desarrollo para el período 1964-1969* y en *Plan Trienal 1974-1977*, en estos dos casos.

[15] Los contratos concernían la explotación, perforación y exploración, habiéndose logrado resultados escasos en este último rubro, V. Bravo, *La Legislación, op. cit.*, pp. 20-30.

[16] En 1965 entró en funcionamiento el gasoducto Pico Truncado-Buenos Aires (1960 km ∅ 76 cm), en 1970 el de Neuquen-Bahía Blanca (670 km y ∅ 61 cm) y el gasoducto Austral en 1973.

[17] Se estima en 2 000 el número de pozos en exceso perforados entre 1958-1962. La recuperación de la producción se logró por las mejoras introducidas en las condiciones de explotación y los nuevos descubrimientos, V. Bravo, *El Petróleo en Argentina*, pp. 45-50.

pués) y se apoyó el desarrollo de los recursos hidráulicos, a pesar de lo cual el crecimiento de la producción total de energía primaria sólo alcanzó el 1% en los tres años.

La instancia política abierta a partir de 1966 no podía tener como resultado sino la revisión de la anulación de los contratos petroleros y su renegociación[18] en la perspectiva de recobrar la confianza de los centros financieros internacionales y de aminorar la injerencia del Estado en el sector. El rápido crecimiento de la producción total de energía entre 1966-72 (6.3% anual) se redujo a principios de los setenta (cuadro I.2.5) ante los inconvenientes encontrados en los yacimientos del norte del país que por un lado afectaron la producción de crudo y, por otro, obligaron a la importación de gas natural de Bolivia desde 1972 (cuadro I.2.3 y anexo 10)

Los acontecimientos de mayor repercusión en la producción de energía primaria en el quinquenio que va hasta 1977, correspondieron a la generación de la electricidad por la entrada en funcionamiento de la central hidráulica del Chocón y de la planta nuclear de Atucha en 1973 y 1974.

A pesar de las tendencias y contratendencias de las políticas económicas y energéticas puestas de manifiesto durante las dos últimas décadas consideradas, en el sector energético se desarrolló una infraestructura productiva que determinó la transición de una fuerte dependencia del exterior al autoabastecimiento energético casi completo. En 1977 las importaciones de energía representaron sólo el 16% de los consumos, frente al 57% en 1958 (cuadro I.2.2) pero en su composición entraron ahora el gas natural y licuado en un 33%, combustibles de reducida difusión a fines de los cincuenta (cuadro I.2.3). Si bien durante este período se logró cubrir la mayor parte de las necesidades del consumo interno, es necesario destacar en qué medida se diversificó la producción de energía teniendo en cuenta la disponibilidad de los recursos internos del país. La comparación entre reservas y producción de energía primaria en 1977 (cuadro I.2.6) revela que:

1. La producción de energía se apoyaba en un 87% en una fuente no renovable, los hidrocarburos, cuyas reservas no constituyeron en ese año sino la cuarta parte de las reservas energéticas; además, la baja relación reserva/producción (16 años) señalaba la necesidad de desarrollar intensamente la exploración.
2. El carbón y el uranio no cubrieron el 2% de la producción a pesar de representar en conjunto el 40% de las rpr y de tener relaciones reservas/producción tales que permitirían su explotación durante un tiempo prolongado.

[18] Principalmente en los contratos con Pan American y Cities Services. Otra solución era posible para incrementar la producción sobre la base de YPF, V. Bravo, *La Legislación, op. cit.*, pp. 40-45.

3. La energía hidráulica, fuente renovable, a la que correspondía el 34% de las reservas probadas sólo participaba en un 5% en la producción. Por el contrario, otra fuente en principio renovable, los combustibles vegetales (1% de las reservas) ocupó en la producción un lugar equivalente al del carbón, el uranio y la energía hidráulica, todos reunidos.

Cuadro I.2.6. El grado de utilización de las reservas probadas en Argentina en 1977

Energía	Composición de las reservas (%)		Composición de la producción (%)		Relación reservas/producción (años)	
Hidrocarburos						
petróleo crudo	25*	15	87*	60	17*	15
gas natural		10		27		22
Carbón	12		1		844	
Uranio	28		1		582	
Hidráulica	34		5		(432)	
Combustibles vegetales	1		6		15	
TOTAL	100		100			

* Corresponde a petróleo crudo y gas natural juntos.
FUENTE: Cuadro I.2.1, Anexo 9.

3. *La producción de electricidad*

Hacia 1930, en la generación eléctrica y por lo tanto en la composición del parque instalado prevalecía claramente el sistema térmico. En efecto, a él correspondía el 96% de la producción, de la cual el 84% provenía de máquinas de vapor, y sólo el 4% restante tenía origen hidráulico (cuadro I.2.7). Cuatro décadas después, en 1972, la relación no había variado fundamentalmente en la medida en que en la estructura de generación predominaba todavía la producción térmica a pesar de los avances de la hidroelectricidad que llegó a representar entonces el 12% de la potencia total instalada. Sin embargo, cinco años después, en 1977, se habían introducido dos modificaciones en el parque que sin duda han de influir en la futura evolución del sistema eléctrico. La primera corresponde al impulso dado en la generación hidráulica (23.5% del total) y la segunda a la incorporación de la primera central nuclear que provee entre 6% y 10% de la electricidad del Servicio Público (SP).[19]

Cuadro I.2.7. La potencia eléctrica instalada en el servicio público y su composición

	VAPOR		TERMICA Comb. interna		TOTAL		HIDRAULICA		NUCLEAR		TOTAL	
	MW	%	MW	%	MW	%	MW	%	MW	%	MW	%
1930	660	84.0	99	12.0	759	96.0	28	4.0			787	100
1939	918	78.0	209	18.0	1 127	96.0	43	4.0			1 170	100
1948	962	78.0	242	19.0	1 204	97.0	42	3.0			1 296	100
1952	1 068	75.0	294	21.0	1 362	96.0	57	4.0			1 419	100
1958	1 512	69.0	407	19.0	1 919	88.0	260	12.0			2 179	100
1962	1 693	63.0	623	24.0	2 316	87.0	334	13.0			2 650	100
1966	2 631	69.0	764	20.0	3 395	89.0	394	11.0			3 789	100
1972	3 431	62.0	1 488	26.0	4 919	88.0	691	12.0			5 610	100
1973	3 501	54.0	1 688	26.0	5 189	80.0	1 308	20.0			6 497	100
1974	3 507	48.0	1 873	26.5	5 380	74.5	1 508	21.0	340	4.5	7 228	100
1977	3 778	47.0	2 073	25.0	5 851	72.0	1 921	23.5	370	4.5	8 142	100

FUENTE: 1930-1970: Secretaría de Energía-Oficina Sectorial de Energía, *Plan Nacional Eléctrico*, agosto de 1973.
1970-1977: Secretaría de Energía, *Anuario Estadístico Energía Eléctrica*, 1973 a 1977.

En el contexto de una producción creciente desde 1930, los cambios posteriores a 1972 constituyeron un aporte significativo en el camino de la diversificación de las fuentes productoras de electricidad. A pesar de la estabilidad de la estructura del parque eléctrico es posible distinguir rasgos particulares en la evolución de la generación hasta 1972 en correspondencia con los períodos económicos tratados.

3.1 El período 1930-1952

La instalación de centrales eléctricas de baja potencia comenzó a fines del siglo pasado y su número creció progresivamente a principios del actual, sin embargo, el primer incremento importante de la potencia instalada tuvo lugar en la segunda mitad de los años veinte. Aunque con menor intensidad que antes, en la década siguiente se prosiguió con la ampliación de la base produc-

[19] El llamado Servicio Público comprende la producción de electricidad para su venta, mientras que la autoproducción (APn) corresponde a la producida para consumo del propio productor; ello no excluye la posibilidad de su venta para el suministro a la red general.

tiva en los principales centros urbanos, ello no impidió el crecimiento de la producción a un ritmo de 6.3% entre 1930-39.[20]

En esta época la producción del SP estuvo asegurada casi por completo por empresas privadas beneficiarias de contratos de concesión otorgados por las autoridades locales, en cambio, tanto las cooperativas como el Estado no participaron directamente sino en proporciones ínfimas.[21] El sector eléctrico no fue ajeno a la política liberal imperante en los treinta; ésta favorecía ampliamente a las empresas concesionarias tal como lo reflejaron las condiciones de prórroga de los contratos vigentes.[22] Durante este decenio la industria eléctrica evolucionó sin que las distintas instancias gubernamentales instrumentaran disposiciones orgánicas que regularan su desarrollo.

La nueva orientación económica que se aplicó desde 1943 estableció las bases para revertir la situación imperante; a pesar de ello no se introdujo ninguna modificación durante los años cuarenta y cincuenta en cuanto a la intervención estatal en la generación térmica en los principales mercados eléctricos del país y a pesar de las posiciones de carácter nacionalista del peronismo (1945-55) en otros campos e incluso en el energético.[23]

En el período comprendido entre 1939 y 1952, la capacidad del parque permaneció prácticamente estancada (la potencia instalada creció sólo al 1.5% anual) mientras que la producción aumentó rápidamente (5.5% anual). Esta falta de extensión y renovación de las maquinarias determinó un desgaste acelerado que las volvió obsoletas e insuficientes ante el desarrollo de la demanda.[24] El bloqueo del mercado externo proveedor de maquinarias y equi-

[20] Más rápido aún creció la APn que proporcionaba mayor seguridad al abastecimiento en la industria.

[21] Aurelio González-Climent, *"Elementos para el estudio de la economía energética en Argentina"*, Buenos Aires, 1955, en *Revista Electrotécnica,* p. 256.

[22] Son los casos en 1936 de las compañías privadas de capitales extranjeros que abastecían de electricidad al mercado de Buenos Aires: CADE y CIADE (Italo); por medio de manejos fraudulentos sus concesiones fueron prolongadas 40 años para la primera y hasta el siglo XXI la segunda, Jorge Sábato, *SEGBA Cogestión y Banco Mundial,* p. 14-16.

[23] Con posterioridad a 1943 se abrió la investigación sobre la actuación de las empresas eléctricas que concluyó en el "Informe Conde". Este documento brindó los elementos probatorios que hubieran permitido la expropiación sin indemnización de las plantas eléctricas en manos de las empresas concesionarias. Sin embargo, el informe fue archivado y no se adoptaron sanciones contra las empresas ni se les impusieron controles, J. Sábato, *op. cit.*, pp. 16-22.

[24] El fenómeno apareció claramente en el sistema de la región metropolitana con respecto a CADE e Italo para las que las condiciones de funcionamiento de sus plantas se tornaron críticas hacia fines de los cuarenta. No podía ser de otra manera si se tiene en cuenta que la producción de Italo se multiplicó por 3.5 en 1933-50, al mismo tiempo que disminuyó su potencia instalada. *Revista Electrotécnica, op. cit.*, cuadro 2, p. 254, para Italo y Consejo Federal de Inversiones, *Programa conjunto para el desarrollo agropecuario e industrial,* Tomo IV, p. 4.

pos, junto con las maniobras de las empresas y las deficiencias de la política del gobierno en la materia, fueron los factores principales que llevaron a agudizar la crisis del sector eléctrico durante la segunda mitad de los cuarenta.

Cuadro I.2.8. Producción de electricidad del servicio público por fuente de generación (En GWh y %)

	VAPOR		TERMICA Comb. interna		TOTAL		HIDRAULICA		NUCLEAR		TOTAL	
	GWh	%	GWh	%	GWh	%	GWh	%	GWh	%	GWh	%
1930	1 197	84	143	10	1 340	94	93	6			1 433	100
1939	1 939	82	321	14	2 260	96	99	4			2 359	100
1948	3 257	84	444	11	3 701	95	199	5			3 900	100
1952	3 866	82	636	14	4 502	96	201	4			4 703	100
1958	5 816	79	893	12	6 709	91	665	9			7. 374	100
1962	6 543	75	1 109	13	7 652	88	1 104	12			8 756	100
1966	9 175	78	1 375	12	10 550	90	1 146	10			11 696	100
1972	16 394	80	2 574	13	18 968	93	1 438	7			20 406	100
1973	16 226	75	2 489	12	18 755	87	2 895	13			21 610	100
1974	14 590	63	2 477	11	17 067	74	4 939	22	1 036	4	23 042	100
1975	14 057	57	2 872	12	16 929	69	5 122	21	2 517	10	24 568	100
1976	14 808	57	3 382	13	17 690	70	4 936	20	2 572	10	25 198	100
1977	15 800	58	4 056	15	19 856	73	5 693	21	1 637	6	27 186	100

FUENTE: 1930-70: Secretaría de Energía, Oficina Sectorial de Energía, *Plan Nacional Eléctrico*, agosto de 1973.
1970-77: Secretaría de Energía, *Anuario Estadístico Energía Eléctrica*, 1973 a 1977.

3.2 El período 1952-1972

El fuerte deterioro del parque de producción a principios de los cincuenta era el problema más urgente por resolver, sin embargo, la solución no podía ser inmediata por la naturaleza misma de las obras necesarias que requerían períodos importantes de maduración; así fue como durante gran parte de la década de los cincuenta, las restricciones en el consumo, los cortes de suministro y las caídas de voltaje marcaron la tónica del sistema eléctrico.

El apoyo otorgado a la ejecución de obras hidroeléctricas, de una amplitud desconocida hasta entonces, se tradujo en un rápido crecimiento de la potencia hidroeléctrica instalada (19% anual entre 1952-1962), (cuadro I.2.9); con lo cual en 1962 ésta representó el 13% de la potencia total del SP del país, en vez del 4% en 1952. El mayor desarrollo de esta fuente renovable de energía se produjo sobre todo entre 1952-58 y se debió a los planes y realizaciones en la materia impulsados en el período inmediato anterior. Sin embargo, la solución al problema eléctrico no fue buscada a partir de la hidroelectricidad, sino a partir de la generación térmica que exigía períodos más cortos para la instalación de las centrales, permitía economías de transporte y hacía posible la rentabilidad de las inversiones en plazos menores.

Cuadro I.2.9. Crecimiento de la potencia eléctrica instalada en el servicio público (% anual)

	1930-39	1939-52	1952-62	1962-72	1972-77
Potencia total	4.5	1.5	6.4	7.8	7.7
Hidráulica	4.6	2.2	19.0	7.5	22.7
Térmica	4.5	1.5	5.4	7.8	3.5
Vapor	3.7	1.2	4.7	7.3	1.9
Combustión interna	8.6	2.6	7.8	9.0	6.8

FUENTE: Cuadro I.2.7.

La extensión del parque térmico se apoyó en los sistemas de producción de vapor que constituyeron la parte esencial del conjunto de las renovaciones. No obstante, al mismo tiempo se complementó el sistema de generación con las máquinas de combustión interna; éstas representaron el 24% de la potencia instalada del SP en 1962 a pesar de lo cual proveían del 12 al 13% de la electricidad consumida.[25]

La sostenida penuria provocada por la falta de renovación del parque eléctrico del SP, por un lado, y el crecimiento de la demanda, por otro, actuaron como estimulantes para la producción directa de electricidad en la industria manufacturera. Este fue uno de los rasgos más importantes del sistema de suministros eléctricos desde mediados del decenio de los cincuenta y de la primera mitad de los sesenta. La autoproducción, fundamentalmente térmica, creció a un ritmo de 13% anual entre 1952 y 1965, pasando su participación en la producción total de electricidad del 15% al 25% en esos trece años. (cuadro I.2.10).

La modificación del parque estuvo acompañada por algunos cambios de tipo institucional como la anulación, en 1957, de las concesiones de explotación renovadas en 1936 y la transformación de CADE, primero en sociedad mixta con participación estatal y su nacionalización después. Esta nacionaliza-

[25] Ello se explica por el hecho de que la combustión interna está destinada a cubrir la punta de la demanda y que los diagramas de carga de los sistemas regionales presentan crestas muy pronunciadas.

Cuadro I.2.10. La generación de electricidad del servicio público y de la autoproducción (En GWh y %)

		1930	1939	1948	1952	1958	1962	1965	1972	1977
Servicio público	GWh	1 433	2 359	3 900	4 703	7 374	8 756	11 149	20 406	27 186
	%	87	83	85	85	78	74	72	81	84
Autoproducción	GWh	214	495	701	835	2 044	3 080	4 164	4 834	5 212
	%	13	17	15	15	22	26	28	19	16
TOTAL	GWh	1 647	2 854	4 601	5 538	9 418	11 836	15 313	25 240	32 398
	%	100	100	100	100	100	100	100	100	100

FUENTE: SP: 1930-70 Secretaría de Energía, Oficina Sectorial de Energía, *Plan Nacional Eléctrico.*
1970-77 Secretaría de Energía, *Anuario Estadístico Electricidad 1973 a 1977.*
AP: 1939-52 *Revista Electrotécnica,* p. 282.
1958-77 Secretaría de Energía, *Anuario Estadístico 1973 a 1977.*

ción se concretó a través de la adquisición por parte del Estado, de la totalidad de las acciones de la empresa en condiciones altamente desfavorables para el país.[26] La compra se efectuó en el período posterior a 1955 en que el Banco Mundial estableció condicionamientos fuertes para la concesión de créditos destinados al sector eléctrico, el que, por tanto, no estuvo apartado de las exigencias impuestas al conjunto de la economía por los organismos financieros internacionales.

El decenio 1962-72 se caracterizó globalmente por un desarrollo de la potencia instalada del SP que superó al de los períodos anteriores; este desarrollo fue particularmente notable entre 1962 y 1966 en que el ritmo de ampliación de la potencia térmica determinó la extensión del conjunto del parque a razón de 11.6% anual. Esta primera evolución se explica en gran parte por la ejecución de las obras de ampliación comenzadas a fines de los cincuenta siguiendo las orientaciones de los proyectos sugeridos por CEPAL[27] para el sector de la producción eléctrica dentro de las proyecciones para los principales sectores de la economía. Sin embargo, en los años posteriores a 1966 la generación por combustión interna experimentó un crecimiento acelerado: 11.8% anual entre 1966-72. Esta tendencia constituyó la expresión de la forma en

[26] J. Sábato, *op. cit.*, p. 29-34. Se asiste a una nacionalización que un gobierno de tendencia nacionalista (1945-1955) no fue capaz de ejecutar y que sin embargo fue concretada por una administración liberal.

[27] CEPAL, Naciones Unidas, *Análisis y proyecciones del desarrollo económico, V. El desarrollo económico de la Argentina, II. Los sectores de la producción,* capítulo II, pp. 14 a 35.

que se procuró garantizar los suministros, es decir, recurriendo a la instalación de equipos que aseguraran un margen de reserva adecuado y evitaran así el retorno a la situación de deficiencia en el abastecimiento eléctrico de los años cincuenta. Esta extensión se hizo con base en las turbinas de gas, cuya potencia instalada se triplicó en los dos años que siguieron a 1967.

Si bien durante los cincuenta la autoproducción constituyó una solución provisoria para la industria manufacturera, las mejoras en las condiciones del suministro del SP determinaron la disminución progresiva de su participación desde 1965, a pesar de ello su producción continuó incrementándose en valor absoluto hasta 1977 sin que hubiera modificaciones en la composición de las máquinas instaladas (anexo 32).

Las alternancias político-económicas en el gobierno del país, incidieron en la administración de las empresas productoras de electricidad, sobre los planes de equipamiento y, más concretamente aún, sobre el equipamiento. El desarrollo de éste dependió en buena medida de la posibilidad de obtención de financiamiento externo suficiente, financiamiento disponible según que la política económica en vigencia se amoldara o no a los requisitos de los prestamistas.[28]

No obstante lo anterior, en este período tanto la energía nuclear como las obras hidroeléctricas recibieron impulsos tales que provocarían la transformación de la estructura de la producción eléctrica diez años más tarde. Si bien a principios de los setenta la situación del sistema eléctrico era menos crítica comparada con 1962, subsistían aún serios inconvenientes por la insuficiencia de la reserva, la falta de interconexión entre sistemas, que dio lugar a la existencia de "islas eléctricas" no integradas,[29] el funcionamiento de centrales obsoletas y por el mantenimiento de una estructura administrativa que permitió la coexistencia de empresas de características jurídicas muy diversas.

A partir de 1973, con la entrada en servicio del Chocón primero y de la Central de Atucha después (1974) la composición de la producción sufrió la modificación más significativa de las últimas décadas. La transformación se acentuó al considerarse prioritaria la producción nuclear en la base, con lo que se produjo el desplazamiento de las unidades térmicas convencionales cuyo suministro disminuyó considerablemente en relación al total (cuadro I.2.8). Aunque entre 1972-77 la potencia total del SP creció al mismo ritmo del período 1962-72 (7.7% anual, cuadro I.2.9) la potencia térmica se incrementó sólo a 3.5% por año, debido en un 63% a la instalación de turbinas de gas, las que no sólo cubrieron la punta del diagrama de carga, sino también

[28] Puede citarse como ejemplo el caso de la denuncia por parte de la administración Radical del Pueblo (1963-66) de las restricciones impuestas por el Banco Mundial para la concesión de los préstamos efectuados a SEGBA. La actitud del gobierno provocó la reacción del Banco y se dificultó el acceso a nuevos créditos provocando el retraso en los trabajos de renovación del equipamiento, J. Sábato, *op. cit.*, pp. 39-40.

[29] Salvo para Buenos Aires-Litoral.

la semibase. Por otra parte, las fluctuaciones en el nivel de la actividad industrial desde 1975 junto con la extensión del servicio público prolongaron la tendencia a la baja de la participación de la autoproducción.

Los cambios de gobierno 1973 y 1976, provocaron nuevas tendencias y contratendencias en materia de política eléctrica tal como lo refleja el apoyo abierto a las grandes obras hidroeléctricas primero y su congelamiento posterior. A fines del período el criterio de rentabilidad rápida de las inversiones retomó su posición de fuerza y determinó el desplazamiento temporal de la fuente de electricidad más importante con la que cuenta el país.

4. La producción de derivados del petróleo

La producción interna de derivados de petróleo en Argentina aumentó en forma sostenida desde mediados de los cuarenta hasta principios de los setenta, registrando una tasa de crecimiento de 7.3% anual entre 1945 y 1973 (gráfica I.2 y cuadro I.2.12). Este desarrollo continuo de la producción dio lugar a la transición de una dependencia significativa de las importaciones de derivados al autoabastecimiento casi completo, independientemente de la caída de la producción registrada desde 1974 cuyos orígenes se encuentran en la crisis económica y no en problemas intrínsecos al sistema de transformación del crudo.

Hacia fines de los años treinta el procesamiento de petróleo para la obtención de refinados cubría cerca del 70% de los requerimientos del mercado local, proporción que aumentó en el transcurso de los años de la Segunda Guerra Mundial más por la caída de las importaciones que por el desenvolvimiento de la producción. Durante la década del cuarenta y la primera parte de la del cincuenta, las importaciones de derivados representaron más de un tercio de las compras totales de energía en el exterior (cuadro I.2.11); aproximadamente el 80% de los derivados importados correspondía al fuel oil, mientras que el diesel oil y el gas oil completaban la mayor parte del resto. En el decenio 1939-49 las unidades de refinación instaladas no eran suficientes para los volúmenes de crudo tratados; como consecuencia de ello las instalaciones operaban próximas al límite de su capacidad de funcionamiento[30] (cuadro I.2.13). Ante esta situación, se hacía indispensable la ampliación de las refinerías para evitar posibles interrupciones de la producción interna que agravarían la aguda dependencia energética del país.

La puesta en servicio de nuevas plantas entre 1948 y 1953 que incrementó en 62% la capacidad de refinación de fines del cuarenta, permitió mejorar las condiciones del abastecimiento y orientar en forma más adecuada la pro-

[30] Se estima que en condiciones normales de mercado cuando el grado de utilización de la capacidad instalada llega al 85%, se debe proceder a su ampliación, V. Bravo, *El Petróleo en Argentina, op. cit.*, p. 58.

Cuadro I.2.11. La importación de derivados del petróleo y su composición 1939-1977 (años seleccionados)

	Composición %						Importación total de derivados 10^3 TEP	Importación de derivados en el total de las importaciones energéticas (%)
	Fuel oil	Gas oil	Diesel oil	Naftas*	Kerosén	TOTAL		
1939	73.7	3.0	22.9	0.4	-.-	100	1 335	32.0
1953	87.4	3.7	6.4	2.2	0.3	100	2 381	34.0
1958	62.3	13.5	15.6	2.4	6.2	100	2 480	25.0
1961	-.-	43.8	15.0	4.6	36.6	100	1 522	35.0
1963	-.-	77.0	11.0	7.0	5.0	100	506	24.0
1973	76.2	17.4	-.-	-.-	6.4	100	540	9.2
1977	-.-	96.6	-.-	0.4	-.-	100	536	8.3

* Gasolinas
FUENTE: Anexo 10.

Cuadro I.2.12. La producción de derivados del petróleo[1] y su composición 1939-1977 (años seleccionados)

	PESADOS		INTERMEDIOS			LIVIANOS		TOTAL	
	Fuel oil	CRP[2]	Gas oil	Diesel oil	Kerosen agricol	Naftas	Combustibles jet	%	10^3 TEP
1939	40.0	-.-	3.0	10.0	7.0	39.0	<1.0	100	2 711
1953	45.0	-.-	6.5	10.0	13.5	25.0	<1.0	100	6 402
1958	50.0	-.-	6.0	12.0	12.0	19.0	1.0	100	10 211
1963	46.0	-.-	11.5	9.5	8.0	21.0	1.0	100	12 956
1968	46.0	2.0	15.0	7.0	6.0	23.0	1.0	100	18 391
1973	37.3	3.4	19.5	9.4	4.0	24.4	2.0	100	20 874
1977	38.0	3.0	27.0	4.0	4.0	22.0	2.0	100	21 110

1 No incluye gas licuado de petróleo ni gas de refinería.
2 Carbón Residual de Petróleo.
FUENTE: Anexo 11.

ducción según la composición de la demanda interior que exigía mayores cantidades de fuel oil, ello determinó una primera modificación del sistema de refinación que llevó a incrementar el abastecimiento de combustibles pesados, principalmente fuel oil (cuadro I.2.13).

Cuadro I.2.13. La capacidad de destilación primaria y el crudo pesado (10^3 m^3 / año)

	1939	1948	1953	1958	1963	1970	1973	1977
Capacidad instalada	3 926	6 240	10 150	14 385	20 235	26 400	34 782	38 311
Crudo procesado	3 730	5 617	8 425	13 034	16 306	24 512	27 351	28 262
Grado de utilización de las refinerías %	95	90	83	91	81	93	79	74

FUENTE: 1939-1958, YPF, *Boletín Estadístico* No. 6, 1958.
1960-1970, V. Bravo, *El petróleo . . ., op. cit.*, p. 60.
1970-1977, Secretaría de Energía, *Boletín Combustibles*, años 1970 a 1977.

Sin embargo el rápido crecimiento del consumo de derivados en el país hizo que nuevamente a fines de los cincuenta se planteara la necesidad inmediata de desarrollar la capacidad de destilación ya no sólo para responder a los nuevos requerimientos de fuel oil sino también de kerosén. En efecto, la expansión del consumo de este combustible desde mediados de la década del cuarenta había obligado a su importación en forma creciente, así las importaciones de kerosén que cubrían el 3.3% de su consumo aparente en 1953 alcanzaron 34% en 1961.

La puesta en funcionamiento de una capacidad de procesamiento de 6 millones de m^3 al año en el quinquenio 1958-1963, junto con el desarrollo de la extracción de crudo en el país, introdujo una modificación sustancial en el abastecimiento energético nacional en comparación con los dos decenios anteriores. Por un lado, las importaciones totales de energía se redujeron de 2480 10^3 TEP en 1958 a 506 10^3 TEP en 1963, nivel que permaneció prácticamente estable desde entonces (cuadro I.2.12) y, por otro, los productos derivados del petróleo que representaban el 35% del total de la energía importada en 1958 disminuyeron su incidencia en forma progresiva hasta ocupar el 8.3% de dicho total en 1977.

Si bien hasta fines de los cincuenta la refinación estuvo asegurada en su totalidad por la destilación atmosférica, la destilación en vacío y el craqueo térmico, con un bajo rendimiento de transformación del crudo tratado, desde 1957 se incorporaron unidades de alquilación y polimerización con la finalidad de reprocesar los cortes más pesados y mejorar la calidad de las naftas (gasolinas). La ampliación y renovación del sistema de refinado se produjo precisamente en el momento en que comenzaba el crecimiento acelerado de la industria automotriz en el mercado argentino, expansión que se prolongaría hasta mediados de los setenta y a la que el sector energético contribuyó no sólo con la adecuación de la producción de combustibles a sus necesidades sino también por el subsidio practicado a través de los precios de los energéticos.

Las unidades de procesamiento de crudo en servicio a principios de los sesenta aligeraron la carga del conjunto del sistema en forma temporal, así en 1970 se operaba nuevamente por encima del 90% de la capacidad instalada; por otra parte, en el mismo período la estructura de la producción no se modificó significativamente en cuanto a la incidencia de los cortes pesados, medios y livianos (cuadro I.2.12), a la vez que la producción total prolongó su crecimiento a razón de 7.2% anual.

De esta manera, desde principios de los sesenta, las características del sistema de refinación hicieron que la producción local proveyera la totalidad del fuel oil consumido en el país, principalmente en el sector industrial (industria manufacturera y producción de electricidad); con ello se suprimieron las importaciones de este derivado y se generaron importantes excedentes del mismo a la vez que se acentuó el déficit de gas oil ante el desarrollo de su demanda. En consecuencia, desde entonces las importaciones de derivados del petróleo se centraron en este energético que constituyó el 77% de las compras de derivados en el exterior en 1963.

Gráfica I.2.2
La producción de los principales derivados del petróleo, 1939-1977
(en 10^3 TEP)

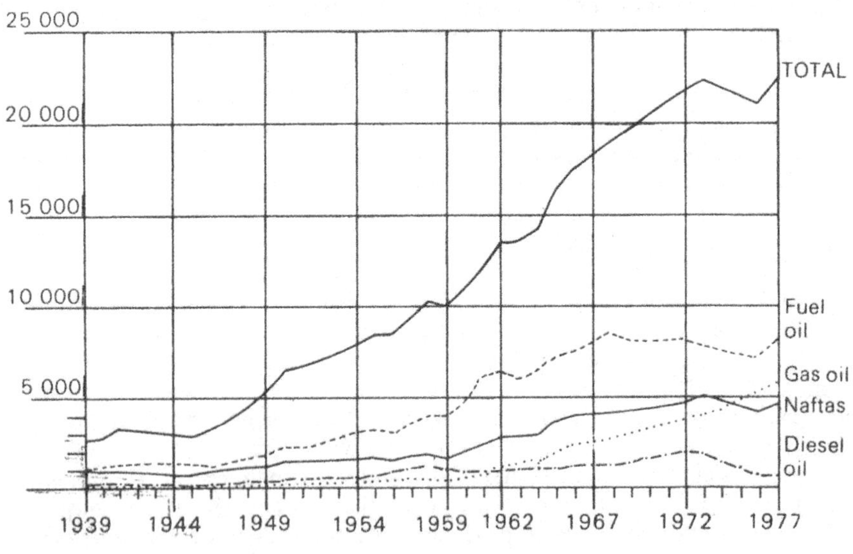

Ante el rápido incremento de la demanda de productos intermedios, sobre todo de gas oil y diesel oil, y de la inadecuación de la estructura productiva a dicha demanda, a mediados del decenio se tomó la decisión de ampliar la capacidad de las refinerías a las que se integraron otras unidades de reformado catalítico y de hidrogenación con la finalidad de tratar los productos obtenidos del craqueo catalítico y del hidrocraqueo. Las ampliaciones sucesivas se concretaron desde principios de los setenta, en particular entre 1970 y 1973 en que se incorporó una capacidad de procesamiento de crudo de 8.4 millones de metros cúbicos por año, y se conformó así un sistema de procesamiento del crudo donde en 1977 los productos pesados representaban el 38%, los intermedios el 29% y los livianos el 29% de la producción, estructura más acorde que la anterior con las características de la demanda interna de derivados.

De esta forma, la evolución de la capacidad de refinación y del tipo de unidades instaladas junto con el desarrollo de la producción de crudo, permitieron satisfacer, a partir de la década del sesenta, la mayor parte de los requerimientos de productos derivados del petróleo exceptuando el gas oil.

SECCION III

El consumo de energía desde una perspectiva global

Al intentar poner de relieve los factores explicativos de la evolución de la demanda energética de Argentina, se pondrá una atención especial en el estudio de la vinculación existente entre crecimiento económico y consumo de energía. Para ello es conveniente abordar, en primer lugar, la evolución de la demanda total de energía[1] y de las diferentes formas, luego las sustituciones que se han registrado entre los diversos energéticos y, por último, el análisis de las relaciones establecidas entre los indicadores globales de la actividad económica –en cuanto instrumento de medida del crecimiento económico– y el consumo agregado.

Siempre desde una óptica global y a través del análisis en "serie temporal" o en "corte",[2] se tratará de verificar la existencia o ausencia de una relación en el tiempo entre las variables energéticas de consumo y producción al abordarlas según:

a) la periodización económica establecida;
b) la periodización energética derivada de la evolución de los consumos mismos, que puede no coincidir necesariamente con los períodos definidos en función de la producción de energía;
c) la periodización política.

1. La evolución del consumo de energía

1.1 El consumo total

El consumo total de energía aparente[3] corresponde a la agregación de las seis formas de energía siguientes:

[1] Se utilizaron como sinónimos *consumo* y *demanda de energía,* si bien se tiene conciencia de que la demanda, tal como se le concibe en la literatura económica, no expresa necesariamente todas las necesidades en energía.

[2] Se hace referencia a los conceptos de *"serie temporal"* y *"corte instantáneo"* presentados por Yves Mainguy en *L'Economie de l'Energie,* 1966 p. 1-5.

[3] Tanto en lo que concierne al consumo total como al de los diferentes energéticos el problema de la información por un lado y el de los coeficientes por otro, son tratados en el anexo A.

a) los derivados del petróleo: que comprende las naftas[4] especial y común, el gasoil, el dieseloil, el fueloil, el kerosén, el agricol,[5] los combustibles jet, el gas residual de petróleo y el carbón residual de petróleo;
b) el gas natural, que incluye el gas natural licuado;
c) los combustibles vegetales donde se contabilizan también la leña y el carbón de leña;
d) los combustibles minerales que abarcan las distintas variedades de carbón;
e) la hidroelectricidad;
f) los combustibles nucleares que quedan restringidos al uranio, cuyo consumo se evaluó a través de la electricidad generada en los reactores nucleares.

La evolución del consumo total de energía (gráfica I.3.1, anexo 8) se caracteriza por determinar períodos que no coinciden necesariamente con los establecidos por la evolución de la producción interna de energía, ni con los que surgen de tomar en cuenta los períodos políticos. El hecho de contrastar estas periodizaciones no significa concebir de manera aislada cada una de las instancias que las determinan, ni considerar a la energía, en cuanto sector productivo, como exógena al sistema económico político, sino que tiene por objeto evidenciar los efectos inmediatos o desfasados[6] en el tiempo de las decisiones económicas globales, así como de la política de producción energética sobre los consumos.

Si se considera la demanda agregada de energía como criterio central para la periodización de su evolución, se verifica que el crecimiento de 3.5 por ciento anual de la misma entre 1939 y 1977 presenta dos fases intermedias en las que el ritmo de la demanda se aceleró considerablemente por encima del promedio del período, sobre todo entre 1959 y 1974 en que se registró un crecimiento de 5.2 por ciento anual (cuadro I.3.1).

Si se comparan las evoluciones de la producción y del consumo de energía (cuadro I.3.2), a partir de la periodización de la producción, se constata que las velocidades de crecimiento de ambos rubros se asemejan en las dos primeras etapas comprendidas entre 1938 y 1958, pero se diferencian fuertemente en la última (1955-1977), en especial en el umbral de los años 60. Aun cuando la sustitución de importaciones industriales haya comenzado antes de 1958, hasta entonces en el terreno energético no se había llevado a cabo el remplazo de las importaciones de combustibles por la producción interna ya que en ese

[4] En Argentina las naftas son el equivalente de las gasolinas en otros países de América Latina.

[5] El agricol es un producto derivado del petróleo semejante al gasoil, siendo utilizado en la agricultura.

[6] La situación crítica planteada por la Guerra Mundial 1939-1945, hizo que no sólo se quemara leña y carbón de leña, sino también trigo y maíz.

Cuadro I.3.1. Crecimiento del consumo total de energía primaria

Período	(% anual)	Consumo total de energía primaria 10^3 TEP a fin de cada período
1939	-.-	8 953
1939-45	1.7	9 729
1945-59	4.0	16 758
1959-74	5.2	35 797
1974-77	2.6	38 715

año las compras de energía al exterior representaban el 70 por ciento del consumo nacional. La diferencia de crecimiento entre la producción interna (25.8 por ciento anual) y la demanda (3.8 por ciento anual) en el período 1958-1962, refleja la concreción del proceso de sustitución de importaciones energéticas en Argentina, lográndose reducir a un mínimo (5 por ciento en 1962) la fuerte dependencia energética del exterior existente antes de 1958. Desde entonces se observa un refuerzo de la influencia de las diversas políticas económicas y energéticas sobre la evolución de la demanda, sobre todo después de 1966 cuando se salvó el estrangulamiento de la producción del período inmediato anterior, restricción que siguió a la anulación de los contratos petroleros firmados con las empresas extranjeras y a los problemas de extracción aparecidos en los yacimientos petroleros del norte del país.

Cuadro I.3.2. Crecimiento de la producción y del consumo energéticos (%anual)

Período		Consumo	Producción
I)	1939-51	2.6	1.8
II)	1951-58	4.9	4.9
III)	1958-77	4.3	7.8
Subperíodo			
	1958-62	3.8	25.8
	1962-66	4.3	1.1
	1966.71	6.0	7.2
	1971-77	3.3	2.2

FUENTE: Consumo, Anexo 8.
Producción, Anexo 9.

Por lo tanto, si entre 1958 y 1977 el ritmo de desarrollo de la producción duplicó al del consumo, se debió fundamentalmente al auge de la producción local y a la caída de las importaciones y no a la expansión de un mercado consumidor capaz de absorber dicha producción.

De acuerdo con los resultados obtenidos, el análisis de la evolución de los consumos durante las cuatro décadas según una periodización que siga el proceso político argentino y considere sus cambios, no aparece tan significativo como el que resulta de tener en cuenta las distintas fases del desarrollo del sistema económico, de la producción y del consumo de energéticos; por ello, en lo que sigue del trabajo, sólo se retendrán estos últimos criterios para la periodización y sólo se harán referencias eventuales al primero.

1.2 El consumo de las diferentes formas de energía

Las demandas respectivas de las seis formas de energía definidas no tuvieron un comportamiento homogéneo a lo largo del período 1939-1977 ni durante las etapas intermedias por un lado, puesto que su difusión en los mercados consumidores tuvo lugar en distintos momentos y, por otro, debido a la existencia de años particulares, según los energéticos, en los cuales las alteraciones de la oferta repercutieron notablemente sobre la demanda.

De las series históricas del consumo de las distintas formas de energía (anexo 8 y cuadro I.3.3) se deduce que:

- los derivados del petróleo en su conjunto, evolucionaron según períodos claramente diferenciados y en algunos casos con tendencias opuestas, a pesar de haber registrado un crecimiento de 4.6 por ciento anual entre 1939 y 1977. Así, entre 1939-1945 se produjo una reducción de su consumo de –3.6 por ciento anual, un estancamiento (incluso con disminuciones absolutas) durante 1958-1963 y 1972-1976. Sin embargo, entre estos dos últimos períodos tuvo lugar la etapa de mayor intensidad en la expansión de su demanda al verificarse una tasa de crecimiento de 5.8 por ciento anual.
- el consumo de carbón registró una reducción de –1.5 por ciento anual durante todo el período; la merma de la demanda estuvo determinada en lo esencial por la disminución de –32.6% por año entre 1939-1942, es decir, durante parte de la Segunda Guerra Mundial. Esta caída del consumo de carbón no fue compensada por los incrementos posteriores registrados durante algunos años de los cuarenta y de los setenta al levantarse en parte las restricciones del abastecimiento después de la guerra, en el primer caso, y como consecuencia de la aplicación de la política carbonífera del gobierno peronista en el segundo.
- el gas natural destacó entre los demás energéticos al alcanzar una tasa de progresión de 8.7 por ciento anual entre 1939 y 1977. No obstante

Gráfica I.3.1
La evolución del consumo total de energía y de sus diferentes formas
(10^3 TEP)

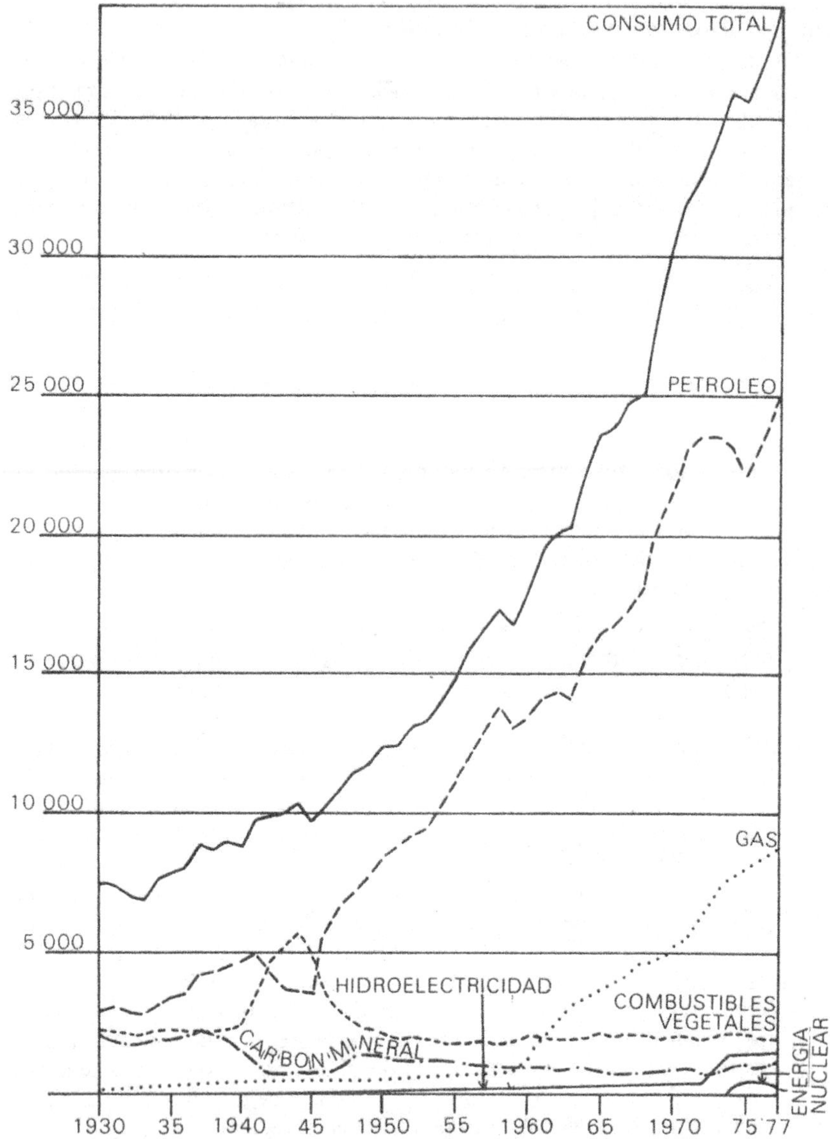

debe notarse que recién a partir de 1960 se produjo su desarrollo masivo en los distintos sectores consumidores al difundirse a un ritmo anual de 14.7 por ciento durante los diecisiete años que van de 1960 a 1977.

– la utilización de los combustibles vegetales permaneció prácticamente constante (cerca de 2 millones de TEP por año) al declinar a razón de –0.2 por ciento anual en todo el período. A pesar de ello, entre 1939-1944 su consumo creció rápidamente (20.7 por ciento anual) como consecuencia del agravamiento del déficit energético resultante de la dependencia externa del país y de la crisis internacional de esos años.
– la hidroelectricidad fue, junto con el gas natural, la energía cuyo consumo creció de manera más acelerada en todo el período, alcanzando una tasa de 10.7 por ciento anual.

En general, puede afirmarse que desde mediados de los cuarenta se incrementó el consumo de todos los energéticos con excepción de los combustibles vegetales y del carbón mineral. Sin embargo, para ubicar en su justa dimensión los diferentes ritmos de progresión o regresión de los energéticos, se requiere precisar la evolución de la estructura de los consumos (cuadro I.3.4).

En 1930 la demanda energética se caracterizaba por el predominio marcado del carbón y los combustibles vegetales que, en conjunto, representaban el

Cuadro I.3.3. Crecimiento del consumo de energía por formas (% anual)

Períodos	Deriv. del petróleo	Carbón	Gas natural	Combust. vegetal.	Hidro-eléctrica	Energía nuclear	TOTAL
1939-45	-3.6	-16.4	2.0	14.7	6.5	-.-	1.4
1945-59	9.7	2.8	4.4	- 7.1	12.7	-.-	4.0
1959-74	3.9	0.2	16.9	1.3	11.8	-.-	5.2
1974-77	2.4	2.7	3.9	- 2.3	4.9	11.4	2.6
1939-77	4.6	- 1.5	8.7	- 0.2	10.7	-.-	3.9

FUENTE: Anexo 8.

57.9 por ciento de la demanda total de energía primaria; no obstante debe señalarse que ya entonces el consumo de derivados del petróleo ocupaba el 39.2 por ciento de dicho total. Esta estructura del consumo energético se vió modificada desde mediados de los treinta por la regresión del carbón mineral y la progresión de los derivados, así estos últimos proveyeron el 49.4 por ciento de la demanda total en 1939. La contracción de los mercados abastecedores durante los años de la guerra 1939-1945 provocó la alteración de la estructura de los consumos energéticos al restringirse los suministros de carbón mineral y de combustibles derivados del petróleo, ello determinó el recurso a los combustibles vegetales los que llegaron a abastecer el 52.2 por ciento de la demanda total de energía en 1945.

El período de la posguerra hasta fines de los cincuenta puede considerarse como el de la nueva expansión del consumo de los derivados los que de 36.4 por ciento del total en 1945 llegaron a representar el 77.4 por ciento en 1959; esta expansión agravó la dependencia energética del país basada en la importación de hidrocarburos. En igual lapso, los combustibles vegetales redujeron su participación a 10.5 por ciento y el carbón mineral a 5.7 por ciento.

Durante los años sesenta y setenta se afianzó el predominio de los hidrocarburos en la composición de la demanda energética, pero el período se caracterizó, en particular, por el avance del gas natural cuya participación llegó en 1977 a 22.3 por ciento del total frente a 4.4 por ciento en 1959. A lo largo de estos años, tanto el carbón como los combustibles vegetales continuaron sus anteriores tendencias regresivas, cubriendo ambos sólo 9.1 por ciento de los consumos energéticos en 1977 con un permanente menor peso del carbón en comparación con los combustibles vegetales.

La energía hidroeléctrica tuvo siempre una participación marginal en la demanda global de energía primaria de Argentina ya que, a pesar del impulso recibido a principio de los setenta, sólo representó el 4.4 por ciento del total en 1977. Por su parte la generación nucleoeléctrica apenas alcanzó el 0.9 por

Cuadro I.3.4. La participación de las diferentes formas de energía en el consumo energético total del país (%)

Año	Deriv. del petróleo	Carbón	Gas natural	Combust. vegetal.	Hidro-eléctrica	Energía nuclear	TOTAL
1930	39.2	28.6	2.6	29.3	0.3	-.-	100
1939	49.4	21.3	4.0	24.9	0.4	-.-	100
1945	36.4	6.7	4.1	52.2	0.6	-.-	100
1959	77.4	5.7	4.4	10.8	1.7	-.-	100
1977	64.3	2.8	22.3	5.3	4.4	0.9	100

FUENTE: Anexo 8.

ciento en la misma fecha, es decir tres años después de haber entrado en servicio la primera central nuclear.

Como se deriva de lo anterior, la evolución tanto de la demanda energética como de su composición presentó períodos diferenciados en los que prevalecieron distintas formas de energía. La combinación no lineal y con variadas intensidades de los procesos de progresión y regresión de los diferentes energéticos plantea la necesidad de su cuantificación y del análisis de los procesos sustitutivos que hayan podido producirse.

Gráfica I.3.2
La estructura del consumo total de energía primaria por formas (1930-1977)
(%)

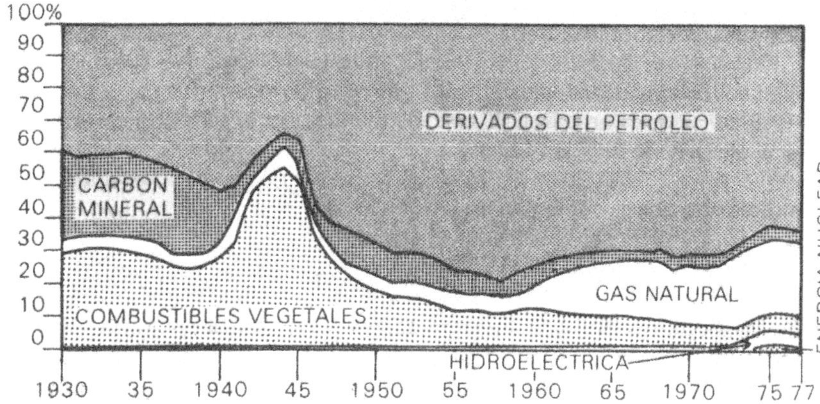

2. Los procesos de sustitución entre las distintas formas de energía

2.1 Los indicadores de sustitución

La metodología de análisis de las sustituciones que se seguirá a continuación se basa en la elaborada por el IEJE[7] para un estudio comparativo de la demanda energética entre varios países europeos.

La sustitución de una forma de energía por otra en un período determinado, se realiza a partir de la progresión de aquélla que se difunde y de la regresión de la remplazada; estas evoluciones tienen lugar a una cierta *velocidad* a la que se asocia un indicador que contempla la participación de cada forma de energía en la demanda total para los años extremos del período de análisis. En este indicador la idea del tiempo está implícita en el período que se considera puesto que no se hace referencia al concepto de velocidad concebida como modificación de la magnitud de una variable en la unidad de tiempo.

Por otra parte, de la magnitud de los cambios de la composición de los consumos de energía resulta una *amplitud* del desarrollo y sustitución de los diversos energéticos; en el indicador que mide dicha amplitud se tiene en

[7] Institut Economique et Juridique de l'Energie (IEJE) "Substitutions dans la Consommation d'Energie," en *Revue d'Economie Politique,* Congrès des Economistes de Langue Française, Bordeaux-Pau, 1974, pp. 149 a 167.

cuenta el incremento del consumo total así como la reducción del aporte de las energías en regresión. Por último a los dos conceptos anteriores se agrega el de ritmo de evolución creciente o decreciente de una forma de energía en relación a otra, idea que refleja en cierta medida la posible sustitución entre pares de energías.

Así pues, se elaboraron tres indicadores para el estudio de las sustituciones:

- el coeficiente de velocidad,
- el indicador de amplitud de una sustitución,
- el coeficiente de sustitución.

Indicadores que se comentan en los puntos siguientes.

2.1.1 La velocidad de progresión o regresión

Este indicador permite, en un lapso dado y para diversos conjuntos diferenciados, comparar el camino recorrido, en progresión o regresión, por una componente *i* en la estructura del consumo de energía.[8]

Si

$$R_i = \frac{q_i}{Q}$$

con Q = consumo total de energía
q_i = consumo de la forma de energía *i*.

el coeficiente de velocidad (V_i) queda definido por la relación:

$$V_i = \frac{R_{in}}{R_{i_1}}$$

donde *1* y *n* corresponden a los extremos del período de análisis.

El signo de V_i depende de la diferencia: $(R_{in} - R_{i_1})$, si ésta es positiva se trata de una progresión y por lo tanto $V_i > 0$, por el contrario si es negativa existe una regresión y $V_i < 0$. La mayor de las relaciones $\frac{R_{in}}{R_{i1}}$ o $\frac{R_{i1}}{R_{in}}$ con su signo correspondiente, y que en valor absoluto es mayor a la unidad, expresa la progresión o la regresión de la forma de energía *i*. Estas relaciones presentan el inconveniente de depender de los años extremos y no de la tendencia de todo el período; para sortear este inconveniente basta recurrir a los valores de R_{i_1} y R_{in} calculados a partir del ajuste estadístico:

$$R_i = at + b$$

[8] IEJE, *op. cit.*, pp. 151-153.

2.1.2 El indicador de amplitud de una sustitución

2.1.2.1 Según la metodología del IEJE

Con él "se quisiera evidenciar el rol desempeñado por una componente del consumo de energía en el incremento de dicho consumo a lo largo de un período dado, . . . como el anterior (indicador) concierne la estructura, pero pretende, para una componente en expansión, expresar la parte tomada por esta componente en la modificación de la estructura del consumo entre los años 1 y n."[9]

El indicador de amplitud (A_i) de la forma de energía *i*, se define como:

$$A_i = \frac{\Delta q_i}{\Delta Q + \Delta s}$$

con Δq_i = incremento del consumo de la energía i.
ΔQ = aumento del consumo total.
Δs = disminución total del consumo, considerando todos los energéticos.

Se verifica que $\Sigma A_i = 1$, y por definición "una componente en regresión no tiene indicador de amplitud".[10]

El indicador A_i no es un nuevo indicador que tendría por objeto remplazar al coeficiente de velocidad, sino que está asociado a él y lo complementa en vista de las limitaciones de este último. En efecto, tal como se señala en la metodología del IEJE, si R_i pasa de 1 a 2 por ciento, de 10 a 20 por ciento o de 20 a 40 por ciento, V_i es igual a 2 en todos los casos sin que se evidencie la diferencia de magnitud de los incrementos proporcionales.

Los resultados presentados más adelante relativos a V_i y A_i, ponen de manifiesto una restricción en el uso de A_i tal como ha sido concebido, se destaca aquí este inconveniente por cuanto constituye un problema metodológico. Según se indicó, una forma de energía en regresión no tiene indicador de amplitud, dicho de otra manera, si $V_i < 0$ ello implica que $A_i = 0$. Sin embargo, si se considera el estudio presentado en el cuadro I.3.5, se observa que existe un indicador de amplitud no nulo para una energía en regresión, tal es el caso del carbón y del gas para los que a pesar de verificarse una *progresión absoluta* de sus consumos (21 687 y 5 012 mil TEC respectivamente), existe también una *regresión relativa* (–14 por ciento y –2 por ciento en cada caso).

La aparición de un A_i para un $V_i < 0$ resulta de asociar al coeficiente de velocidad (relación entre proporciones) un indicador de amplitud (relación entre magnitudes absolutas) con la condición, por definición, de que éste sea nulo cuando aquél es negativo, ya que las variaciones seguidas por las magnitudes

[9] *Ibidem.*, p. 156.
[10] *Idem.*

absolutas no deben ser seguidas necesariamente por variaciones del mismo sentido de las magnitudes proporcionales. Esta incongruencia de los indicadores lleva a la búsqueda de otro que refleje de una manera más adecuada el concepto de amplitud de las sustituciones.

Cuadro I.3.5. Un caso de inconsistencia entre el indicador de velocidad y de amplitud de sustitución

i) Consumo en 10^3 TEC

	Carbón	Petróleo	Gas	Electricidad	TOTAL
1958	45 113	23 473	8 388	6 324	83 298
1972	66 800	69 683	13 400	17 112	166 995
Δ	21 687	46 210	5 012	10 788	83 697

ii) Composición porcentual

	Carbón	Petróleo	Gas	Electricidad	TOTAL
1958	54	28	10	8	100
1972	40	42	8	10	100

iii) Los coeficientes de velocidad y amplitud asociados

	Carbón	Petróleo	Gas	Electricidad
Vi	-1.35	1.50	-1.25	1.25
Ai	0.26	0.55	10.06	0.13

con $\Sigma A_i = 1$

NOTA: Este ejemplo se elaboró modificando la progresión de los consumos del caso analizado por el IEJE en el que no aparecía la inconsistencia entre los indicadores. IEJE *op. cit.*, p. 170.

2.1.2.2 El indicador de penetración B

Sin abandonar la idea del indicador de amplitud del IEJE, como representativo de la incidencia de una componente en la modificación de la estructura del consumo durante un período determinado, se define como indicador de penetración de una forma de energía la relación:

$$B_i = \frac{\Delta R_i}{\Sigma_j / k_j /}$$

donde $\Delta R_i = R_{in} - R_{i1}$, expresa el aumento de la participación de la energía i en el consumo total durante el período *i–n.*

Δk_j representa la parte del mercado perdida por el conjunto de energías en regresión relativa.[11]

Con los B_i se quiere señalar la amplitud del consumo "ganado" por una forma de energía en relación al consumo total "perdido" por las energías que entraron en regresión relativa. Se verifica además que $\Sigma B_i = 1$ y que un energético en *regresión relativa* no tiene coeficiente de penetración.

2.1.3 El coeficiente de sustitución[12]

Aquí se trata de la búsqueda de cierta regularidad estadística para llegar, a través del análisis de regresión, a una ecuación que exprese una forma de energía en función de otra. Si dos componentes tienen un comportamiento lineal durante un período dado, se lo puede formalizar en ecuaciones del tipo:

I) $R_i = \alpha_i + \beta_i$ donde t representa el tiempo

II) $R_j = \alpha_j + \beta_j$

Si se han verificado buenos ajustes lineales para las relaciones (I) y (II) debe encontrarse otro de características similares para la relación que vincula al par (R_i, R_j), es decir:

III) $R_i = \delta_{ij} + \gamma_{ij} R_j$

donde γ_{ij} es, por definición, el coeficiente de sustitución entre las formas *i* y *j.*[13]

[11] Se adoptó $/\Delta k_j/$ para evitar los valores negativos de Δk_j.

[12] IEJE, *op. cit.*, pp. 153 a 155.

[13] Se puede llegar a la misma ecuación (III) ya sea por regresión directa de R_i sobre R_j o partiendo del sistema (I), (II) y eliminando t. En el estudio de casos se usará la notación m_{ij} en vez de γ_{ij}.

Este indicador mide las variaciones conjuntas (coincidentes u opuestas) de la forma de energía *i* en relación a la *j* y permite apreciar el ritmo de sustituciones en especial cuando se pueden diferenciar subetapas en un período prolongado.

Según el valor que tome $/\gamma/$ ($< 1, = 1, > 1$) se trata de una sustitución incompleta ($\gamma < 1$), perfecta ($\gamma = 1$), o de una sustitución por parte de la energía *i* no sólo de la energía *j* sino también de otras más ($\gamma > 1$).

2.2 Los indicadores de las sustituciones energéticas en el caso de Argentina

2.2.1 El coeficiente de velocidad

Aunque en el caso del estudio de sustituciones del IEJE, el coeficiente de velocidad fue utilizado para comparar varios conjuntos distintos (sectores consumidores) a lo largo de un período determinado, resulta posible aplicarlo a un mismo conjunto (forma de energía) en períodos sucesivos, para poner de manifiesto así las variaciones de un período a otro.

De los resultados obtenidos (cuadro I.3.6) conviene destacar tres aspectos:

- En primer lugar, en un período dado hay energías en progresión y en regresión relativas como aconteció por ejemplo entre 1939-1945 con los combustibles vegetales, el gas natural y la hidroelectricidad por un lado, los derivados del petróleo y el carbón, por otro. Pero al observar la evolución de un sólo energético se nota que, a excepción del carbón, se suceden tanto fases de progresión como de regresión. Estas tendencias opuestas, que tienen lugar en lapsos prolongados, permanecen ocultas si se consideran únicamente los coeficientes correspondientes a todo el período 1939-1977. A pesar de ello los valores obtenidos para el conjunto del período resultan significativos en la medida en que traducen correctamente las tendencias más importantes en los avances y retrocesos relativos de las distintas energías.
- En segundo lugar, algunos valores del coeficiente (V_e 46-59, V_e 60-77 y V_e 39-77) reflejan una imperfección del indicador más que una progresión acentuada de la forma de energía en cuestión. Tal como se señalara, un mismo valor de V_i puede corresponder a incrementos de proporciones muy diferentes de R_i sin que el coeficiente de velocidad señale las diferencias; esto es lo que acontece con el valor elevado de V_e ya que la hidroelectricidad apenas incrementa su participación de 0.4 por ciento en 1939 a 4 por ciento en 1977.
- En tercer lugar, los coeficientes V_e y V_{cv} para el período 1939-1977 son indicativos de una regresión *relativa* ya que los consumos de carbón y combustibles vegetales han permanecido casi en los mismos niveles durante la posguerra (próximos a 1 millón y 2 millones de TEP respec-

tivamente) y no ha existido un proceso de regresión absoluta importante en ninguno de los dos casos.

Las observaciones que suscita el coeficiente de velocidad de una sustitución, obligan a precisar su alcance a través del indicador que testimonia la amplitud de la progresión o regresión.

2.2.2 El indicador de penetración (B_i)

Antes de abordarlo es necesario señalar que al igual que en el ejemplo presentado para el caso francés (cuadro I.3.5), el cálculo del indicador de amplitud A_i para la evolución de los consumos energéticos en Argentina, dio lugar a la aparición de valores no nulos para ciertas energías en regresión durante determinados períodos,[14] por ello se consideró conveniente retener únicamente el indicador de penetración. Los resultados obtenidos revelan que:

- Durante el período 1939-1945 mientras que los combustibles vegetales cubrieron prácticamente la totalidad (98 por ciento) del mercado cedido por las energías en regresión, aquí la regresión es relativa y absoluta, el gas natural y la hidroelectricidad tomaron sólo el 1 por ciento cada uno.
- Entre 1946 y 1959, los derivados del petróleo cubrieron el 92 por ciento del espacio liberado por la regresión del carbón y los combustibles vegetales, 3 por ciento el gas natural y 5 por ciento la hidroelectricidad.
- En los últimos diecisiete años del período total, los valores de 2.7 y 7 de V_{gn} y V_e correspondieron a una penetración del 81 por ciento del gas natural y 19 por ciento de la hidroelectricidad respectivamente.[15]

Por último cabe señalar que, para el conjunto del período 1939-1977, el indicador de penetración asociado al de velocidad señala la fuerte expansión del gas natural (48 por ciento), en menor medida la de los derivados del crudo (38 por ciento) y de la electricidad de origen hidráulico y nuclear (13 por ciento).

2.2.3 Los coeficientes de sustitución

La periodización en base a los consumos energéticos facilitó la obtención de buenos ajustes para la mayoría de las energías en estudio, lo que permitió

[14] Para más precisiones al respecto ver H. Altomonte y O. Guzmán, *Perspectives enérgétiques . . ., op. cit.*, p. 93 y *L'Evolution des Consommations d'Energie, et les Essais de Prevision.* Mémoire de DEA, IEJE-UER Sciences Economiques, Grenoble, 1978, p. 40.

[15] Si bien entre 1960-77 no se evidencia una penetración de los derivados del petróleo, si se la encuentra entre 1968 y 1971 con un $B_p = 100\%$ lo que señala una vez más la importancia de la elección de los períodos en los análisis.

Cuadro I.3.6. Los indicadores V_i, A_i, B_i en Argentina para el período 1939-1977

i) El coeficiente de velocidad (V_i)

	Vp	Vc	Vg	Vv	Ve
1939-45	-1.643	-8.850	1.024	2.289	1.500
1946-59	1.343	-1.594	1.323	- 3.666	3.000
1960-77	-1.153	-2.350	2.708	- 2.466	7.000
1939-77	1.410	-1.030	22.560	-21.580	34.000

ii) El indicador de amplitud (A_i)

	Ap	Ac	Ag	Av	Ae	Σ
1939-45	-.-	-.-	0.015	0.979	0.006	1.00
1945-59	0.894	0.036	0.044	-.-	0.026	1.00
1960-77	0.551	0.006	0.357	-.-	0.086	1.00
1939-77	0.666	-.-	0.269	-.-	0.065	1.00

iii) El indicador de penetración (B_i)

	Bp	Bc	Bg	Bv	Be	Σ
1939-45	-.-	-.-	0.01	0.98	0.01	1.00
1946-59	0.92	-.-	0.03	-.-	0.05	1.00
1960-77	-.-	-.-	0.81	-.-	0.19	1.00
1939-77	0.39	-.-	0.48	-.-	0.13	1.00

Donde p, c, g, v y e corresponden al petróleo, el carbón mineral, el gas, los combustibles vegetales y electricidad de origen hidráulico y nuclear respectivamente.
FUENTE: Anexo 8.

expresar un energético en función del otro y calcular los coeficientes de sustitución (cuadro I.3.7).

A lo largo de los diversos períodos se observa que salvo entre 1939-45 en que los combustibles vegetales sustituyeron a los demás energéticos, fueron éstos junto con el carbón los remplazados permanentemente desde mediados de los cuarenta. Además se verifica que a nivel global, entre 1959-1977, el gas natural sustituyó parcialmente a los productos del crudo y al carbón, conclusión que se verá reforzada al analizar los distintos sectores consumidores.

Cuadro I.3.7. Los coeficientes de sustitución (mij)

1939-45	1946-58
Rp = 0.554 - 0.031 t Rc = 0.204 - 0.026 t Rv = 0.200 + 0.055 t Rv = 1.160 - 1.770 Rp Rv = 6.230 - 2.120 Rc $m_{vp} = -1.77$ $m_{vc} = -2.12$	Rp = 0.577 + 0.017 t Rc = 0.105 - 0.003 t Rg = 0.034 + 0.009 t Rv = 0.280 - 0.016 t Rp = 0.868 - 1.060 Rv Rp = 0.047 - 0.050 Rv Rp = 1.130 - 5.660 Rc $m_{pv} = -1.05$ $m_{gv} = -0.05$ $m_{pc} = -5.66$

1959-77	1939-77
Rp = 0.752 - 0.006 t Rc = 0.049 - 0.002 t Rg = 0.081 + 0.009 t Rg = 1.273 - 1.530 Rp Rg = 0.330 - 5.600 Rc $m_{gp} = -1.53$ $m_{gc} = -5.60$	Rp = 0.532 + 0.006 t Rc = 0.115 - 0.003 t Rg =-0.015 + 0.006 t Rv = 0.368 - 0.001 t Re =-0.003 + 0.001 t Rp = 0.740 - 2.148 Rc $m_{pc} = -2.14$ Rg - 0.252 - 2.074 Pc $m_{gc} = -2.07$ Re = 0.033 - 0.330 Rc $m_{ec} = -0.33$ Rp = 0.740 - 0.580 Rv $m_{pv} = -0.58$ Rg = 0.210 - 0.560 Rv $m_{gv} = -0.56$

FUENTE: A partir de Anexo 8.

A pesar de que se obtuvieron coeficientes de sustitución significativos, debe tenerse mucha precaución con las conclusiones que puedan extraerse de estos análisis cuantitativos ya que en este caso las comparaciones se efectuaron considerando los distintos energéticos por pares.

El análisis global de los procesos sustitutivos lleva a las siguientes reflexiones:

i. Las evoluciones de las diversas formas de energía expresadas a través de los tres coeficientes refleja las modalidades y las consecuencias de las transformaciones estructurales del propio sector energético ubicado dentro del conjunto del sistema económico.
ii. La extensión del consumo energético en Argentina revela que no ha habido en ningún período una penetración significativa de la fuente de energía de mayores reservas probadas: la hidroelectricidad, a excepción de la producida a principios de los setenta la que incluso tuvo un alcance restringido.
iii. El interés por desarrollar este tipo de análisis cuantitativos de la evolución de la demanda energética y de los procesos sustitutivos reside en que sienta las bases para un estudio más preciso de los determinantes de la demanda permitiendo una mejor instrumentación en los estudios prospectivos. Es de señalar que en Argentina se han realizado ensayos previsionales en los que se formulan hipótesis sobre las sustituciones futuras entre energías sin que se efectuara previamente un análisis histórico explicativo o al menos descriptivo de dichos procesos.

En la demanda energética argentina ha habido un desplazamiento de ciertas formas de energía por otras que presentan mejores rendimientos de transformación en los usos finales, este proceso debió traer aparejados menores requerimientos energéticos para la obtención de un mismo resultado, o de un mismo producto.

La variación de las cantidades de energía requeridas por unidad de producto no es función solamente de la transición al uso de formas de energía más eficientes sino también de los rendimientos energéticos asociados a su transformación, así como de la evolución del sistema productivo, por lo que la atención debe recaer en la relación existente entre el crecimiento económico y el consumo de energía.

3. *El consumo de energía y la actividad económica*

En la literatura sobre economía y energía aparece con frecuencia la idea de que el consumo energético de una región o de un país está determinado de alguna forma por el nivel de la actividad económica, considerándose la evolución de esta última como variable explicativa de las modificaciones cuantitativas de la demanda en el tiempo. De esta manera surgen las comparaciones entre consumo energético y crecimiento económico a través de la relación de los indicadores globales de cada uno de ellos, la energía total por un lado, y el producto interior o nacional por otro.

El estudio de la relación existente entre ambas se concreta a menudo en el análisis del coeficiente de elasticidad, que refleja la evolución simultánea del consumo energético y del crecimiento económico tratados como agregados generales, así como del coeficiente de intensidad energética del producto,[16] que da cuenta del consumo de energía por unidad monetaria del producto interior o nacional, bruto o neto. Siguiendo el uso más frecuente de la literatura especializada en el tema, se analizarán para el caso de la Argentina los resultados encontrados para ambos indicadores en el período 1939-1977.

3.1 La elasticidad producto del consumo de energía

Diversos estudios han verificado la relación existente entre el crecimiento simultáneo del consumo de energía y de la actividad económica de un país. Si bien es cierto que en los países semindustrializados las diversas intensidades en la progresión de la economía suelen estar acompañadas por niveles del consumo energético proporcionales a las primeras, cabe preguntarse en qué medida los ritmos de variación del producto corresponden a ritmos similares en la variación del consumo de energía. Para responder a esta interrogante es necesario analizar la elasticidad producto de la demanda energética que se deriva de la expresión siguiente:

$$e = \frac{dQ/Q}{dPIB/PIB}$$

donde Q es la cantidad total de energía consumida

Esta expresión puede escribirse:

$$e = \frac{d\ln Q}{d\ln PIB} \Rightarrow Q = PIB^{e} \quad (1)$$

donde e es una constante para un período determinado

El valor que toma la elasticidad en torno de la unidad es definitorio de la relación en lo que se refiere a la diferenciación de los ritmos de crecimiento: ¿Cuando el PIB crece 1 por ciento, el crecimiento del consumo será mayor o menor que 1 por ciento? En el caso de Argentina, los valores de la elasticidad anual revelan una dispersión considerable alrededor de la unidad durante todo el período 1939-1977.[17] Estas variaciones en la elasticidad llevaron a algunos

[16] Llamado también contenido energético del producto.

[17] Aquí se optó por el análisis en serie cronológica dejando de lado el análisis en corte y el estructural, ambos utilizados con frecuencia en la comparación de regiones que reagrupan varios países, *Cf.* J. Girod, *La demande d'energie: Méthodes et techniques de modelisation,* CNRS, 1977, p. 18 a 25.

autores a buscar funciones distintas de (I) que tuvieran en cuenta precisamente las fluctuaciones de los valores de la elasticidad puesto que, sostienen no sin razón, el consumo de energía no está únicamente influido por el nivel de la actividad económica, sino también por las características de la población, la temperatura, la estructura productiva, el grado de industrialización, el progreso técnico, etcétera.

Así el análisis teórico de C. Suárez[18] sobre los valores de *e* intenta explicar sus valores positivos o negativos según que la mecanización, la industrialización, la urbanización y la electrificación prevalezcan o no sobre el mejoramiento de los rendimientos en el uso de la energía y los cambios de la estructura productiva respectivamente. Por su parte la N.E.R.A.[19] da tres razones por las cuales considera que la elasticidad en Estados Unidos es mayor que la unidad:

i. la utilización no energética de los combustibles,
ii. la disminución en la mejora de los rendimientos de transformacion de las centrales térmicas,
iii. la reducción de los rendimientos reales y aparentes del consumo de energía.[20]

Teniendo en cuenta la evolución de la elasticidad producto del consumo de energía y los criterios expuestos por los autores mencionados, cabe preguntarse si es válido afirmar en el caso argentino que existió una mejor utilización de la energía o un cambio en la estructura productiva, e incluso un mayor uso energético de determinados combustibles que sirven al mismo tiempo como materia prima, o una mejora en los rendimientos de las centrales termoeléctricas, cuando se está frente a una elasticidad negativa o inferior a la unidad según el caso. La dispersión de la elasticidad de un año a otro tal como se verifica en Argentina desde 1939 (gráfica I.3.3, anexo 12), no autoriza una respuesta afirmativa categórica a este interrogante como lo pretenden algunos autores.

Las variaciones en valor y signo de la elasticidad anual indican la conveniencia de considerar períodos de análisis más prolongados donde las fluctuaciones coyunturales tiendan a reducirse. Si se tienen en cuenta los períodos económicos definidos,[21] a los que se puede considerar como de mediano a

[18] C. Suárez, *Un modelo de interpretación de la demanda de energía en relación con el PIB*. Fundación Bariloche, Argentina, 1975.

[19] National Economic Research Associates, *Energy Consumption and GNP in the United States,* Nueva York, 1971, p. 10.

[20] Adams y Miovic consideraron el problema planteado por los equivalentes calóricos y las eficiencias de las distintas formas de energía en la agregación de la energía para la evaluación de la energía total con miras a la previsión global, *Cf.*, F.G. Adams y D. Miovic, On relative fuel efficiency and the output elasticity of energy consumption in Western Europe, *Journal of Industrial Economics,* 1968, Vol. XVI, No. 1

[21] Estos períodos son de una duración de 13, 10 y 15 años respectivamente.

Gráfica I.3.3
Evolución de las tasas de crecimiento del PIB, el consumo de energías y la elasticidad anual

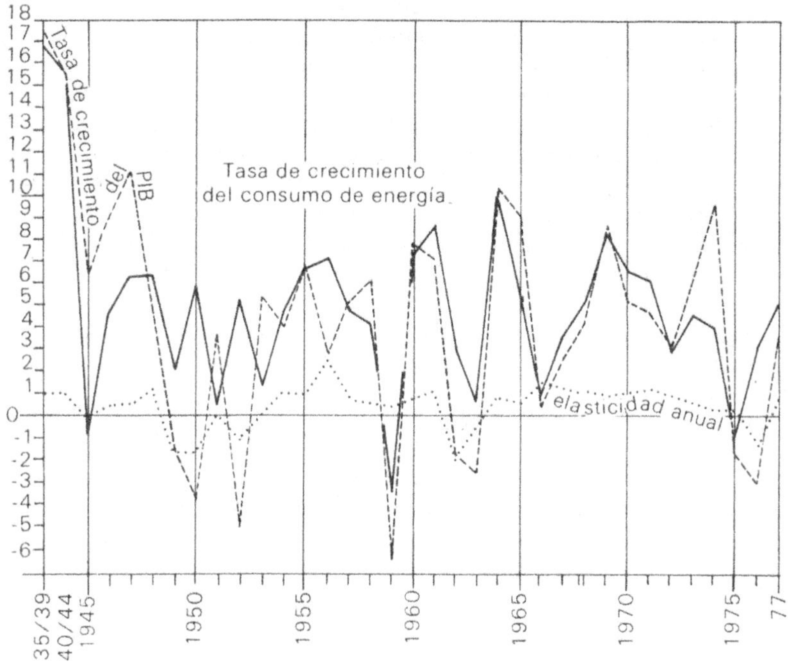

largo plazo, la elasticidad producto del consumo de energía adopta los siguientes valores:

1939-1952	e = 1.15
1952-1962	e = 1.24
1962-1977	e = 1.12
1939-1977	e = 1.25

Valores todos mayores que la unidad y que no presentan diferencias sustanciales entre sí.

Si en cambio se toman períodos medios de igual duración (quinquenios) se tiene:

	1945-50	1950-55	1955-60	1960-65	1965-70	1970-75
e	1.25	1.24	1.36	1.31	1.16	0.77

Vale decir que se obtienen valores que además de ser coherentes con los correspondientes a las tres fases económicas definidas, aportan una precisión en la medida en que testimonian la existencia de subperíodos en los que, en comparación con otros, se puede pensar en un mayor recurso a la energía (el caso de la década 1955-1965 es ejemplificativo)

Sin embargo si se tienen en cuenta por un lado las disparidades de la elasticidad que surgirían de otras periodizaciones y de las evidenciadas de un año a otro con pasajes sucesivos de valores positivos a negativos y de valores superiores a inferiores a la unidad e inversamente, resulta dudoso sacar conclusiones inmediatas a partir de este indicador respecto de la evolución simultánea de la estructura económica y de la utilización de la energía como suele hacerse. Esto es tanto más cierto cuanto que, en primer lugar, el pasaje de una tasa de variación del PIB de X por ciento a X + Y por ciento no corresponde necesariamente a un cambio en la estructura productiva; en segundo lugar, la elasticidad producto del consumo energético toma valores muy próximos en los períodos económicos considerados y, por último, la elasticidad varía sensiblemente en valor y signo dentro de un mismo período económico durante el cual no se ha producido ninguna mutación en la estructura productiva.[22]

Estos límites que presenta el uso de la elasticidad como indicador de la relación existente entre consumo energético y crecimiento económico, en especial cuando se pretende atribuirle un carácter explicativo, llevan a fijar la atención sobre el contenido energético del producto para evaluar su alcance interpretativo de la evolución de la demanda energética.

3.2 El contenido energético del producto interno bruto

El análisis de la relación Energía/PIB remite a la consideración de dos agregados: el PIB y el consumo total de energía. Si bien el uso del primero plantea ciertas dudas por su composición y las dificultades de su estimación,[23] ofrece la ventaja de ser prácticamente uno de los pocos agregados representativos de la actividad económica global de un país susceptible de cotejarse con el consumo total de energía, y por otra parte se lo estima de manera sistemática en los distintos países del mundo.

El uso de la "intensidad o contenido energético del producto" se ha constituido en un lugar común de los ensayos de economía de la energía, y su evolución ha sido objeto de diversas interpretaciones que parten tanto de un

[22] Ver en relación al tema R.I. Allen, The Energy Coefficient and the Energy Ratio, en *Economics Trends,* Agosto 1976, pp. 78 a 84.

[23] En el caso particular de Argentina, la agregación de las diferentes formas de energía se llevó a cabo según se especifica en el anexo A. En lo concerniente a la medición del PIB, ver: "A test of alternative methods of making GNP comparison", varios autores, *The Economic Journal* No. 87, sept. 77, pp. 450 a 459.

riguroso examen empírico, como lo hacen Schurr y Netschter,[24] como de la discusión de la teoría económica en el caso de Berndt y Wood.[25] Estos últimos, quienes desarrollan su estudio a partir de la teoría neoclásica, concluyen en que la relación Energía-GNP tiene una interpretación económica consistente bajo condiciones altamente restrictivas, y, si esas condiciones son satisfechas, se puede esperar que el contenido energético del producto varíe en función de los cambios de los precios relativos del capital, el trabajo, la energía y las materias primas. Sin lugar a dudas, las restricciones impuestas por las hipótesis de partida de su estudio colocan a esta interpretación en el campo del irrealismo neoclásico. Sin embargo, la metodología seguida lleva a los autores a la conclusión de que un aumento de la relación Energía-GNP no se origina necesariamente en un cambio de la estructura productiva.[26] Esta afirmación cobra un interés particular frente a la posición de quienes ven en la variación del contenido energético una expresión de la mutación del sistema de producción. Como es sabido, en un proceso de crecimiento la extensión de la producción sobre bases tecnológicas dadas puede implicar un consumo creciente de energía en proporciones mayores o menores que el incremento en valor de la producción, sin que necesariamente se altere en lo esencial la composición del sistema productivo.

J. Darmstadter, propone buscar una explicación de la evolución del contenido energético a partir de la estructura económica y de las características de la utilización de la energía.[27] De acuerdo con este punto de vista existen dos elementos explicativos de la relación energía-producto, uno el llamado *efecto estructural* y el otro el *efecto tecnológico,*[28] que se deducen de la siguiente descomposición del contenido energético del producto:

$$\frac{E}{PIB} = \sum_i \overset{(1)}{\frac{PIB_i}{PIB}} \cdot \overset{(2)}{\frac{E_i}{PIB_i}}$$

donde E: energía consumida

i: subíndice que corresponde a los diversos sectores que determinan la formación del PIB.

(1): factor estructural
(2): factor tecnológico

[24] S. Schurr y B. Netschter, *Energy in the American Economy 1850-1975. History and Prospects,* Baltimore 1960.

[25] E. Berndt y D. Wood, An Economic Interpretation of the Energy-GNP ratio, en *Energy Demand, Conservation and Institutional Problems.* MIT Press 1974.

[26] Berndt y Wood, *op. cit.*, p. 21

[27] J. Darmstadter, *et al.*, ii, *op. cit.*, pp. 2 y 3.

[28] Ambos conceptos son retomados en la Sección II del Capítulo VI, relativo al sector industrial.

Si bien la mayoría de los estudios que utilizan este enfoque han tenido por objeto realizar comparaciones entre distintos países y regiones, también es posible aplicarlo a un único país y analizar las modificaciones del contenido energético destacando la incidencia de las dos componentes.

Más allá de las fluctuaciones verificadas en algunos años (gráfica I.3.4), en Argentina el contenido energético no ha dejado de crecer tendencialmente desde fines de los cuarenta hasta 1977. Esta tendencia se verifica a pesar de la transición del uso de energéticos de bajos rendimientos de transformación, como el carbón y los combustibles vegetales, a otros de mayor eficiencia, como los hidrocarburos y la hidroelectricidad. El crecimiento del contenido energético del producto en Argentina podría encontrar un elemento explicativo, entre otros, en las características de las transformaciones introducidas en la estructura productiva por el proceso de industrialización siempre que la naturaleza de dichas mutaciones haya sido intensiva desde el punto de vista de la energía. Sin embargo, es conveniente observar la composición sectorial de la intensidad energética y su evolución tomando en cuenta los factores estructurales y tecnológicos.

Gráfica I.3.4

Evolución del contenido energético del producto interior bruto de Argentina 1930-1977 (Kep/U$$ 1965)

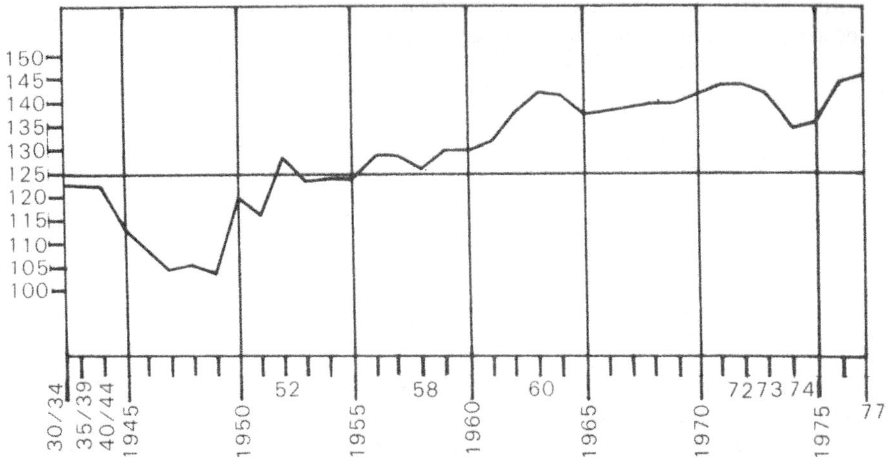

En el caso de Argentina se verifica que los sectores terciario y agropecuario presentan históricamente niveles del contenido energético marcadamente inferiores a los del conjunto de la economía (cuadro I.3.8 y anexo 13) mientras que la industria y los transportes, sobre todo éstos, lo superan ampliamente. A pesar de ello en estos dos últimos casos existe una tendencia a la disminución del contenido energético a lo largo de los últimos 25 años del período, por el contrario, en los dos primeros se verifica una tendencia en sentido opuesto.

En un período prolongado como el que se considera (1939-1977), la evolución del contenido energético global y sectorial asociada al proceso de crecimiento económico refleja los cambios en el sistema productivo en su conjunto, las fluctuaciones en el nivel de la actividad económica, la mayor o menor intensidad en los usos energéticos, así como la naturaleza de las modificaciones del sistema de abastecimiento energético. En una primera aproximación al estudio de la evolución histórica del contenido energético en Argentina, debe señalarse:

- un incremento en más del doble del contenido energético del sector agropecuario entre 1939 y 1977 resultante de una disminución significativa de su participación en el PIB, por un lado, y de un mayor consumo energético por el desarrollo de la mecanización, por otro.
- una evolución fluctuante de la intensidad energética de la industria, a pesar de la disminución tendencial durante todo el período, que combina un uso más eficiente de la energía, transformaciones importantes en el interior de la estructura productiva industrial y una mayor participación de la industria en la producción total del país.
- la existencia de dos subperíodos en el sector transportes, en el primero (1939-1953) la intensificación del uso del ferrocarril determinó un consumo creciente de carbón mineral y combustibles vegetales con un bajo rendimiento de conversión que explica, en lo esencial, el incremento del 34 por ciento del contenido energético. En una segunda etapa (1953-1977) dentro del sistema ferroviario se produjo la transición hacia los derivados del petróleo, con la consecuente repercusión sobre los rendimientos y hubo, además, un desplazamiento del ferrocarril por otros medios de transporte, por ello el contenido energético de este sector aumentó sólo 6.7 por ciento en 24 años.
- en el sector terciario, una menor regresión relativa de los consumos energéticos en comparación con la de su producto fundamentó un incremento del 50 por ciento de la intensidad energética del sector.

Si como consecuencia del proceso de industrialización se han originado retrasos sectoriales relativos desde el punto de vista económico, se pudo haber producido también una disminución relativa del consumo energético en los sectores rezagados, por ello se debe precisar si dichas reducciones del consumo son debidas a un ritmo de crecimiento de la producción mayor que el ritmo de expansión de la demanda energética en el sector considerado, o si,

Cuadro I.3.8. Evolución del contenido energético del producto en Argentina 1939-1977

i) Base: 1939 = 100

	1939	1948	1953	1963	1973	1977
Agropecuario	100	110	109	182	206	233
Industria(1)	100	78	83	86	76	82
Transportes	100	113	134	126	140	143
Terciario	100	87	106	138	141	150
Total	100	94	97	105	124	130

ii) Base: Total = 100

	1939	1948	1953	1963	1973	1977
Agropecuario	20	23	22	34	33	36
Industria(1)	171	141	148	140	105	108
Transportes	336	403	463	402	378	370
Terciario	50	46	55	66	57	57
Total	100	100	100	100	100	100

1 Industria comprende: industria manufacturera
industria extractiva, minas y canteras
construcción.

FUENTE: Anexo 13.

dado un ritmo constante de producción, las disminuciones derivaron de un menor consumo como consecuencia de un uso más eficiente de la energía.

De lo anterior se infiere la necesidad de llevar a cabo un estudio sectorial para ubicar con mayor precisión los orígenes, incluso las causas, de la evolución de la demanda y del contenido energético durante los distintos períodos considerados. El alcance del análisis global como elemento explicativo y de previsión es extremadamente limitado puesto que, por un lado, el consumo total de energía es un agregado cuyas componentes no son fácilmente asimilables,[29] y, por otro, en el PIB se amalgaman actividades muy diversas en las

[29] Ver Y. Mainguy, *L'economie de l'energie, op. cit.*, p. 74.

que la energía es utilizada de una manera considerablemente desigual. Por otra parte, en la medida en que el contenido energético del producto es tributario tanto de las elecciones tecnológicas como de las opciones económicas y sociales retenidas,[30] la comprensión de las modificaciones del contenido energético, sobre todo en la industria, requiere la puesta en evidencia de la interacción entre las opciones tecnológica y económica durante los distintos períodos.

Desde una óptica previsional o prospectiva, la instrumentación de modelos operativos requiere de la existencia previa de modelos explicativos satisfactorios, que den cuenta de los principales factores capaces de influir la demanda de energía y exige además que los planificadores ya no se contenten, como sucede actualmente, con correlacionarla a un agregado tan poco significativo como el PNB, o el ingreso *per cápita.*[31]

[30] J. Percebois, Energie Croissance et Calcul Economique, *Revue Economique,* Vol. 29 No. 3, mayo 1978, pp. 464-491.

[31] J. Percebois, *A propos de quelques concepts utilisés en economie de l'energie.* Mimeo, IEJE, Grenoble 1977, pp. 22 y 23.

Capítulo II

EL ANALISIS SECTORIAL DE LA DEMANDA DE ENERGIA

Si se tiene en cuenta la demanda total de combustibles fósiles y electricidad de los distintos sectores consumidores, dejando necesariamente de lado los requerimientos energéticos de la producción eléctrica que aparecen transferidos a cada uno de ellos a través de la electricidad que utilizan, se observa que prácticamente durante todo el período 1939-1977 cerca de 80% de la demanda energética nacional fue absorbida por tres sectores: el de la industria manufacturera, el de los transportes y el doméstico. De éstos, los dos primeros representaban el 63% del consumo total de energía en 1939 (en las mismas proporciones ambos) y el 65% en 1977 pero habiéndose registrado la progresión relativa de la industria manufacturera hasta alcanzar el 38% del total en este último año.

Sin embargo, ésta es una forma parcial de abordar el tema, por lo que se cree necesario introducir en el análisis el área de la producción de electricidad y en forma más general el de la producción de energía como centro consumidor. Con este objetivo conviene hacer referencia al consumo de combustibles fósiles del país, de su consideración surge que la demanda energética nacional se concentró esencialmente en la industria manufacturera, la producción de electricidad y los transportes. Este último sector mantuvo una participación que además de situarse próxima al tercio del consumo total de combustibles, disminuyó en forma paulatina en el transcurso de todo el período. Por otra parte, el desarrollo de la producción manufacturera y de energía generó un uso creciente de energéticos que llevó a ambas a ocupar el 58% de la demanda total de combustibles en 1977 frente al 49% registrado en 1939. Ahora bien, este incremento se debió al mayor consumo asociado a la producción de energía, en particular de electricidad, la que amplió su participación de 21% en 1939 a 27% en 1977 (9% y 16% respectivamente para la generación eléctrica), mientras que la industria manufacturera alcanzó el 31% en el último año agregando sólo tres puntos a la proporción de los combustibles que le fueron destinados a principios del período.

Si bien las referencias expuestas destacan con claridad los principales centros de consumo, es necesario señalar cuáles han sido las áreas donde se concentraron las demandas de las diversas formas de energía:

- Los derivados del petróleo fueron mayoritariamente utilizados en los transportes, la industria manufacturera y la producción de energía, actividades que cobraron un peso creciente a lo largo del proceso de industrialización. Así, de requerir el 80% de los derivados consumidos en 1939 alcanzaron el 91% en 1977, de esta proporción en promedio el 20% y 40% correspondieron a la industria y los transportes; en consecuencia el incremento del conjunto se originó en la producción de electricidad la que demandó 8% y 18% del total en los años extremos del período.
- Hasta principios de los cincuenta el gas natural se consumió en su mayoría en los yacimientos petrolíferos, pero con posterioridad fue canalizado a los centros urbanos donde se lo empleó en forma creciente en la industria (26% en 1963 y 41% en 1977) así como en el sector doméstico y en la producción de electricidad. La participación de estos dos grupos consumidores se mantuvo relativamente estable desde 1963 correspondiéndoles alrededor de 25% y 15% del consumo total de gas respectivamente.
- Hacia fines de los cuarenta la producción de electricidad del SP estaba dirigida en un 50% al consumo de tipo residencial (doméstico 42%) que comprende también al sector terciario, de la mitad restante la mayor parte (35%) se destinaba a la industria manufacturera. A excepción de los primeros años del decenio de los sesenta en que la demanda residencial representó el 70% del consumo de electricidad del SP de todo el país, el desarrollo de la producción industrial exigió cantidades cada vez mayores de electricidad que incrementaron su participación en el consumo total (44% en 1977) sin que las demandas doméstica y terciaria perdieran su anterior importancia (54% en el mismo año), pero verificándose un peso creciente de esta última en comparación con la década del cuarenta (22% en 1977).
- Los combustibles vegetales que eran utilizados en su mayoría en el sector manufacturero y en la producción eléctrica (57% y 35% respectivamente en 1939) estuvieron en regresión en todo el período; de esta forma, hacia mediados de los setenta su consumo quedó reducido a la industria, principalmente las ramas alimenticias, y al sector agropecuario (72% y 15 % en 1977).
- La producción eléctrica y el sistema de transportes, sobre todo el ferroviario, consumieron entre 70% y 80% del carbón mineral usado en el país en el transcurso del período que va hasta 1953. Desde entonces la demanda de ambas áreas disminuyó en forma sostenida a la vez que el

consumo de carbón y coque se concentró en la industria (85% en 1977) y en especial en la siderurgia, cuya capacidad de producción se amplió en la misma época.

La anterior visión de conjunto de la demanda sectorial da cuenta de las áreas de la actividad del país hacia las cuales se dirigieron los principales flujos de energía, sin embargo, para comprender esta evolución general deben ponerse de manifiesto las particularidades de la demanda en cada uno de los sectores.

SECCION I

El sector doméstico

El estudio de la evolución de los consumos de este sector significa ocuparse de aproximadamente el 15% de los consumos totales de energía del país. Antes de abordarlo es conveniente hacer algunas precisiones referidas a dos aspectos. En primer lugar, en relación a la definición del sector doméstico; se consideran aquí aquellos consumos cuya finalidad es satisfacer las necesidades personales de energía en el *hábitat*, es decir, destinados a la preparación y conservación de los alimentos, a la calefacción y/o refrigeración de los ambientes, a su iluminación, al empleo de distintos aparatos electrodomésticos. De esta manera quedan excluidos del sector doméstico los consumos energéticos correspondientes al transporte personal, contrariamente a lo que se ha hecho en estudios anteriores en nuestro país, y también los de áreas tales como comercio, servicios, administración, artesanado, pequeña industria y agricultura. En el primer caso, la exclusión se justifica porque de lo contrario se distorsionan las características y los niveles del uso residencial de energía, a la vez que se dificulta el análisis de las variables explicativas. La distorsión se repetiría en el segundo caso al incorporar a los consumos energéticos del sector doméstico los que corresponden a las áreas señaladas, incluso a pesar de la semejanza de características de las demandas respectivas.

La segunda precisión necesaria se refiere al punto de vista utilizado para la determinación de los niveles de consumo de la electricidad y al que va asociada la elección de los coeficientes de conversión. En este sentido se ha adoptado la óptica de la producción para evaluar la participación del sector en los consumos totales del país, en cuyo caso, se tienen en cuenta las transformaciones energéticas que se verifican en las centrales eléctricas. Sin embargo, al analizarse al sector en sí mismo se evalúa la electricidad desde la perspectiva del consumo, sin llegar a plantear el análisis en términos de energía útil, aspecto cuya realización exige el conocimiento de los rendimientos energéticos de los equipos de transformación final.

De los 1.2 millones de TEP utilizados en consumos domésticos en 1939 se pasó a 5.3 millones de TEP en 1977 (anexo 14), con una reducción de la participación del sector en los consumos del país de 16% a 14%. El incremento señalado tuvo lugar a un ritmo que superó el crecimiento de la población (3.9% y 1.6% anual respectivamente entre 1939 y 1977) y además se caracterizó por una modificación importante de la composición del consumo energético.

En los puntos siguientes, se analizará esta evolución y se tratará de comprenderla a partir de los siguientes elementos:

–la evolución de la población,

–los precios de las distintas formas de energía y los gastos de energía,

–las condiciones de la oferta en relación a la infraestructura.

1. La evolución de la población

Es conveniente poner de relieve algunas características de la evolución de la población del país antes de entrar en el estudio de los consumos de energía del sector, ya que éstos, y en particular algunas modificaciones en su estructura, parecen no estar desvinculados de aquélla. Las acotaciones a tener en cuenta conciernen al crecimiento de la población, su distribución espacial y el fenómeno de urbanización.

i. El crecimiento de la población

El poblamiento del país conoció un impulso particular hacia fines del siglo pasado y en las primeras décadas del presente como consecuencia del aporte de las migraciones internacionales (anexo 14). En esa época la población creció a ritmos que no habrían de repetirse posteriormente, así a partir de los años treinta la población aumentó con mayor lentitud que en la fase anterior, conociendo una aceleración tan sólo entre 1945-55 en concordancia con la inmigración de la posguerra. De allí en más no sólo disminuyó la contribución externa al incremento poblacional, sino también la tasa de crecimiento demográfico.[1]

ii. La distribución espacial

La población argentina se caracteriza por un marcado desequilibrio en su distribución espacial, ya que presenta una alta concentración en la región

[1] Para 1950-60 la tasa de crecimiento demográfico fue de 1.9%, mientras que para 1960-70 fue de 1.43%, nivel que parece no haber variado en la última década, *Cf.*, Lattes y Lattes, *La Población Argentina*, I.N.D.E.C., Buenos Aires, 1975; Lattes, A., "Las migraciones en Argentina desde mediados del Siglo XIX hasta 1960", y Lattes Z., "El proceso de urbanización en la Argentina a distribución, crecimiento y algunas características de la población urbana", ambos en *Desarrollo Económico*, No. 48, febrero-marzo de 1973, pp. 849-886.

pampeana (72% de la población total en 1970), en particular en Capital Federal-Gran Buenos Aires (35.3%) y en el resto de la provincia de Buenos Aires (14.6%). Es decir que en el espacio de una sola provincia está asentada cerca de la mitad de los habitantes del país (anexo 14). Esta distribución no ha variado en lo esencial a lo largo de todo el período en estudio puesto que la estructura regional de 1970 reproduce los rasgos fundamentales de la observada en 1914. Sin embargo, desde 1947 el único espacio en que la población acrecienta de manera significativa su participación es el Gran Buenos Aires. Este fenómeno, acentuado entre 1947-60, se explica en parte por el aporte de la inmigración pero fundamentalmente por la migración interna estrechamente vinculada al proceso económico y social de los años cuarenta y cincuenta. Desde entonces estas migraciones internas han sido el factor determinante de la redistribución espacial de la población y han tenido como consecuencia el despoblamiento del campo y el desarrollo de las ciudades.

iii. La urbanización

Dos de los elementos distintivos del crecimiento demográfico argentino han sido el rápido aumento de la población urbana así como la desaceleración constante del ritmo de crecimiento de la población rural. Ya en 1940 el 60% de la población habitaba en aglomeraciones urbanas (2 000 habitantes o más) participación que llegó al 80% en 1970; dicha evolución se dio en forma progresiva y continua durante estos treinta años con una ligera intensificación entre 1945-60. El proceso provocó no sólo una disminución relativa sino también absoluta de la población del campo como lo revelan los censos nacionales realizados desde 1947; por otra parte, la concentración en las ciudades se llevó a cabo principalmente en aglomeraciones de 100 000 y más habitantes, las que en 1970 reunían más del 70% de la población urbana del país.

Las características del crecimiento económico hasta mediados de los cuarenta hicieron que los niveles más elevados de población urbana se registraran en la región pampeana; aunque este rasgo no ha desaparecido, desde entonces, el proceso de urbanización se extendió en forma acentuada a las otras regiones del país.

De las observaciones anteriores se concluye que desde el punto de vista demográfico, la población argentina presenta las siguientes características principales:

- se trata de una población que crece a tasas relativamente bajas y en disminución desde 1960,
- su distribución espacial no ha variado en lo esencial pero muestra una creciente concentración en la zona del Gran Buenos Aires en detrimento de otras regiones del interior de la república,
- la urbanización se extendió en todo el país sobre la base de grandes aglomeraciones y la población rural se redujo incluso en valor absoluto, y, finalmente,

– las migraciones internas fueron el factor determinante de estos dos últimos aspectos, a pesar de que la inmigración de posguerra generó un ligero aumento del crecimiento total de la población.

2. *La evolución del consumo de energía en el sector doméstico*

A lo largo del período 1939-77 el crecimiento de los consumos energéticos estuvo asociado a modificaciones importantes de su estructura. A continuación se ponen de manifiesto esos cambios sobre la base de los tres períodos ya indicados.

2.1 Período 1939-1953

En esta fase el consumo doméstico se extendió a un ritmo que superó apenas la tasa de crecimiento de la población total del país (2.3% anual contra 1.8% para la década del cuarenta). La lenta progresión de la demanda doméstica frente a la de otros sectores hizo que la participación del sector en el consumo global de energía disminuyera de 16% a 13% entre los años extremos. De manera simultánea se produjo un cambio importante en la estructura del consumo como se refleja en los indicadores de sustitución (cuadro II.1.3). A través de ellos puede observarse una marcada regresión de los combustibles vegetales y del carbón mineral al mismo tiempo que la extensión del kerosene y del gas natural y licuado; estos tres combustibles cubrieron respectivamente el 74%, 45% y 7% del crecimiento del consumo teniendo en cuenta la regresión de las otras dos formas de energía. En este período se asistió pues al pasaje de una estructura energética basada en los combustibles vegetales y el carbón (89.9% del consumo total en 1939, cuadro II.1.1) a otra en la cual la incidencia de ambos quedó reducida al 25% y en la que predominó ampliamente el uso del kerosén. Esta modificación trajo aparejada consigo una mejora de los rendimientos de transformación final en los usos domésticos de la energía.

En el análisis del proceso de sustitución no se ha tenido en cuenta la electricidad porque su empleo está básicamente reservado a usos específicos –iluminación, aparatos electrodomésticos– sin llegar a ser competitiva en otros campos, como por ejemplo calefacción. Sin embargo, su uso se extendió a un ritmo que superó al del conjunto de los combustibles (5% frente a 1% anual). Si bien en 1953 ocupó sólo el 10% de los consumos sectoriales, la intensidad de su difusión en el período se reflejó claramente en la fuerte disminución de la relación física entre los combustibles y la electricidad consumidos (cuadro II.1.4).

La estructura de consumo derivada del corte del año 1939 puede llevar a pensar a priori que se estaba en presencia de una población de base campesina, de escasa urbanización, en la que los combustibles vegetales cubrían bajo una forma comercial o no, las necesidades fundamentales de energía doméstica. Las profundas mutaciones producidas en la composición de la demanda durante el período, podrían sugerir también que ellas surgieron de una rápida concentración de la población en las ciudades, acompañada por un cambio considerable en las condiciones de abastecimiento energético. Ahora bien, por una parte, la existencia de una población rural relativamente importante hacia fines de los años treinta, debe haber contribuido a la conformación de un perfil de los consumos como el verificado entonces y, por otra, el proceso de migración-urbanización de los años cuarenta y cincuenta, incidió sin duda alguna en la evolución de dicho perfil. No obstante, ya hacia 1940, el desarrollo de las actividades artesanales e industriales había favorecido la concentración urbana de la población, esto lleva a considerar que existió otro elemento de mayor envergadura en la determinación de la naturaleza de los consumos domésticos de la época. Así, la retracción de los mercados proveedores provocada por la situación internacional, constituyó un factor primordial en la conformación de la demanda al generar un uso desmedido de los recursos forestales durante el período de la Segunda Guerra Mundial. La oferta de energía condicionó nuevamente la naturaleza de los consumos domésticos cuando a la salida de la guerra se dirigieron cantidades crecientes de kerosén y gas hacia el mercado doméstico a la vez que se restringió la oferta de carbón importado.

Cuadro II.1.1. La estructura del consumo en el sector doméstico (%)

	Gas natural	Gas licuado	Kerosén	Comb. veget.	Electricidad[1]	Comb. miner.	TOTAL
1939	-.-	-.-	5.0	76.0	6.0	13.0	100
1953	9.0	4.0	52.0	25.0	10.0	-.-	100
1960	12.0	6.0	61.0	12.0	9.0	-.-	100
1963	21.0	15.0	44.0	8.5	11.5	-.-	100
1968	26.0	25.0	30.0	6.0	13.0	-.-	100
1975	36.0	25.0	22.0	3.0	14.0	-.-	100
1977	39.0	23.0	20.0	3.0	15.0	-.-	100

1 Electricidad evaluada al consumo.
FUENTE: Anexo 15.

2.2 Período 1953-1963

A esta década correspondió el mayor ritmo de crecimiento de la demanda energética total de los períodos en estudio. La intensificación de los consu-

Cuadro II.1.2. El crecimiento del consumo de energía por formas en el sector doméstico (% anual)

	Gas natural	Gas licuado	Kerosén	Comb. veget.	Comb. miner.	TOTAL Comb.	Electricidad	TOTAL
1939/53	-.-	40.0	19.1	-6.8	-9.7	1.0	5.0	2.3
1953/63	15.4	19.5	3.7	-5.4	-.-	5.4	6.7	5.4
1963/75	12.0	9.4	- 1.0	-3.4	-.-	4.7	6.9	5.0
1939/77	12.7	13.5	7.2	-5.2	-.-	3.3	6.0	3.6

FUENTE: Anexo 15.

Cuadro II.1.3. Los coeficientes de velocidad (V_i) y de penetración (B_i) en el sector doméstico

	Gas natural	Gas licuado	Kerosén	Combust. vegetales	Carbón mineral
1939-1953					
Vi	-.-	-.-	67.30	-67.30	-47.40
Bi	0.15	0.07	0.78	-.-	-.-
1953-1963					
Vi	2.18	3.15	1.06	- 3.07	-.-
Bi	0.50	0.33	0.17	-.-	-.-
1963-1975					
Vi	1.89	1.82	-2.34	- 2.70	-.-
Bi	0.56	0.44	-.-	-.-	-.-

FUENTE: A partir de Anexo 15.

Para más detalles sobre la evaluación de los coeficientes, ver H. Altomonte y O. Guzmán, *Perspectives Energétiques* . . ., *op. cit.* Anexos E_1, E_2 y E_3.

mos se verificó en particular entre 1953-62 (7.3o/o anual) y fue más marcada para la electricidad que para los combustibles (cuadro II.1.2). En relación a estos últimos, esta etapa se caracterizó por el predominio del kerosén, cuya demanda se acentuó entre 1956 y 1962, año en el cual alcanzó un máximo de 1.28 millones de TEP consumidos y cubrió el 61% del consumo doméstico (cuadro II.1.1). La drástica caída de su uso a partir de 1963 provocó la disminución absoluta de la demanda total del sector en ese año y anticipó un papel distinto para este combustible en los años venideros (gráfica II.1.1).

Tanto el gas natural como el licuado progresaron con mayor rapidez desde mediados de los cincuenta pero el comienzo de su penetración masiva en el sector se dio a partir de 1960, sobre todo la del gas natural; así en 1963 éste representó el 21% de la demanda doméstica y el gas licuado el 15%. Simultáneamente, desaparecido el carbón mineral del consumo de este sector, el recurso a los combustibles vegetales continuó retrayéndose hasta incidir únicamente en un 8.5% del total de 1963.

La lectura de los indicadores de sustitución corrobora las variaciones anteriores y muestra el desplazamiento de los combustibles vegetales por las otras formas, pero se establece una jerarquía en ese remplazo que ubica al kerosén en último término. Sin embargo no fue ese el orden de importancia en este proceso ya que el kerosén, más que cualquiera de los gases, fue el principal agente de la sustitución producida.

Por otra parte, la electricidad no alcanzó la rapidez de difusión del kerosén en un primer momento o de los gases después, por lo menos hasta 1958-60; por ello a fines del período su participación permaneció en los mismos niveles que a principios de los cincuenta (11.5% en 1963). Las dificultades del suministro eléctrico del Servicio Público hicieron que en la segunda mitad de los años cincuenta la relación r_e: KEP/KWh invirtiera su anterior tendencia a la baja para retomarla recién en 1960 y prolongarla de ahí en adelante.

En este período como en el anterior, se asistió a un pasaje progresivo a formas de energía cuyo uso permitió una mejora en los rendimientos de transformación a nivel doméstico.

2.3 Período 1963-1975

En 1975 el sector doméstico demandó 3.8 millones de TEP o sea el 14% de la energía total utilizada en el país. Después de la caída de 10% del consumo sectorial producida en 1963, y superada recién dos años después, la demanda se incrementó con mayor rapidez hasta alcanzar 5% anual de progresión durante los doce años.

Si el período anterior correspondió al predominio del kerosén, éste se caracterizó por la preponderancia de los gases y en particular la del gas natural. En efecto, si se consideran estos tres combustibles entre 1953 y 1963, se veri-

Gráfica II.1.1
El consumo de energía por formas en el sector doméstico (10^3 TEP)

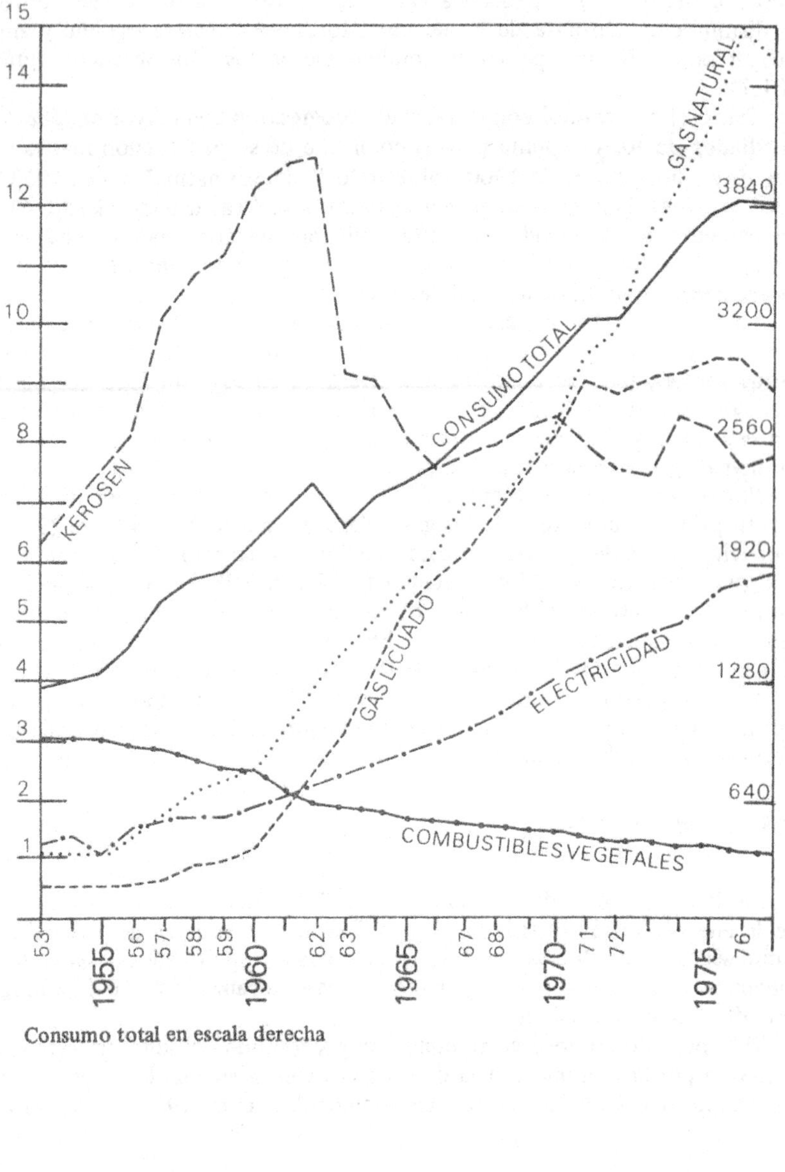

Consumo total en escala derecha

fica que el kerosén redujo su participación a la mitad,[2] de 54% a 27%, el gas natural pasó del 27% al 43%, mientras que el gas licuado de 19% a 30%. La difusión sostenida y simultánea de ambos gases se prolongó de 1960 a 1971, año a partir del cual el consumo de gas licuado frenó su progresión.[3] Esta transformación de la estructura de consumo estuvo asociada a un proceso de sustitución entre las distintas formas de energía; los coeficientes de velocidad muestran las regresiones del kerosén y de los combustibles vegetales,[4] el de penetración sugiere que los mercados liberados así como la extensión del consumo fueron cubiertos en 56% por el gas natural y en 44% por el licuado, fenómenos confirmados por los coeficientes m_{ij} (cuadro II.1.5). Si bien los gases desplazaron al kerosén, es importante señalar que una parte significativa de la demanda (cerca del 20% del total) se mantuvo dependiente de él, esta situación refleja la existencia de una parte de la población en la que no se desarrolló el uso del gas como combustible principal. Además de esta sustitución hubo otra que no se revela a través de los indicadores: la del gas licuado por el gas natural, este desplazamiento de un gas por otro, existente en menor escala a principios de los sesenta, se acentuó a partir de 1971.

Cuadro II.1.4. El grado de electrificación del sector doméstico en relación a los combustibles (KEP/KWh)

	1939	1948	1953	1963	1973	1977
re	1.2	0.85	0.71	0.63	0.50	0.46

FUENTE: Anexo 15.

El crecimiento del consumo sectorial, junto con la reducción continua de r_e (KEP/KWh, cuadro II.1.4) muestran el afianzamiento del proceso de electrificación en el sector doméstico; así, la demanda eléctrica creció a razón de 6.9% anual en el transcurso de estos diez años. Las marcadas progresiones del gas y de la electricidad llevan a concluir, para este período, de manera similar que en las etapas anteriores en cuanto al recurso a formas de energía de mayores rendimientos finales.

En los dos años que van de 1975 a 1977 excepcionalmente podría producirse una modificación sustancial en la estructura del consumo doméstico. Tal transformación no ocurrió en el caso argentino, sin embargo, debe señalarse

[2] Su consumo fluctúa alrededor de los 800 mil TEP desde 1965.

[3] Su consumo se estabilizó alrededor de los 900 mil TEP.

[4] Los valores de V_K y V_{CV} (muy próximos) ponen de relieve una de las limitaciones de estos indicadores ya que las regresiones relativas de ambos se dieron a niveles muy dispares: de 55 a 22 por ciento para el primero y de 4% a 3% para el segundo, en el mismo período 1963-75.

que hubo un estancamiento y posterior disminución del consumo total en estos dos años e incluso en 1978. La tendencia involucró a todas las formas de energía, incluidos el gas natural y la electricidad y estuvo estrechamente relacionada con los cambios en la situación económico-social producidos en esos años.

Cuadro II.1.5. Los coeficientes de sustitución entre energías (m_{ij}) en el sector doméstico

1953-63	m_{gn-cv} = -0.510	m_{gn-cv} = -0.360	m_{k-cv} = -0.210
1963-75	m_{gn-k} = -0.671	m_{gn-cv} = -3.105	
	m_{gl-k} = -0.545	m_{gl-cv} = -2.521	

FUENTE: A partir del Anexo 15.

La evolución de los consumos a lo largo de los distintos períodos no ha s do arbitraria. Se puede encontrar un principio de explicación a partir de ciertos elementos entre los que destacan los precios de las distintas formas de energía, que pudieron haber intervenido, si no como factores causales, al menos como orientadores de las distintas transformaciones acaecidas.

3. *Los precios de la energía en el sector doméstico*

Un análisis que relacione precios y cantidades de energía consumida debe realizarse a partir del conocimiento preciso de los precios practicados y de los consumos asociados. Sin embargo, en la gran mayoría de los casos, este tipo de estudio se ve dificultado, por un lado, por la existencia de precios distintos según el nivel de consumo y las regiones geográficas, y por otro, por la falta de precisión de la información del consumo en relación a las tarifas aplicadas.

Esta restricción aparece con frecuencia para el gas natural y la electricidad, no obstante para el caso argentino esta limitación se ve reducida para el primero aunque no en el caso de la segunda.[5] En efecto, para el análisis de la electricidad se debe recurrir al precio medio del KWh en la región de Capital

[5] Para el gas natural se han tenido en cuenta los precios de los llamados consumos domésticos (< 200 m^3/día) y practicados al norte del Río Colorado, exceptuadas las provincias de Salta y Mendoza.

Federal-Gran Buenos Aires, y si bien se trata de un área reducida en extensión este precio es representativo de gran parte de la demanda, ya que corresponde al mayor mercado eléctrico del país.

A continuación se destacan las características fundamentales de la evolución de estos precios a lo largo de los distintos períodos.

Cuadro II.1.6. Los precios de la energía en el sector doméstico 1939-77 años seleccionados (en $\$_{60}/10^4$ Kcal)

	Gas natural	Gas licuado	Kerosén	Electricidad $\$_{60}/10^4$Kcal	$\$_{60}$/Kwh
1939	-.-	-.-	0.087	0.570	0.049
1943	0.241	0.163	0.074	0.640	0.055
1947	0.134	0.127	0.054	0.476	0.041
1948	0.123	0.140	0.073	0.488	0.042
1952	0.041	0.055	0.047	0.314	0.027
1953	0.049	0.063	0.057	0.302	0.026
1963	0.031	0.056	0.048	0.302	0.026
1964	0.027	0.046	0.040	0.273	0.022
1967	0.030	0.061	0.039	0.290	0.025
1970	0.023	0.047	0.025	0.256	0.022
1974	0.020	0.040	0.037	0.186	0.016
1975	0.013	0.027	0.026	0.104	0.009
1977	0.016	0.060	0.039	0.047	0.004

FUENTE: Anexo 17.

3.1 *El período 1939-1953*

Es éste un período en el que se distingue una primera fase, hasta mediados de los años cuarenta, en la cual los precios permanecen relativamente estables o tienden, como en el caso de la electricidad, a aumentar. En una segunda fase, la principal, la tendencia es invertida y los precios de la energía disminuyen fuertemente (cuadro II.1.6 y gráfica II.1.2). El fenómeno fue más marcado aún para los gases a partir del momento de la nacionalización de la anti-

Gráfica II.1.2
Los precios reales de la energía en el sector doméstico 1939-1977

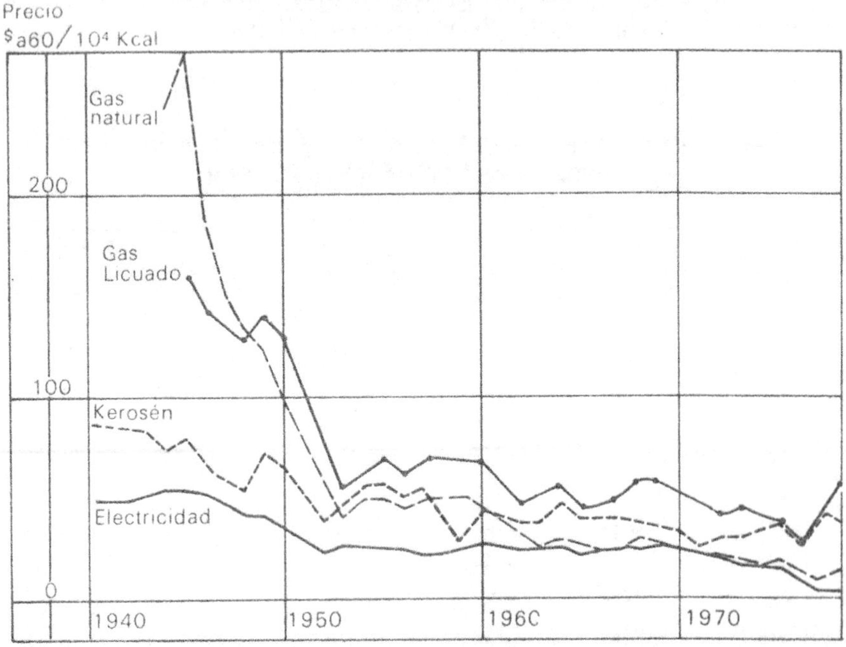

gua compañía de gas (1945), pero se verificó también para el kerosén y la electricidad. El abaratamiento de las distintas formas de energía para el uso doméstico contribuyó sin dudas a su difusión en ese mercado durante la última parte de este período. Los diversos energéticos penetraron a distintos ritmos en los usos del sector y originaron la transformación de su composición. En ese sentido la fuerte extensión del kerosén encontró un elemento de apoyo tanto en la disminución de su precio como en su relación de precio con los gases ya que hasta 1947 el precio de la caloría de estos últimos se situó alrededor del doble o el triple del precio del kerosén (cuadro II.1.7) y gráfica II.1.3). Recién a fines del período la caloría de gas natural fue competitiva en relación al combustible líquido sin tener en cuenta los gastos de instalación y equipo que favorecen al derivado del petróleo. Así, a lo largo de los catorce años éste sustituyó principalmente a los combustibles vegetales frente a los cuales presenta ventajas notables en el uso.[6]

[6] La limitación en la información no nos permite hacer referencia a los combustibles vegetales.

La comparación de los precios de la electricidad con los otros combustibles en la producción de calor justifica el no haberla considerado para el análisis de sustitución. En efecto, la electricidad no ha sido competitiva en el área residencial ya que su precio superaba fuertemente al de los combustibles más caros (cuadro II.1.7).

La crisis económica de principios de los cincuenta llevó al gobierno a aumentar los precios de la energía para el consumo doméstico, frenando así la disminución anterior y abriendo una nueva etapa en su evolución.

Gráfica II.1.3
Relación de precios entre kerosén, gas natural y gas licuado en el sector doméstico

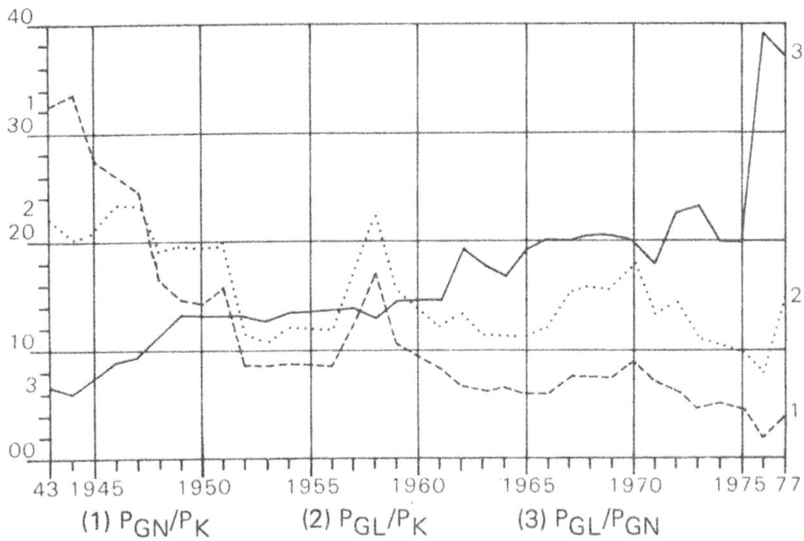

3.2 *El período 1953-1963*

Los años extremos de este período se asemejan en la medida en que ambos correspondieron a etapas de crisis del conjunto de la economía. A pesar del alza de los precios de todas las formas de energía del sector en 1963, la comparación de los precios entre el comienzo y el final de estos diez años muestra una tendencia a la baja de los mismos, acentuada aún más si se toma el año 1964 como referencia (cuadro II.1.6). Sin embargo, en el caso de los combustibles debe señalarse que después de los incrementos de principio de los cin-

Cuadro II.1.7. La relación de precios entre las diferentes formas de energía en el sector doméstico (1943-1977 años seleccionados)

1943	3.26	2.20	0.68	8.60	2.70	3.90
1948	1.68	1.92	1.14	6.70	4.00	3.50
1951	1.50	2.00	1.33	7.00	4.70	3.50
1953	0.86	1.30	1.10	5.30	6.20	4.80
1964	0.64	1.17	1.81	6.30	9.70	5.40
1969	0.76	1.59	2.08	8.90	11.60	5.60
1975	0.50	1.04	2.08	4.00	8.00	3.90
1977	0.41	1.54	3.75	1.2C	2.90	0.80

FUENTE: Anexo 17.

cuenta, sus precios se mantuvieron dentro de una cierta estabilidad antes de que se produjera de manera clara un nuevo abaratamiento. En el caso de la electricidad las variaciones no fueron importantes, el precio del KWh permaneció prácticamente constante en los diez años sin llegar a ser competitivo con los combustibles en los usos de calor.

Cabe preguntarse en qué medida los precios determinaron o al menos orientaron la evolución de los consumos. La consideración simultánea de los movimientos de precios y de la demanda para las distintas formas de energía, presenta resultados contradictorios, esto quiere decir que para algunos energéticos, precios y consumo evolucionaron de manera coherente[7] en determinados años, no sucediendo lo mismo para otros momentos. Esta evolución se verifica particularmente con los dos gases y en menor medida con el kerosén, en cuyo caso el precio tiende a apoyar de forma más prolongada su expan-

[7] En el sentido de que un aumento del precio trae aparejado una baja en el consumo y viceversa.

sión (gráfica II.1.4). Por otra parte, las elasticidades de precios de las distintas energías tomaron valores negativos elevados para el conjunto del período 1953-1962 como si se tratara de productos perfectamente elásticos, valores que van de $e = -3$ para el kerosén a $e = -20$ para la electricidad. Sin embargo, si se consideran las elasticidades en el interior del período, las diferencias en valor y signo se hacen importantes para un mismo energético.

En cuanto a los precios relativos se observa que la estructura del año 1953 apareció repetida y acentuada en 1963. Si bien la evolución de los precios, que favoreció al gas natural frente a los demás energéticos, contribuyó a explicar el incremento del consumo de aquél, no se le puede otorgar el mismo carácter explicativo en el caso de la regresión del kerosén ni en el de la rápida difusión del gas licuado. Teniendo en cuenta el conjunto de las observaciones precedentes se puede afirmar que los precios por sí solos no explican la evolución de los consumos ni las modificaciones de su estructura en estos diez años.

3.3 El período 1963-1975

En este período, como en el anterior, el movimiento de precios pone de manifiesto serias limitaciones como elemento explicativo de la evolución de los consumos. El gas licuado constituyó un ejemplo de ello, en efecto, el crecimiento sostenido de su consumo hasta 1971 y el estancamiento posterior no pueden explicarse a través de las variaciones de su precio, así como tampoco por medio de los precios relativos a los otros energéticos. Un segundo caso, más notorio aún, lo brinda el kerosén cuya evolución precio/cantidad consumida exime de mayores comentarios (gráfica II.1.4). Para estos combustibles el análisis de las elasticidades precios no aporta nuevos elementos aclaratorios. En contraposición, el gas natural y la electricidad constituyen dos ejemplos en los que en una buena medida coincidieron disminución de precios y crecimiento del consumo, presentando menos contradicciones que en los casos anteriores. Las elasticidades precio de los consumos

	1963-1976 = −1.6		1963-1976 = −3.5
e_{el}:		e_{GN}	1963-1966 = −2.0
	1968-1976 = −0.8		1968-1976 = −0.8

presentaron valores un poco menos dispersos que en el período anterior en concordancia con las evoluciones ya indicadas.

Debe hacerse notar que la difusión del gas natural siguió siendo favorecida de manera creciente por la evolución de los precios relativos, los que no modificaron sus características básicas de principios de los setenta (cuadro II.1.7 y gráfica II.1.3).

Gráfica II.1.4
Evolución conjunta de los precios de la energía y de las cantidades consumidas

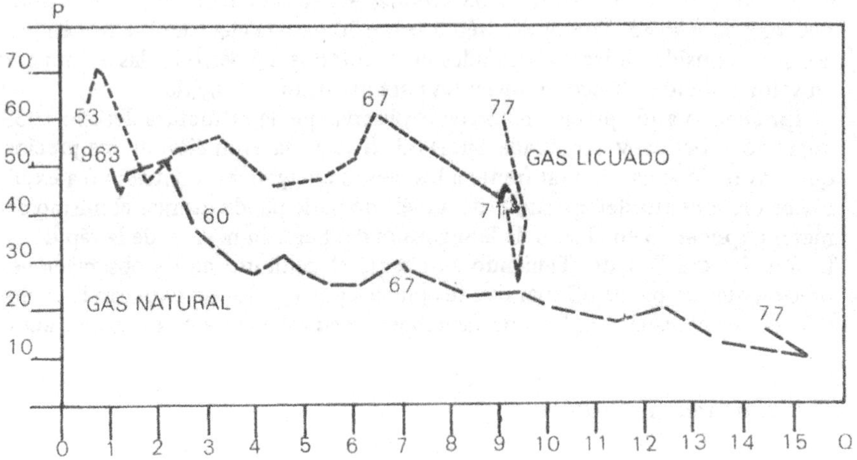

P en milésimos de peso argentino del año 1960.
Q en 10^5 TEP para los combustibles y en 10^3 TEP para la electricidad.

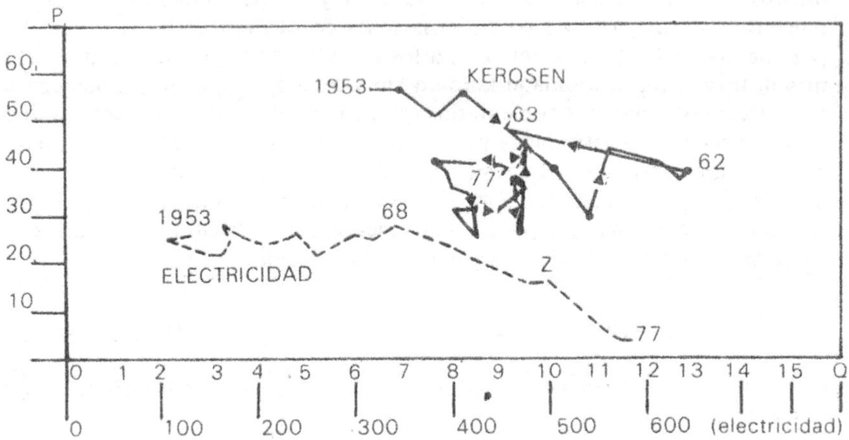

3.4 El período 1975-1977

A pesar de los aumentos en los precios nominales de las distintas energías de consumo doméstico, el proceso inflacionario fue tal que los precios reales recién comenzaron a modificarse durante los años 1976-1977 en el caso de los combustibles, mientras que el precio de la electricidad alcanzó su nivel histórico más bajo. En estos años, se está en el inicio de un período que no ha tenido precedentes en la historia del país y durante el cual el tratamiento de los precios de la energía podría llegar a experimentar profundas modificaciones según los criterios económicos que se pusieron en vigencia; no obstante, esta suposición puede verse contrariada por factores de índole político y social que llevarían a mantener en niveles relativamente bajos los precios de la energía para el consumo residencial. El estancamiento de la demanda y los aumentos de precios caracterizaron este comienzo en medio de la crisis más importante del capitalismo argentino. Sin embargo, no es posible, nuevamente y en un lapso tan breve, sacar conclusiones sólidas sobre la evolución del consumo doméstico a partir de la sola consideración de los precios e incluso de los precios relativos. Es por ello que resulta conveniente intentar evaluar la incidencia de los gastos en energía sobre los ingresos, teniendo en cuenta los llamados gastos totales de las familias.

4. *El gasto en energía y el gasto total de consumo de las familias*

El estudio de la significación que tiene el gasto en energía sobre los gastos totales de las familias[8] debería llevarse a cabo a partir de la consideración de las distintas categorías socio profesionales vinculadas a los distintos sectores de la economía y a las que se asociarían sus respectivos consumos domésticos de energía que no son necesariamente los mismos en cantidad, ni en calidad, para los diversos grupos sociales. Sin embargo, las restricciones que impone la información tanto en relación a la energía como a las cuentas nacionales, obligan a trabajar a un nivel muy elevado de agregación.

El gasto anual en energía doméstica queda definido por:

$$G = \sum_i p_i q_i$$

donde: p_i: precio de la energía

q_i: cantidad de energía consumida en el sector doméstico

Tanto precio como cantidad están referidos a un año determinado

Los resultados obtenidos en la evaluación indican que para aquellos años en los que los gastos en energía han incidido con mayor intensidad sobre los

[8] Por gastos totales de las familias se entiende '. . . todos los gastos de las unidades familiares que tienen por origen la compra de bienes y servicios sin importar su donación, excepción hecha de las compras de tierras y construcciones". BCRA, *op. cit.*, Vol. I., p. 21.

gastos totales de consumo, los niveles llegaron a 2.6 por ciento (1939) y 2.4 por ciento (1968) (cuadro II.1.8), vale decir que su influencia resultó ser poco significativa. Si se plantea la hipótesis extrema de que son únicamente los asalariados quienes hacen frente a ese gasto, se llega a participaciones límites de 4.9 por ciento (1939) y 4 por ciento (1968), o sea niveles que si bien duplican a los anteriores son aún bajos.[9]

Cuadro II.1.8. Participación del gasto en energía en el gasto total de consumo de las familias (años seleccionados)

%	1939	1948	1953	1958	1959	1963	1968	1971	1974	1977
Comprende el gasto de asalariados y no asalariados	2.6	1.9	1.9	1.4	2.0	2.2	2.4	1.9	1.8	1.9
Comprende sólo el gasto de los asalariados	4.9	3.2	2.9	2.8	3.9	4.2	3.9	3.0	2.6	2.6

FUENTE: Anexo 18.

Dadas las incidencias verificadas no se cree necesario un examen detallado para los distintos períodos, las variaciones que se registraron a lo largo del tiempo resultaron de la combinación de las modificaciones de las cantidades consumidas, los precios, y los gastos totales de consumo ligados a la distribución del ingreso. Las etapas de mayor repercusión de la energía en el gasto total correspondieron a 1958-1963 y 1966-1969, fases precisas de la política económica en las que no se impulsó el consumo como tampoco una distribución positiva del ingreso.

Si bien se observó que durante un prolongado lapso la participación de la energía en el gasto fue del orden del 2%, debe tenerse en cuenta que a lo largo de todos estos años ha habido un proceso de crecimiento de los gastos globales y del consumo energético, este último combinado con importantes modificaciones en su estructura. Esto hizo que también la composición del gasto en energía experimentara variaciones sobre todo en relación con los combustibles (cuadro II.1.10). En efecto, hasta 1975 una de las características principales de la estructura doméstica del gasto en energía por formas estuvo dada por la importancia notable de la electricidad, la que llegó a ocupar el 57 por ciento del gasto energético en 1970 a pesar de no representar siquiera el 15

[9] En este caso se consideró que los gastos totales de consumo de los asalariados corresponden a la suma de sus salarios.

por ciento de los consumos totales de energía del sector. Ahora bien, dados los niveles del precio de la electricidad después de 1975, su participación se redujo al 20 por ciento en 1977.

Cuadro II.1.9. El gasto en energía y el consumo por persona en el sector doméstico

A	1939	1948	1953	1960	1962	1963	1966	1971	1974	1977
(1) 10^3\$60/habTEP	0.602	0.584	0.461	0.339	0.320	0.370	0.319	0.253	0.200	0.143
Indice 1960 = 100	177	172	136	100	94	109	94	75	59	42
(2) Consumo por habitante (kep/hab)	72	79	69	99	110	99	110	135	146	146

B. Las variaciones de (1) y (2) (en %)

	1939-53	1953-63(x)	1963-74	1974-77
(1)	-23	-20	-46	-29
(2)	- 4	43	47	-.-

(x) Las variaciones para 1953-62 son (1)= – 30%
(2)= + 59%

FUENTE: A partir de anexos 15, 17 y 18.

En el caso de los combustibles, la preponderancia sobre el gasto estuvo determinada principalmente por el mayor o menor peso de las distintas energías en los consumos totales del sector, tal como sucedió con los combustibles vegetales y el kerosén entre 1939 y 1952. En el último período sin embargo, la energía de mayor difusión, el gas natural, fue la de menor incidencia por su bajo precio[10] mientras que en el caso del gas licuado se verificó una relación inversa.

Si se tiene en cuenta el crecimiento de la población, se concluye que el gasto por unidad de energía y por habitante ha evolucionado a la baja, a la vez que el consumo por persona aumentó progresivamente (cuadro II.1.9). La alteración de alguna de estas dos tendencias tuvo lugar en los momentos de crisis económica, en particular en la de principios de los sesenta, en la cual la caída del consumo per cápita no se recuperó sino cuatro años más tarde (de 1962 a 1966).

A pesar de las limitaciones impuestas por el grado de agregación de las consideraciones anteriores, la constatación del reducido impacto del gasto energé-

[10] En 1977 el gas natural representó el 40 por ciento de los consumos y solamente el 18% del gasto en energía.

Cuadro II.1.10. La composición del gasto en energía en el sector doméstico (%)

	Kerosén	Gas natural	Gas licuado	Comb. veget.	Electricidad	Comb. miner.	TOTAL
1939	6	-	-	47	45	2	100
1953	38	5	4	13	40	-	100
1962	33	7	9	6	45	-	100
1970	11	10	22	-	57	-	100
1975	18	14	21	-	47	-	100
1977	22	18	40	-	20	-	100

FUENTE: Anexo 18.

tico sobre el gasto total, pone de manifiesto las limitaciones que tienen los precios como factor determinante tanto de la evolución de los consumos domésticos de energía como de los procesos sustitutivos. Es por ello que se hace necesario tomar en consideración el papel desempeñado por el sistema de abastecimiento energético y las modificaciones que experimentó.

5. Las condiciones de la oferta en relación a la infraestructura

Se trata de poner de relieve de qué manera el sistema de suministros pudo haber influido en el crecimiento y las mutaciones del consumo doméstico de energía.

En una primera etapa (1939-1953) de dependencia marcada de los mercados externos de energía, la estructura del consumo se vio fuertemente alterada por la retracción de los centros proveedores de carbón mineral y de petróleo crudo. Esta fue la causa fundamental que determinó el recurso intensivo a los combustibles vegetales que se observó en este período. El cambio de la situación internacional junto con la nueva orientación de la política económica y social interna, hicieron que la disponibilidad de kerosén para uso doméstico aumentara rápidamente desde 1946. Este parece ser el elemento central que aunado a sus ventajas de utilización frente a los combustibles vegetales y al carbón mineral, y a su abaratamiento progresivo determinaron su difusión intensiva y por lo tanto el cambio que se originó en la composición del uso doméstico de energía.

De modo similar aconteció con el gas natural cuya primera fase de penetración a principios de los cincuenta, tuvo lugar a partir de la puesta en servicio de dos gasoductos y de la ampliación de la red de distribución.[11]

[11] Se trata de los gasoductos Comodoro Rivadavia-Buenos Aires en 1949 y Plaza Huincul-Conesa en 1952.

A lo largo del segundo período (1953-1963) [illegible]endencias [illegible]riores en el abastecimiento fueron reforzadas, en particular [illegible] del kerosén. La etapa que se abrió para éste en 1963 se originó en la rápida disminución de su importación desde ese año, la que prácticamente cesó de allí en más. Esto quiere decir que las condiciones del suministro introdujeron nuevamente una modificación en la evolución del consumo doméstico y en su composición. Esta afirmación es válida también para el gas natural y el licuado, para los cuales recién a partir de 1959-60 estuvieron dadas las condiciones de infraestructura que permitieron la posterior difusión masiva de ambos: por un lado la habilitación del gasoducto Campo Durán-Buenos Aires (1960) así como la acelerada extensión de la red de distribución (1958-62) para el gas natural y, por otro, el desarrollo del conjunto del sistema de producción, envase y comercialización del gas licuado en recipientes de distinta capacidad (5, 10 y 45 Kg.).

Los años del tercer período (1963-75) como los que le siguieron, estuvieron caracterizados por el consumo de gas natural y licuado. En el caso del gas natural existió una continuidad en la ampliación del sistema de transporte y distribución[12] el que ya no sólo alimentó el mercado del Gran Buenos Aires sino algunos del interior del país. El fenómeno no tuvo la misma amplitud para el gas licuado y la progresión de su consumo se contuvo a partir de 1972 por las limitaciones encontradas a nivel de la producción, de la importación y de la comercialización, y por su inyección en la red de gas natural. Desde entonces el cuello de botella perduró y su consumo prácticamente se estancó en forma similar a la del kerosén, el que desde mediados de los sesenta fue abastecido con la producción local. El fraccionamiento del gas licuado en recipientes de 5 y 10 kg lo convirtió en el energético al que recurrió el mayor número de usuarios (16% del total). De este modo se facilitó el acceso a su uso a sectores de la población de menores ingresos, ya que para ello no se requieren los gastos de instalación exigidos por el gas natural o el gas licuado en grandes recipientes.

El proceso de electrificación del sector doméstico tampoco escapó al condicionamiento impuesto por la evolución del sistema de producción eléctrico. Por un lado, hasta fines de los años cincuenta, el crecimiento del consumo de electricidad fue contenido por las deficiencias del conjunto del parque y si las restricciones en el consumo no se sintieron con mayor intensidad, se debió al recurso a la autoproducción por parte de la industria que permitió una mayor disponibilidad de electricidad para los usos residenciales.[13] Por otro lado, en las dos décadas siguientes la renovación y ampliación de los equipos generadores junto con la extensión del sistema de transporte y distribución, permitie-

[12] Los nuevos gasoductos abiertos fueron: Pico Truncado-Buenos Aires en 1965, Neuquén-Bahía Blanca en 1970 y Austral en 1973.

[13] En 1963 más del 70 % de la producción del servicio público fue destinada a consumos de tipo residencial, de los cuales 41 % correspondió al sector doméstico y 30 % al terciario. Sólo el 30 % restante fue absorbido por la industria.

ron el crecimiento sostenido de la electricidad en los usos domésticos, al mismo tiempo la demanda se intensivó por la expansión de la producción local de equipos electrodomésticos vendidos en el mercado interno.

De lo anterior se desprende que los usos domésticos de las distintas energías, estuvieron condicionados en su progresión y cambio por las características del desarrollo del sistema de abastecimiento.

Conclusión

Se ha insistido suficientemente sobre las peculiaridades del consumo doméstico de energía y su relación con los precios, el gasto en energía y los condicionamientos del abastecimiento. Del análisis de estos factores se derivan las siguientes consideraciones:

– El estudio del sector debe necesariamente desarrollarse de manera desagregada, precisándolo a nivel de los distintos energéticos y vinculándolo con las características del desarrollo demográfico, crecimiento de la población, urbanización, migraciones internas, etcétera.
– En el caso argentino queda evidenciada la importancia del rol jugado en la evolución de los consumos, por la disponibilidad interna de energéticos; disponibilidad determinada por el sistema de abastecimiento local (producción, transporte y distribución) y la importación de energía. Ambos aspectos han estado íntimamente ligados a las fases económicas y políticas por las que atravesó la formación económica social argentina y durante las cuales se pasó de una fuerte dependencia energética del exterior –a principios de la década de los sesenta– al abastecimiento casi completo.
– Para los usuarios domésticos la incidencia del gasto energético en los gastos totales se mantuvo dentro de márgenes reducidos observándose variaciones según las políticas de ingresos practicadas por los distintos gobiernos, esta constatación se da incluso habiéndose producido un incremento cuantitativo y cualitativo del consumo de energía por persona.
– Resulta evidente que los precios de los energéticos han incidido en la fijación del nivel del gasto energético, pero dadas las características de este último, los precios han desempeñado un papel de menor importancia en la determinación de la progresión o regresión de una forma de energía y en la transición de una forma a otra. Con ello no se quiere decir que hayan dejado de influir en estos procesos, como en el caso de la ampliación del consumo del kerosén, del gas natural e incluso de la electricidad, sino que se quiere puntualizar que en el sector doméstico argentino la evolución del consumo de un energético dado no siguió, y de manera más general no sigue, necesariamente el movimiento de su

precio. Esta apreciación cobra mayor significación cuando el análisis histórico de la demanda sectorial se hace con una perspectiva provisional, ya que pone límites a la especulación que se pudiera hacer sobre la incidencia futura de los precios sobre la demanda.

El sector doméstico no constituye una parcela aislada del resto del sistema económico y social sino que por el contrario está inserto en él y estrechamente ligado con el resto de los sectores, en especial el de la producción cuyos requerimientos energéticos se deben analizar.

SECCION II

El sector industrial

En esta sección se efectuará el estudio de un sector considerablemente amplio y complejo a la vez, que reúne en él todos los subsectores y ramas de la producción industrial; el análisis se enfoca desde el punto de vista particular de los usos de la energía, de los niveles de consumo y de las modificaciones de su composición entre los años 1939 y 1977.

La primera cuestión a resolver se refiere al contenido del sector y al agrupamiento interno necesario con el objeto de conformar conjuntos coherentes en cuanto a los usos energéticos, ello lleva a establecer una primera separación en dos grandes agregados: a) la industria manufacturera junto con el subsector de minas y canteras, y, b) la producción de electricidad y la transformación de hidrocarburos. Esta separación entre la industria manufacturera y el área de la producción de energía es indispensable si se quiere evitar la distorsión en la evaluación de los consumos y los riesgos de doble contabilidad, al mismo tiempo que conseguir una mejor aprehensión de los usos de la energía y de los factores explicativos.[1]

La importancia del sector industrial, tanto en los consumos energéticos como en el conjunto de la actividad económica se refleja, por un lado, en la cuadruplicación de su demanda de energía entre 1939 y 1977, llegando así a representar el 58% de los consumos totales de combustibles fósiles del país en 1977, y por otro, en la duplicación de la participación del valor agregado industrial en el PIB. La progresión de la demanda energética de la industria mostró ritmos crecientes y diferenciados para los períodos definidos hasta 1975, fecha a partir de la cual la crisis económica incidió sobre ella y provocó la desaceleración de su expansión.

Un principio explicativo del desarrollo de dicha demanda y de los cambios de su composición está dado por la evolución de la estructura productiva del país y de las mutaciones que experimentó como por el ritmo de desenvolvimiento de la producción. Estos movimientos de la estructura y del nivel de la

[1] La diferenciación no es realizada por algunos sistemas de contabilidad energética, tales son los casos de la Secretaría de Energía y Fundación Bariloche.

actividad industrial fueron caracterizados por el predominio de ciertas ramas industriales a lo largo de las diversas etapas, ramas que contribuyeron a la expansión de determinados energéticos y por lo tanto influyeron en la modificación del perfil del consumo.

1. El subsector de la industria manufacturera

Desde el punto de vista de la demanda energética, interesa poner de relieve aquellas industrias que incidieron sobre ella en forma marcada, sean o no grandes consumidoras específicas de energía, y que al mismo tiempo participaron de manera sustancial en el incremento de la producción. Al analizar la estructura productiva industrial (capítulo I, sección I), se distinguieron dos grupos industriales (A y B) cuya incidencia en la actividad industrial varió según las fases del proceso de industrialización.[2] Esos dos grupos se encuentran nuevamente al analizar los consumos de energía, desempeñando en este campo roles semejantes a los que les correspondió respecto de la producción; en este sentido el grupo B fue determinante en la progresión de la demanda energética de la industria manufacturera en las últimas décadas, mientras que por el contrario el grupo A perdió progresivamente su importancia inicial.[3] Los dos grupos reunidos conformaron el perfil de los consumos industriales ya que cubrieron más del 95% de éstos e intervinieron de modo fundamental en la fijación de la demanda global del país durante todo el período.

1.1 La evolución de la demanda energética

Entre 1939 y 1973 el consumo total de la industria manufacturera (IM) creció al 4.5% anual y estuvo determinado por la evolución desigual de las distintas formas de energía; en relación a éstas y para todo el período (cuadro II.2.1) se destaca que:

- los derivados del petróleo han cubierto constantemente más de un tercio y cerca de la mitad de las necesidades de la IM,

[2] Los niveles de la demanda energética en términos absolutos aparecen en los anexos 2 a 7.

[3] De ahora en adelante se hará referencia sólo a los grupos A y B, dejando de lado minas y canteras, al igual que diversos, los que tuvieron un peso reducido tanto en el consumo como en la producción. Ambos grupos (A y B) representaron el 85 por ciento del VAIM en 1973 y consumieron el 36 por ciento de la energía total del país. Se insiste además en señalar que en esta parte del análisis se excluyen las industrias energéticas: electricidad, extracción y transformación de hidrocarburos, por lo que los grupos A y B que se consideran aquí no se corresponden enteramente a los del capítulo I, sección I.

Cuadro II.2.1. Participación de las diferentes formas de energía en el consumo total de la industria manufacturera y en los grupos A y B (%)

Total industria

	1939	1948	1953	1963	1966	1973
Derivados del petróleo	35.3	42.4	49.2	44.9	39.7	39.8
Gas natural y licuado	-.-	1.6	2.3	14.1	24.0	24.8
Carbón mineral	8.6	4.6	3.2	6.0	6.2	5.0
Combustibles vegetales	47.2	35.8	27.8	24.0	18.5	12.3
Electricidad *	8.9	15.6	17.5	11.0	11.6	18.1
TOTAL	100	100	100	100	100	100

Grupo A

	1939	1948	1953	1963	1966	1973
Derivados del petróleo	28.5	41.1	45.6	45.4	42.6	44.2
Gas natural y licuado	-.-	1.7	0.9	5.7	11.2	13.8
Carbón mineral	7.8	2.2	1.2	0.1	0.2	0.2
Combustibles vegetales	53.6	39.7	31.8	39.3	34.7	27.0
Electricidad *	10.1	15.3	20.5	9.5	11.3	14.8
TOTAL	100	100	100	100	100	100

Grupo B

	1939	1948	1953	1963	1966	1973
Derivados del petróleo	43.9	45.2	53.5	42.7	35.8	37.1
Gas natural y licuado	-.-	1.4	3.6	22.6	34.4	30.2
Carbón mineral	8.8	7.4	4.3	11.7	10.9	7.8
Combustibles vegetales	40.4	29.8	24.8	10.2	7.0	4.9
Electricidad *	6.9	16.2	13.8	12.8	11.9	20.0
TOTAL	100	100	100	100	100	100

* Se trata de la electricidad suministrada por el SP, la autoproducida está contabilizada en el consumo de los combustibles.

FUENTE: Anexos 2 a 7.

- los combustibles vegetales que representaron cerca del 50% del consumo energético de la IM durante el primer período, entraron desde entonces en regresión y sólo ocuparon el 12% en 1973,

- el gas natural casi desconocido en 1953, se difundió rápidamente hasta alcanzar el 25% del total en 1973,

- los combustibles minerales (carbón y coque) presentaron variaciones propias de una energía marginal; importante en determinadas ramas, fácilmente reemplazable en otras, constituyeron sólo el 5% del total a comienzos de los setenta,

- la electricidad total (SP más AP) duplicó su participación entre 1939 y 1973, año en que ocupó el 31% de la energía consumida en la IM. En este proceso intervinieron en forma desigual SP y la autoproducción según los períodos, pero el predominio del primero se afianzó en la última etapa (cuadro II.2.3).

Estos movimientos de progresión y regresión de las diversas formas de energía en el conjunto de la IM, tuvieron su origen en la evolución de la demanda de los dos grupos indicados (A y B). La manera opuesta con que cada uno de ellos incidió sobre los consumos quedó reflejada en la modificación de su participación en el total de la IM entre 1939 y 1973; en efecto, mientras que en 1939 el grupo A representó el 55.6% y el B el 36.7% de los requerimientos de energía de la IM, en 1973 las proporciones fueron de 33% y 63.7% respectivamente (cuadro II.2.2). Así la relación entre los grupos aparece invertida entre los años extremos, verificándose tasas de crecimiento de 2.9% anual para A y 6.2% anual para B en el mismo lapso. En esta transformación cada energético como también cada grupo de industrias incidió de forma distinta, al respecto debe indicarse sintéticamente que:

- si bien los derivados del petróleo progresaron en forma relativa en el consumo total de la IM y del Grupo A, estuvieron en regresión relativa en el Grupo B,

- la progresión relativa y absoluta del gas en los grupos tuvo mayor amplitud en el B,

- el carbón mineral, casi no utilizado en A, representó el 7.8% de los consumos de B en 1973,

- los combustibles vegetales sufrieron una fuerte regresión relativa en la IM como consecuencia de la disminución de su uso en los dos grupos, la que estuvo acentuada en el B, a pesar de lo cual, en 1973 ocuparon el 27% de la energía del grupo A,

– la electrificación creciente de la IM se produjo principalmente sobre la base de las industrias del Grupo B, a tal punto que si en 1932 el 36% de la electricidad total demandada en la IM era utilizado en este grupo, en 1973 llegó al 66% (cuadro II.2.4).

Estas diferencias a un nivel todavía agregado estuvieron vinculadas a otras tantas registradas a nivel de las industrias de cada grupo durante los distintos períodos, por consiguiente deben ponerse de manifiesto las principales relaciones establecidas entre formas de energía-ramas industriales y que por su evolución han marcado el desarrollo del consumo energético de la IM en estos años del proceso de industrialización.

Cuadro II.2.2. El crecimiento de la demanda total de energía y la participación de los grupos A y B en la industria manufacturera (en % anual y en %)

(% anual)	1939-53	1953-63	1963-73	1939-73
Total industria	3.1	4.2	6.6	4.5
GRUPO A	1.7	4.4	2.9	2.9
GRUPO B	5.4	4.2	9.3	6.2

(%)	1939	1948	1953	1963	1966	1973
GRUPO A	55.6	60.5	46.2	47.1	40.7	33.0
GRUPO B	36.7	35.3	49.8	49.8	55.6	63.7
	7.7	4.2	4.0	3.1	3.7	3.3
TOTAL	100	100	100	100	100	100

FUENTE: Anexos 2 a 7.

1.1.1 El período 1939-1953

El proceso de industrialización por sustitución de importaciones iniciado con anterioridad se consolidó durante estos catorce años. Se trató de la sustitución de la importación de productos no durables y semidurables a partir de la producción de las llamadas "industrias livianas" que recurrieron al uso de tecnologías relativamente simples e intensivas en mano de obra..

Cuadro II.2.3. El consumo de combustibles no destinados a la autoproducción de electricidad y el consumo total de electricidad (S.P. + autoproducción)

10^3TEP	1939 Total Comb. (Q)	1939 Total Elec.	1948 Total Comb.	1948 Total Elec.	1953 Total Comb.	1953 Total Elec.	1963 Total Comb.	1963 Total Elec.	1966 Total Comb.	1966 Total Elec.	1973 Total Comb.	1973 Total. Elec.
TOTAL IND.	2 300.9	408.9	2 741.0	770.6	2 892.2	1 155.4	4 673.9	1 591.0	5 497.9	2 050.6	8 179.0	3 741.0
GRUPO A	1 278.2	229.6	1 690.6	430.7	1 331.4	580.3	2 299.6	652.0	2 296.4	797.5	2 755.0	1 186.0
GRUPO B	843.5	146.9	934.7	309.6	1 540.0	519.9	2 223.1	897.0	2 988.5	1 201.3	5 132.0	2 457.0
RESTO	179.2	31.6	115.7	30.3	110.3	54.7	151.2	42.0	113.0	51.8	292.0	98.0

(%)	1939 Comb.	1939 Elec.	1948 Comb.	1948 Elec.	1953 Comb.	1953 Elec.	1963 Comb.	1963 Elec.	1966 Comb.	1966 Elec.	1973 Comb.	1973 Elec.
TOTAL IND.	85.0	15.0	78.0	22.0	71.5	28.5	75.0	25.0	73.0	27.0	69.0	31.0
GRUPO A	84.8	15.2	80.0	20.0	69.6	30.4	78.0	22.0	74.0	26.0	70.0	30.0
GRUPO B	85.1	14.9	75.0	25.0	75.0	25.0	71.0	29.0	71.0	29.0	68.0	32.0
RESTO	85.0	15.0	79.0	21.0	67.0	33.0	78.0	22.0	69.0	31.0	75.0	25.0

FUENTE: Anexo 2 a 7.

Cuadro II.2.4. Participación de la electricidad del SP. de la autoproducción y del total de cada industria en el conjunto de la industria manufacturera
(%)

	1939			1948			1953			1963			1966			1973		
	SP	AP	TOTAL	SP	AP	TOTAL	SP	AP	TOTAL	SP	AP	TOTAL	SP	AP	TOTAL	SP	AP	TOTAL
Alimentos, bebida y tabaco	26	38	30	21	35	24	23	25	24	16	18	17	16	17	16	15	17	16
Textiles	20	4	14	22	6	18	19	10	15	9	8	9	9	8	8	5	7	6
Confecciones	1	-	1	1	-	1	2	-	1	2	-	1	2	-	1	1	-	1
Madera y muebles	2	1	2	2	1	2	3	1	2	2	-	1	2	-	1	2	-	1
Papel y cartón	8	5	7	9	8	8	5	8	6	9	15	12	9	14	12	3	15	8
Imprenta y publicaciones	4	-	2	2	-	2	2	-	1	1	-	1	2	-	1	1	-	1
Cuero	2	-	1	2	-	1	2	-	1	1	-	1	1	-	1	-	-	-
A	63	48	57	59	50	56	56	44	50	41	41	42	41	39	40	27	39	33
Productos químicos	5	12	8	11	15	12	7	22	12	16	17	17	16	20	18	21	18	20
Caucho	4	-	2	3	-	3	3	1	3	2	2	2	2	3	2	3	2	2
Piedra, vidrio y cerámica	5	33	16	7	28	13	6	22	12	4	14	10	5	14	10	8	8	8
Productos metálicos	7	2	5	9	4	8	13	7	11	21	17	19	21	20	20	23	28	25
Vehículos y maquinaria	7	2	5	5	2	4	7	3	6	12	6	8	12	4	8	15	5	10
Máquinas y aparatos eléctricos	1	-	1	2	-	1	3	-	2	2	1	1	2	-	1	2	-	1
B	28	49	36	37	49	41	39	55	46	57	57	57	58	61	59	72	61	66
Diversos	9	3	6	4	1	3	5	1	4	2	2	1	1	-	1	1	1	1
TOTAL	100	100	100	100	100	100	100	100	100	100	100	100	100	100	100	100	100	100

FUENTE: Anexos 2 a 7.
NOTA: Las diferencias con el total se deben a los redondeos.

Cuadro II.2.5. La participación de las diferentes formas de energía en las diversas industrias (%)

	Alimentos, bebida y tabaco						Textiles					
	1939	1948	1953	1963	1966	1973	1939	1948	1953	1963	1966	1973
Deriv. Petróleo	24.0	36.8	40.6	36.4	34.7	35.5	55.4	48.9	61.2	77.3	69.7	65.1
Gas nat. y lic.	-	0.5	0.7	6.2	11.2	14.4	-	0.1	0.2	5.3	11.4	17.5
Carbón	9.6	1.9	1.5	0.1	0.2	0.1	2.0	0.5	0.2	-	-	-
Comb. Veget.	60.9	53.3	43.9	52.1	47.5	38.0	15.4	5.7	4.4	2.4	2.0	1.4
Electricidad	5.5	7.5	13.3	5.2	6.4	12.0	27.2	44.8	34.0	15.0	16.9	16.0
TOTAL	100	100	100	100	100	100	100	100	100	100	100	100

	Piedra, vidrio y cerámica						Productos metálicos					
	1939	1948	1953	1963	1966	1973	1939	1948	1953	1963	1966	1973
Deriv. Petróleo	68.8	73.9	61.5	31.4	27.8	33.7	25.6	37.4	52.2	44.8	35.5	37.7
Gas nat. y lic.	-	0.7	1.5	43.3	52.3	44.2	-	3.7	2.9	10.5	18.5	18.7
Carbón	9.1	8.2	4.0	4.7	4.5	4.4	12.2	11.0	5.8	28.7	28.2	18.6
Comb. Veget.	18.9	8.0	28.0	17.6	12.5	8.8	51.0	27.0	17.4	1.7	3.7	5.2
Electricidad	3.2	9.2	5.0	3.0	2.9	8.9	11.2	20.9	21.7	14.3	13.8	19.8
TOTAL	100	100	100	100	100	100	100	100	100	100	100	100

FUENTE: Anexos 2 a 7.

NOTA: Las diferencias con el total se deben a los redondeos.

Papel y cartón						Productos químicos					
1939	1948	1953	1963	1966	1973	1939	1948	1953	1963	1966	1973
61.6	75.0	64.5	64.7	57.6	74.2	27.2	25.7	61.7	52.1	41.9	40.4
-	0.3	1.9	3.5	9.6	7.0	-	0.4	6.3	16.9	38.9	36.2
2.1	0.2	0.3	-	-	-	3.0	1.8	2.1	0.9	0.7	0.7
9.2	0.3	7.0	0.9	0.7	0.6	65.0	55.7	15.7	13.5	6.0	2.8
27.1	24.2	26.3	30.9	32.1	18.2	4.8	16.4	14.2	16.6	12.5	19.9
100	100	100	100	100	100	100	100	100	100	100	100

Vehículos y máquinas						Máquinas y aparatos eléctricos					
1939	1948	1953	1963	1966	1973	1939	1948	1953	1963	1966	1973
11.6	21.3	19.4	51.8	46.5	32.8	-	29.6	33.6	49.1	49.1	37.2
-	1.4	9.2	5.2	9.5	15.2	-	5.5	5.2	10.5	13.7	17.4
16.2	14.2	6.6	4.8	5.4	4.4	-	5.6	3.2	0.7	1.9	2.3
59.3	45.2	44.0	2.9	-	-	67.7	14.6	15.5	11.7	-	-
12.9	17.9	20.8	35.3	38.6	47.6	32.3	44.7	42.5	28.0	35.3	43.1
100	100	100	100	100	100	100	100	100	100	100	100

Si se considera la evolución del perfil de la demanda de la IM según las distintas formas de energía, este período se caracterizó, por un lado, por la progresión relativa de los derivados del petróleo y de la electricidad, los que de representar el 75.3% y el 8.9% de los consumos en 1939, alcanzaron el 49.2% y el 17.5% respectivamente en 1953, y por otro, por las regresiones relativas tanto de los combustibles vegetales como del carbón, cuyas participaciones descendieron a 27.8% y 3.2% en 1953 (cuadro II.2.1). De todas las tendencias verificadas la de mayor significación correspondió al incremento del uso de los derivados del petróleo.

A nivel de los combustibles, se puede hablar de una sustitución del carbón mineral y de los combustibles vegetales por los derivados del crudo, este fenómeno se dio claramente en las ramas de A como de B[4] con la sola excepción de piedra, vidrio y cerámica con relación a los combustibles vegetales[5] (cuadro II.2.5). Si bien el rasgo primordial del proceso sustitutivo fue el indicado, se produjo también la incorporación del gas natural a los consumos industriales de energía, este gas se destinó en un 70% al Grupo B, productos químicos y vehículos y maquinarias, a pesar de lo cual en 1953 era todavía una energía marginal dentro de la IM (sólo 2.3% de los consumos totales).

El proceso de electrificación creciente se pone de manifiesto con mayor evidencia si se tiene en cuenta que una parte de los combustibles se utilizó para la AP; al considerar esta generación, la participación de la electricidad total en los consumos de la IM llega a 28.5% en 1953 en lugar de 15% en 1939, siendo más intensa aún en las industrias del Grupo A. Dada la relación verificada entre las evoluciones de los consumos de combustibles y de electricidad, se puede considerar que hubo una sustitución de los primeros por la electricidad en los usos finales.

Si bien hacia 1939 era todavía evidente el predominio de las industrias que conformaban el Grupo A (en especial alimentos, bebida y tabaco; textil y en menor medida, papel y cartón) tanto en lo que respecta a la producción como a los consumos, ya a comienzos de los cincuenta se observó el retroceso relativo de estas industrias en ambos rubros frente al desarrollo de las ramas del Grupo B. En 1953 este último requirió para sí el 49.8% de la energía de la IM en vez del 36.7% de 1939, esta mayor participación resultó de un ritmo de crecimiento del consumo de 5.4% anual que superó al 3.1% anual de la IM y al 1.7% anual del Grupo A (cuadro II.2.2).

[4] De ahora en adelante, al considerar cada grupo se hará referencia a las siguientes industrias, en el Grupo A: alimentos, bebida y tabaco, textil, papel y cartón; y en el B: piedra, vidrio y cerámica, productos químicos, productos metálicos sin maquinarias y vehículos y maquinarias, excepto las eléctricas. El conjunto de las industrias indicadas ha cubierto más del 94 por ciento de los consumos de energía de la IM desde 1939.

[5] En papel y cartón y en vehículos y maquinarias hubo un incremento en valor absoluto del consumo de estos combustibles a pesar de su regresión relativa.

En lo que concierne a cada uno de los grupos se pudo observar en particular:

Grupo A. Las industrias del rubro alimentos, bebida y tabaco fueron definitorias en la evolución de la demanda, no sólo de A sino también de la IM, ya que ellas representaban en 1939 el 42.5% del consumo energético total de la IM y cerca de la mitad de sus requerimientos de carbón y combustibles vegetales (47.5% y 54.8% respectivamente). La relativa estabilidad en el nivel de los combustibles en estas ramas, fue por lo tanto un factor fundamental en la evolución de la demanda del Grupo A y en la disminución de la participación de éste en el conjunto de la IM. Debe tenerse en cuenta, sin embargo, que dicha estabilidad estuvo acompañada por el pasaje del carbón y los combustibles vegetales a los derivados del petróleo y la extensión de la electricidad. La electrificación de la industria textil en concordancia con el desarrollo de su producción, fue otro de los rasgos característicos del Grupo A en los años cuarenta.

Grupo B. En él, el conjunto preponderante de industrias estuvo constituido por piedra, vidrio y cerámica, que desempeñó un papel similar al de las alimenticias en el caso anterior; en 1939 se destinó a ellas el 16 % de la energía de la IM en particular los derivados del petróleo (31.3%). La progresión de la demanda del Grupo B se debió en gran parte a las industrias mencionadas donde, contrariamente a la tendencia general, se recurrió a los combustibles vegetales; a pesar de esto, los derivados del petróleo conservaron su predominio en ellas. Además, la otra parte de los incrementos de la demanda del Grupo B se concentró en la industria de productos metálicos, manteniéndose también un uso importante de los combustibles vegetales no obstante el avance de los derivados.

En relación a la electricidad, fueron las mismas industrias que en el caso de los combustibles las que determinaron su progresión, en particular piedra, vidrio y cerámica, que en 1953 llegó a absorber la cuarta parte de los suministros del SP a la IM. De lo expuesto se desprende que las características principales de la evolución y modificación de los consumos energéticos de la IM estuvieron estrechamente ligados al desarrollo experimentado por ciertas ramas de la producción a lo largo de esta fase.

1.1.2 El período 1953-1963

En este período comenzó a introducirse una transformación significativa en el sistema productivo del país; en el campo de la industria este cambio se tradujo en el desarrollo preponderante de determinadas ramas, sobre todo las que forman parte del Grupo B.

Desde el punto de vista de las principales tendencias en el uso de la energía en la IM (cuadro II.2.1) estos diez años se distinguieron por:

- el retroceso relativo de los derivados del petróleo, de 49.2% en 1953 a 44.9% en 1963,
- la primera difusión sostenida del gas natural en los usos industriales, el que consecuentemente llegó a representar el 14.1 % de los usos energéticos de la IM en 1963,[6]
- la disminución en relación al período anterior de la regresión de los combustibles vegetales,
- la reducción relativa de los suministros de electricidad del SP que alteró, a pesar del desarrollo de la AP, la continuidad del proceso de extensión de la electricidad en los usos energéticos de la IM; sin embargo, este proceso no fue de igual intensidad en los dos grupos.

Estas tendencias de progresión o regresión según las formas de energía estuvieron acompañadas por un crecimiento del 4.2% anual de los consumos totales de la IM, tasa que concuerda tanto con la del Grupo A como con la del Grupo B (4.4% y 4.2% respectivamente), por lo que prácticamente no se modificó la incidencia relativa de ambos en la demanda energética de la IM durante el período (cuadro II.2.2).

En relación a cada grupo se pudo notar:

Grupo A. Dados los niveles de consumo alcanzados, las industrias de alimentos, bebida y tabaco fueron, al igual que en la etapa precedente, las de mayor incidencia en la evolución de la demanda de este agregado. En ellas se dio un proceso inverso al verificado anteriormente al producirse un incremento del consumo de combustibles vegetales que determinó la progresión de éstos en la energía total utilizada en el Grupo A (cuadros II.2.5 y II.2.1). La importancia de los energéticos de origen vegetal en las industrias indicadas fue tal que en 1963 éstas concentraron el 75% de la demanda de este tipo de energético en la IM.

El problema del abastecimiento de electricidad por parte del SP se manifestó en todas las industrias del grupo; por ello, en este período, la relación combustibles-electricidad consumidos (anexo 27) tendió a aumentar a pesar de haberse recurrido a la AP la que llegó a cubrir en 1963, el 57% de las necesidades de electricidad del Grupo A.

Grupo B. Nuevamente piedra, vidrio y cerámica junto con productos metálicos, constituyeron los centros decisivos del desenvolvimiento de los consumos energéticos. En el primer grupo de industrias, la tónica de la demanda gi-

[6] Aplicando la idea del coeficiente de penetración B_i se obtuvo un valor de $B_{GN} = 81$ por ciento que revela la magnitud del fenómeno. Además, el $B_C=19$ por ciento que complementó al del gas, da cuenta de la amplitud de la evolución de la demanda de carbón dentro del conjunto de los energéticos. Para un análisis más detallado de los coeficientes de sustitución en la IM, ver H. Altomonte y O. Guzmán, *Perspectives. . ., op. cit.*, pp. 201 a 216.

ró en torno a la penetración del gas natural a tal punto que en diez años éste llegó a proveer el 43.3% de los insumos de energía,[7] lo que a su vez representó el 50.8% del total de gas usado en la IM. Con ello se produjo un desplazamiento de los derivados de petróleo en el Grupo B. Por otra parte, en las industrias de productos metálicos tuvo lugar el mayor crecimiento del consumo de energía de toda la IM. Este incremento acelerado fue esencialmente el resultado del desarrollo de la siderurgia que impulsó el uso del carbón mineral,[8] pero fue también consecuencia de la producción de las industrias mecánicas. Contrariamente a lo sucedido en el Grupo A, la generación propia de electricidad en la industria permitió la continuación de una marcada electrificación, por lo que persistió la tendencia decreciente de la relación combustibles-electricidad consumidos en el conjunto de las industrias del Grupo B.

En este período, se puso en evidencia nuevamente que las modificaciones en la composición del consumo global así como el crecimiento de la demanda, estuvieron asociados, principalmente, a determinadas ramas productivas a través de un movimiento complejo. Una muestra de ello estuvo dado por el hecho de que si bien el Grupo B determinó en lo esencial la regresión relativa de los derivados del petróleo y la progresión del gas natural en el conjunto de la IM, esta última se originó también en el proceso sustitutivo dentro de las industrias alimenticias.

1.1.3 El período 1963-1973

Durante este decenio la actividad industrial se extendió con una rapidez mayor que en los períodos previos, acentuando así las modificaciones estructurales esbozadas ya en la segunda mitad del decenio anterior. Este proceso se concretó a través de la radicación de nuevas ramas industriales y la remodelación parcial de las existentes, recurriéndose en uno y otro caso al uso de tecnologías más intensivas en capital.

En correspondencia con la recomposición de la producción, el consumo energético de la IM registró un ritmo de crecimiento desconocido hasta entonces (6.6% anual), pero con la particularidad de una diferencia notable: 2.9% anual en el Grupo A y 9.3% en el B (cuadro II.2.2). De esta manera la repartición equilibrada de la demanda energética de principio de los sesenta se transformó un decenio después en el predominio neto de las industrias del Grupo B frente a las del Grupo A al demandar las primeras el 63.7 por ciento de la energía de la IM en 1973 y solamente el 33% las segundas.

El consumo de energía experimentó también nuevas modificaciones en relación a las diversas formas, debiendo señalarse que:

[7] Además de piedra, vidrio y cerámica, productos químicos y productos metálicos fueron los principales consumidores de gas en 1963.

[8] En 1963 la siderurgia insumió cerca del 80 por ciento del carbón mineral utilizado en la IM.

- este período, con mayor razón que el anterior, fue el de la difusión masiva del gas, el que llegó a representar el 25% de los consumos totales de la IM en 1973,
- fue también la fase de afirmación de la electricidad frente a las otras formas de energía, proceso que se concretó en dos etapas: una primera hasta 1966-67 en que la AP cubrió los déficit del SP y una segunda en la cual las mejoras en el sistema eléctrico del SP provocaron el desplazamiento progresivo de la producción propia,
- un elemento significativo fue la regresión relativa de los derivados del petróleo, a pesar de la cual siguieron ocupando la parte principal del consumo energético total de la IM; en mayor medida en el Grupo A que en el Grupo B, de esta manera se prolongó el proceso iniciado en los años cincuenta.
- el carbón mineral progresó en términos absolutos y mantuvo prácticamente su participación en el conjunto, mientras que por su parte, los combustibles vegetales prosiguieron su retroceso al reducirse en cerca de 10% su consumo absoluto entre 1963-73.

El gas y la electricidad fueron las dos energías que por su desarrollo caracterizaron el período y provocaron la sustitución parcial de las otras formas; además, la ampliación acelerada de la demanda industrial de energía tuvo su origen en las industrias del Grupo B. Para cada uno de ellos se puede constatar:

Grupo A. A pesar del crecimiento de los consumos energéticos en las ramas textil y papel y cartón (4.4% y 5.4% anual entre 1963 y 1973), fueron las industrias de alimentos, bebida y tabaco (2.3% por año en igual lapso), las que definieron la evolución de la demanda del Grupo como consecuencia de su incidencia en él. En estas industrias el gas y la electricidad se expandieron ante el estancamiento y la disminución del consumo de los derivados y de los combustibles vegetales, energías éstas cuya evolución fue decisiva en la lenta ampliación de la demanda del grupo debido al elevado nivel de participación que habían alcanzado en él. Además, en 1973 en este grupo se concentró el 72.6% del total de combustibles vegetales consumidos en la IM; pero una parte de los combustibles (cerca del 15%) fue usada para la AP, que junto con el aporte del SP hicieron que la electricidad representara el 30% del total de la energía usada en este agregado.

Grupo B. Los consumos de gas natural y electricidad de la IM en el período, fueron destinados principalmente a la producción de las industrias que forman este grupo. Con un desarrollo menos acentuado en el conjunto, los derivados del petróleo y el carbón mineral complementaron a las energías precedentes; los primeros sobre todo en la industria química y de productos metálicos, las que en 1973 consumieron en proporciones iguales el 40% de los derivados de la IM, comparado con el 29% en 1963. Por otra parte, los requerimientos de carbón mineral y coque variaron según lo hizo la producción siderúrgica, la que experimentó una rápida expansión en el decenio. Además, la siderurgia demandó también cantidades importantes de combustibles vegetales para el funcionamiento de los altos hornos del norte del país; así pues, en esta actividad y en piedra, vidrio y cerámica, se utilizó la mayor parte (20%) de los combustibles vegetales que no se quemaron en las industrias alimenticias.

Si bien el gas natural se propagó en todas las industrias, lo hizo principalmente en la petroquímica cuyo auge se produjo a principios de los setenta; el gas natural utilizado en ella, que representó 16.3% del consumido en el Grupo B en 1963, llegó a 29.8% en 1973. Sin embargo, el impulso al consumo de gas se dio también a partir de la industria cementera y en menor medida de la fabricación de productos metálicos, de esta forma el 70% del gas natural dirigido a la IM fue consumido en estos tres grupos.

Un caso similar al del gas natural por la concentración de la demanda en determinadas industrias, fue el de la electricidad total consumida en la elaboración de productos químicos y metálicos, así como en vehículos y maquinarias, cuyo consumo en 1973 excedió el triple del registrado en 1963, requiriéndose el 43.5% de la electricidad del servicio público dirigida a la IM.

En el análisis presentado hasta aquí, se ha puesto de relieve en qué medida la evolución de los diferentes consumos de energía en la IM ha sido y es dependiente de las características del desarrollo del sistema productivo y de las modificaciones que tienen lugar en él, sea por la aparición de nuevas ramas de la producción, sea por la remodelación de las existentes a través de cambios tecnológicos que introducen variaciones en el tipo y cantidad específica de energía requerida.

1.2 Los precios y la incidencia del gasto en energía sobre los consumos intermedios de la industria manufacturera

Los precios de la energía son considerados aquí como un conjunto de referencias que contribuyen a la comprensión de los factores, si no causales, al menos indicativos de la evolución de los consumos energéticos; se los ubica en un plano de referencia puesto que encontrar una relación funcional entre precios y cantidades consumidas en la IM resulta prácticamente imposible en virtud de la base informativa existente y porque además, difícilmente se pueden explicar las variaciones de la demanda de energía industrial a través de la sola consideración de los precios.

Dadas las restricciones analíticas que implica recurrir a un precio medio de la energía total para el estudio de los consumos en la IM, es necesario proceder a precisar la evolución de los precios de las diversas formas de energía durante los distintos períodos con la finalidad de ponderar el alcance explicativo de éstos en el desarrollo de la demanda y en los procesos sustitutivos. Con objeto de comprender mejor el rol de los precios en los procesos señalados, se les debe situar, en la medida de lo posible, en el contexto determinado por la incidencia del gasto energético en los consumos intermedios de la IM, ya que una mayor o menor participación de la energía en los costos de producción puede modificar el papel de los precios en la evolución de la demanda.

En relación a los usos competitivos de las distintas formas de energía y a sus precios, debe advertirse que:

- el campo de competencia entre los diversos energéticos corresponde sobre todo a la producción de calor, en particular la de vapor,[9]
- dicha competencia ha variado según los períodos; así, mientras que hasta 1950-53 se estableció principalmente entre el carbón y el fuel oil, a partir de 1960 se centró entre el fuel oil y el gas natural, ya que el carbón quedó restringido a los usos específicos de la siderurgia,
- los precios de la energía son fijados por el Estado, o de acuerdo con él, a través de las empresas productoras, además, varían según los niveles de consumo en algunos casos (electricidad, gas) y son uniformes en otros (fuel oil, gas oil, etcétera).[10]

Los rasgos principales del movimiento de los precios de la energía en la IM en los distintos períodos pueden resumirse como sigue: (anexo 27)

1. Durante la primera etapa (1939-53) el año 1945 (1941 para el carbón) constituyó el punto de partida de una marcada disminución de los precios reales de los combustibles para la IM. La tendencia a la baja se prolongó hasta 1955, año en el cual los precios llegaron a niveles que significaron reducciones de entre 60% y 70% respecto de 1944 para los derivados del petróleo y el carbón (gráfica II.2.1); la reduccion de los precios alcanzó también al gas natural con posterioridad a la nacionalización de 1944.[11] Por otra parte, en el transcurso de los cuarenta, el precio de la electricidad para la industria presentó una relativa estabilidad con niveles y variaciones próximos a los observados en el sector doméstico:

Precio medio del KWh BT para la IM:

	1939	1948	1953	1966	1976*
$ a 60/KWh	0.021	0.017	0.020	0.018	0.008-0.005

* Calculado a partir de Ministerio de Economía, Decreto núm. 99 del 5 de marzo de 1976.

[9] V. Bravo, *La sustitución. . ., op. cit.*, p. 8.

[10] El precio del KWh que se tomó en cuenta es el precio medio BT evaluado a partir de la información censal.

[11] *Cf.*, C. Suárez, *Análisis y proyecciones de la demanda de energía por parte del sector industrial de la República Argentina*, p. 39.

Vale decir que el cambio en la orientación económica y política iniciado en 1943 y profundizado entre 1945-55, se tradujo en una disminución de los precios de la energía para la IM. Las medidas tomadas en este rubro procuraron así reducir los costos de producción, incrementar el excedente de la industria, facilitar su reinversión y por consiguiente favorecer el crecimiento de la industria sobre bases nacionales.[12] Como se infiere de la evolución de los precios de la energía en la IM, la reorientación de la política económica de principios de los cincuenta no afectó a este sistema de precios ya que se mantuvo el subsidio a los sectores consumidores.

2. La ruptura política de 1955 originó una nueva orientación en la política económica y energética que provocó la reversión de las tendencias precedentes. Los efectos sobre los precios de la energía se hicieron sentir particularmente en 1956 y 1959 en coincidencia con fuertes devaluaciones del peso argentino en relación al dólar, consecuentemente, se introdujeron aumentos de 30 y 64 por ciento en términos reales para el fuel oil en ambos años y en proporciones variables pero importantes para los demás combustibles, en especial el gas oil y el diesel oil, los tres combustibles de mayor uso industrial. Con posterioridad, a pesar de los incrementos nominales y en medio de un marcado proceso inflacionario, los precios tendieron nuevamente a la baja hasta 1963-64 acercándose a los niveles de mediados de los cincuenta con excepción del gas oil y del diesel oil. Por otra parte, la difusión del gas estuvo acompañada por una progresiva reducción de su precio el que en 1964 llegó a representar el 60 por ciento del nivel alcanzado en 1960.

3. El incremento de precios de 1965-66 tuvo su origen en la situación creada por la caída de la producción que siguió a la supresión de los contratos firmados con las transnacionales petroleras y el consecuente recurso a la importación de energéticos. Sin embargo, en los años posteriores, los precios reales de la energía volvieron a la anterior baja tendencial, esta disminución se verificó en particular para el gas oil y el fuel oil hasta 1975, es decir para las dos principales formas de energía consumidas en la IM en ese período. De este movimiento parece haber participado también la electricidad según los valores registrados en 1966 y 1976 que reflejan una acentuada contracción de su precio unitario. Por lo tanto se puede considerar que éste fue un período en el cual, al igual que en la década 1945-55, la industria en su conjunto se vio favorecida por la naturaleza de la evolución de los precios de sus insumos energéticos. Las alzas del precio internacional del petróleo de principios de los setenta no ha incidido mayormente sobre dichos precios debido al alto grado de cobertura de la demanda interna alcanzado por la producción nacional desde comienzos de los sesenta.

[12] En este período de dependencia energética del exterior, se instauró un sistema de cambio preferencial para las importaciones de materias primas y equipos destinados a la industria, entre los que figuraron los energéticos.

Gráfica II.2.1. Los precios reales de la energía en la industria 1939-1976

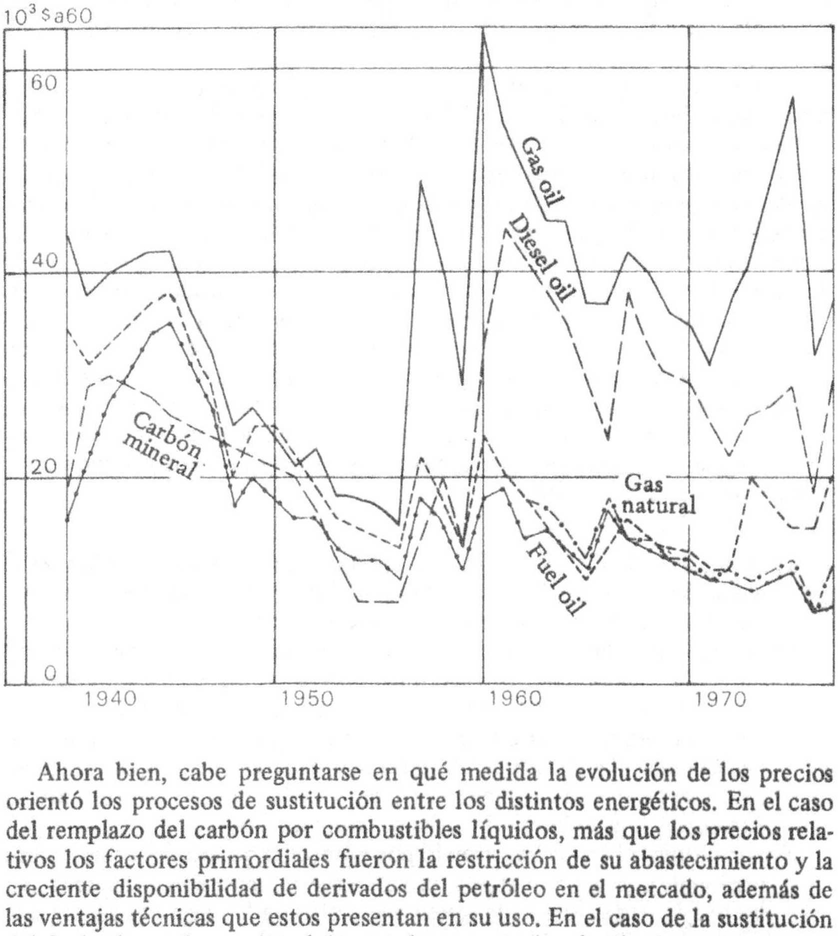

Ahora bien, cabe preguntarse en qué medida la evolución de los precios orientó los procesos de sustitución entre los distintos energéticos. En el caso del remplazo del carbón por combustibles líquidos, más que los precios relativos los factores primordiales fueron la restricción de su abastecimiento y la creciente disponibilidad de derivados del petróleo en el mercado, además de las ventajas técnicas que estos presentan en su uso. En el caso de la sustitución del fuel oil por el gas natural durante los sesenta, la relación de sus precios colocó constantemente en situación desfavorable al gas en comparación con el fuel oil por lo que la sustitución del combustible líquido por el gaseoso no se explica por la sola evolución de sus precios. La expansión de la demanda de gas natural se explica por la existencia de un mercado insatisfecho, por el surgimiento de industrias grandes consumidoras de energía, por la infraestructura desarrollada para hacer uso de la producción interna de este combustible, y por las ventajas de uso y abastecimiento que presenta en relación a otros energéticos. Con ello queda relativizado el rol de los precios como determinantes de la evolución de la demanda y de la transformación de su estructura; sin embargo, se debe recalcar que los precios fijados para el consumo industrial, tanto en el caso de los combustibles como en el de la electricidad, y sus prolongadas tendencias a la baja en términos reales, constituyeron un mecanismo de transferencia del excedente social en beneficio de la industria manufacturera.

Al analizar la incidencia que los gastos en energía tuvieron sobre los consumos intermedios de la IM entre 1939 y 1963, pueden observarse dos características principales. En primer lugar, la energía representó una parte reducida de los consumos intermedios en el consumo de la IM; en efecto, su participación se mantuvo relativamente estable alrededor del nivel de 5 por ciento durante estos 24 años, alcanzando un máximo de 6 por ciento en 1943. En segundo lugar, la importancia del gasto en energía varió entre las diferentes industrias según la naturaleza de sus respectivos procesos productivos, rasgo semejante al que se encuentra en esta clase de análisis para el caso de otros países ya que está relacionado con el mayor o menor carácter energético intensivo de las industrias. En el caso argentino, en 1939 las participaciones fueron de 0.3 por ciento en las industrias de la confección, hasta 30.5 por ciento en la de piedra, vidrio y cerámica, mientras que en 1963 se llegó a 0.9 por ciento y 38 por ciento respectivamente (anexo 29). Dentro de estos límites ha sido posible distinguir tres grupos:

a) el primero, en el cual el gasto de energía estuvo muy por debajo de la media de la IM, en el que se encuentran: imprenta y publicaciones, productos del cuero, máquinas y aparatos eléctricos,
b) un segundo grupo, cuyos valores se sitúan próximos a los del conjunto de la IM, compuesto por alimentos, bebida y tabaco, textil, madera y muebles, caucho y en menor medida vehículos y maquinaria; es decir, industrias, excepto las últimas, que estuvieron en el centro del modelo de acumulación industrial de la primera fase del período en estudio, pero que no fueron las ramas más dinámicas de la producción durante la expansión de la industria de los años sesenta,
c) por último, el grupo constituido por productos químicos, piedra, vidrio y cerámica, papel y cartón y productos metálicos; industrias todas en las que la participación del gasto energético en los insumos supera a la media de la IM en vista de sus características de grandes consumidoras específicas de energía.

En virtud de los niveles de participación observados hasta principios de los sesenta, se verifica que durante esta fase del crecimiento industrial argentino, los precios de los energéticos consumidos en la IM fueron tales que determinaron una influencia reducida del gasto en energía sobre el valor total de los consumos intermedios.[13] En el período posterior a 1963, la falta de una información adecuada impide dar cuenta en forma precisa de la modificación o no de la característica señalada; sin embargo, teniendo presente la evolución de los precios reales de los principales energéticos consumidos en la IM, no es aventurado estimar que en el decenio siguiente a 1963 no hubo una alteración sustancial de los rasgos distintivos de la incidencia del gasto en energía sobre los consumos intermedios de la IM.

1.3 El contenido energético de la industria manufacturera

Como ya se señaló (capítulo I, sección III), el consumo de energía y el crecimiento económico aparecen relacionados con frecuencia a través del llamado contenido energético del producto (CE). Su análisis suele ubicarse en un plano global como lo es el conjunto de la IM, por ello, con el objetivo de intentar una profundización de su estudio se lo desagrega de manera de precisar los distintos elementos que determinan su orientación en el tiempo, abordándolo a partir de la expresión siguiente:

$$\frac{E}{VA} = \sum_{i=1}^{n} \frac{E_i}{VA_i} \cdot \frac{VA_i}{VA}$$

donde: E = energía total consumida,
VA = valor agregado de la IM,
E_i, VA_i = energía y valor agregados referidos a los grupos de industrias i.

De esta manera el CE de la industria manufacturera queda definido por una serie de términos en la que cada uno corresponde a un conjunto de industrias (textil, papel y cartón, etcétera). A su vez cada término está determinado por dos componentes: una de ellas es VA_i/VA, la *componente estructural* que da cuenta de la evolución de la composición de la producción industrial; la otra E_i/VA_i, es la llamada *componente tecnológica* en virtud de considerársela determinada por factores internos inherentes a la industria en cuestión.

Si bien la anterior ha sido la forma más detallada en que se ha analizado el contenido energético en la literatura sobre el tema, es posible expresar la componente tecnológica según la siguiente relación:

$$\frac{E_i}{VA_i} = \frac{L_i}{VA_i} \times \frac{HP_i}{L_i} \times \frac{E_i}{HP_i}$$

donde: L_i= número de obreros empleados,
HP_i= potencia instalada.

[13] *Cf.*, también F. Sintes Olives, *La electricidad en la industria argentina*, Bs. As., 1943, p. 81 a 92 y A. Dorfman, "El avance tecnológico en la industria argentina", en *Desarrollo Económico* No. 68, vol. 17, enero-marzo 1978, pp. 619 a 630.

El contenido energético de las industrias i queda así expresado por medio de tres factores:

1. $\frac{L_i}{VA_i}$ Representativo de la *productividad aparente del trabajo*, en este caso se trata de su inversa, entendida como el valor agregado por obrero empleado.

2. $\frac{HP_i}{L_i}$ Indicativo de la "*mecanización*" a través de la potencia motriz instalada por obrero ocupado.

3. $\frac{E_i}{HP_i}$ *La energía requerida por unidad de potencia motriz*, y que puede llegar a poner en evidencia el rendimiento energético de los equipos. Este indicador presenta dos limitaciones principales: por un lado, las variables que lo definen resultan de la agregación de componentes heterogéneas: la energía comprende la destinada a fuerza motriz y a usos calóricos, la potencia engloba la eléctrica y la primaria; por otro, su evolución depende también de los regímenes de utilización de los equipos. Es por ello que su análisis requiere considerar los procesos de sustitución entre energías y, en la medida de lo posible, los tiempos de funcionamiento de las maquinarias instaladas.

El estudio de las variaciones del contenido energético sobre la base de los elementos señalados debe contribuir a precisar las causas de dichas modificaciones a partir de las diversas ramas y grupos de la IM en los distintos momentos del proceso de industrialización.

1.3.1 El período 1939-1953

A lo largo de estos años se observó una disminución del contenido energético de la IM que se originó en variaciones de distinto sentido de los contenidos energéticos de los Grupos A y B (cuadro II.2.6 y gráfica II.3.2). El análisis de los términos correspondientes a éstos revela que las industrias que los componen incidieron de manera contraria en el conjunto de la IM, sin embargo, en cada caso las respectivas componentes estructural y tecnológica evolucionaron en igual sentido. En este período el grupo B incrementó su participación en el VAIM con lo que definió así la orientación de las componentes estructurales.

Ahora bien, para precisar las variaciones de los términos de los grupos respectivos debe tenerse en cuenta la denominada "componente tecnológica" y los factores que la determinaron (cuadro II.2.7). En primer lugar, la productividad del trabajo fue decreciente tanto en A como en B y en consecuencia en el conjunto de la IM. Esta característica general del período se acentuó desde 1948 y en particular en las industrias del Grupo A debido, por una parte, al bloqueo creado en el sector manufacturero por la restricción en el suministro de equipos y productos intermedios y, por otra, a que la ampliación de la producción se hizo fundamentalmente con base en el recurso a la fuerza de trabajo. En segundo lugar, si bien la mecanización en la IM se incrementó en un 30%, sobre todo en las industrias de base (Grupo B), no existió una modificación importante en la composición del parque industrial de fuerza motriz.

Los factores antes considerados, productividad y mecanización, variaron de manera tal que impulsaron un aumento del CE de cada grupo. Sin embargo, este incremento se produjo solamente en el B y no en el A como consecuencia de la naturaleza de la evolución de los consumos energéticos y del uso del parque en este último; así, en ambos casos el crecimiento de los consumos estuvo asociado a la modificación de su estructura, donde al prevalecer los derivados del petróleo y la electricidad sobre el carbón mineral y los combustibles vegetales se obtuvieron mejores rendimientos de transformación. Además, en todas las industrias hubo una disminución de la relación E/HP, la que se hace más marcada aún si se tiene en cuenta el tiempo de utilización de los equipos que al prolongarse permitió un uso más eficiente de la energía. De esta manera, en el Grupo A quedó superada la incidencia de los dos primeros factores sobre su propio consumo energético, mientras que en el B éstos no fueron compensados, por lo que su CE creció en un 8% al requerirse mayores insumos energéticos para cubrir las exigencias de la ampliación de la potencia instalada.

Si bien se ha analizado la evolución del contenido energético en relación a los dos grandes agregados, es importante ubicar aquellas industrias cuya influencia predominó en las variaciones del CE de cada grupo.[14] Para ello debe considerarse la expresión:

$$\left(\frac{E}{VA}\right)_j = \sum_i \frac{E_i}{VA_i} \times \frac{VA_i}{VA}$$

donde: j = A, B
i = diferentes grupos de industrias

Lo que significa detenerse una vez más en la componente estructural y tecnológica pero ahora a nivel de las diversas ramas de la industria.

[14] Para un análisis más detallado de las industrias de cada grupo, ver H. Altomonte y O. Guzmán, *Perspectives. . ., op. cit.*, Anexo F., pp. 495-523.

Gráfica II.2.2. El contenido energético de la industria manufacturera y de los Grupos A y B

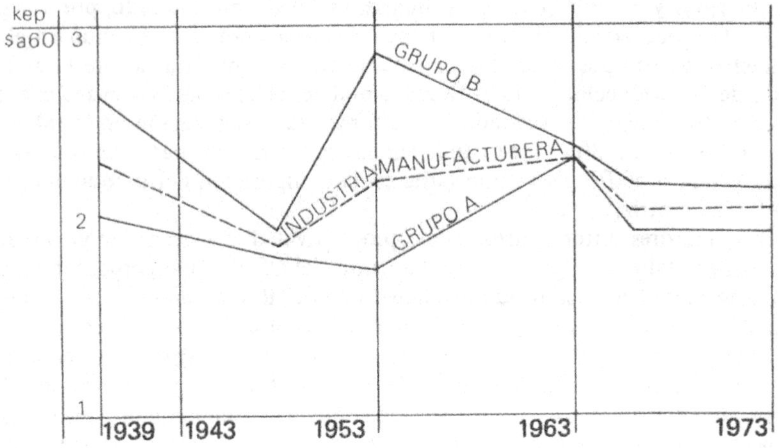

La incidencia de las industrias de los Grupos A y B

i) Grupo A

Las industrias de alimentos, bebida y tabaco fueron decisivas en la disminución del contenido energético del Grupo A. En las industrias indicadas, ambas componentes concordaron en el sentido de sus variaciones, no obstante debe señalarse que dos elementos influyeron en el descenso de su contenido energético: por una parte, la sustitución de energías de bajo rendimiento calórico (carbón y combustibles vegetales) por energéticos de mayor eficiencia en los usos finales (derivados del petróleo), y, por otra, la extensión del uso de la electricidad destinada en gran medida a la fuerza motriz.

El aporte al contenido energético del Grupo A del término correspondiente a la industria textil, estuvo determinado por su creciente participación en el VAIM, ya que su componente tecnológica sólo experimentó una ligera variación que no influyó prácticamente en la modificación del contenido energético de esta industria.

ii) Grupo B

En este caso, los términos correspondientes a piedra, vidrio y cerámica y productos metálicos definieron el aumento del contenido energético del Grupo; en estos dos conjuntos de industrias, sólo sus contenidos energéticos respectivos dieron lugar a dicho incremento. En piedra, vidrio y cerámica los elementos decisivos se situaron en la caída de la productividad aparente del trabajo, en una reducida mecanización y en un llamativo recurso a los combustibles vegetales. En productos metálicos la ampliación de la potencia instalada con base en los motores primarios estuvo acompañada por el desarrollo del consumo de los derivados del petróleo, este hecho, sumado a una menor productividad, dio origen a un incremento de su contenido energético que influyó significativamente en el conjunto del Grupo B a pesar de la disminución del consumo energético por unidad de potencia y de tiempo de utilización verificada en la fabricación de productos metálicos.

1.3.2 El período 1953-1963

Durante este período, el contenido energético del total de la producción manufacturera presentó un crecimiento de sólo 4.6%. Sin embargo, surgieron tendencias opuestas en cada uno de los grupos, así, la relación E/VA creció en el A y disminuyó en el B.

Al aumentar los consumos en ambos casos a ritmos prácticamente iguales, las diferencias en los CE surgieron, a un nivel agregado, por las evoluciones distintas de la producción en cada uno de ellos: 6.3% anual, contra 1.6% anual para B y A respectivamente, lo que determinó variaciones de distinto sentido de sus componentes estructurales.

La política económica aplicada a fines de los cincuenta, principios de los sesenta, centrada en la inversión y el crédito exterior y orientada a las industrias del Grupo B,[15] generó modificaciones importantes en el sistema productivo que el contenido energético reflejó sólo parcialmente.

El incremento del contenido energético del conjunto de la IM fue determinado por los dos grupos, tanto uno como otro intervinieron a niveles relativamente próximos y además en el mismo sentido. Sin embargo, dada la evolución del valor de la producción de cada uno de ellos, progresión de B y regresión de A, la componente tecnológica prevaleció en A y la estructural en B, puesto que el CE de este último disminuyó en 16.8% .

Los indicadores que definen la componente tecnológica de cada grupo permiten comprender los orígenes de las variaciones señaladas. Las condiciones de desarrollo de la producción sobre bases cada vez más intensivas en capital, junto con las exigencias de las instituciones financieras internacionales y las políticas económicas y sociales implementadas, dieron por resultado un aumento sin precedentes de la productividad del trabajo como lo indican los incrementos de 74% para el Grupo B, de 50% para el A y de 60% para el conjunto de la IM.

Por otra parte, la fuerza motriz por obrero ocupado (HP/L) progresó de manera uniforme en ambos grupos (+ 43% en la IM); no obstante, la ampliación de la potencia instalada fue considerablemente más importante en

[15] Se trató de las industrias de productos metálicos, automotriz, petroquímica, petrolera y metalúrgica. Ver Cap. I, sección I.

Cuadro II.2.6. La variación del contenido energético en la industria manufacturera y la incidencia de las industrias de los Grupos A y B

i) Total industria manufacturera

	$\frac{E_i}{VA_i} \times \frac{VA_i}{VA}$			E/VA
	GRUPO A	GRUPO B	OTROS	TOTAL
1938-1953	- 0.286	0.238	- 0.072	- 0.048
1953-1963	0.083	0.061	- 0.041	0.103
1963-1973	- 0.429	0.152	0.024	- 0.253

ii) Grupo A

	$\frac{E_i}{VA_i} \times \frac{VA_i}{VA}$				$E/VA = \sum_i$
Industrias	Alimentos, bebidas y tabaco	Textil	Papel y cartón	Otros	TOTAL GRUPO A
1939-1953	- 0.335	0.059	0.014	0.027	- 0.289
1953-1963	0.144	- 0.051	- 0.004	- 0.006	0.083
1963-1973	- 0.310	- 0.049	- 0.015	- 0.055	- 0.429

Variación absoluta entre años extremos

iii) Grupo B

	$\frac{E_i}{VA_i} \times \frac{VA_i}{VA}$					$E/VA = \sum_i$
Industrias	Productos químicos	Piedra, vidrio y cerámica	Vehículos y maquinarias	Productos metálicos	Otros	TOTAL GRUPO B
1939-1953	- 0.023	0.115	0.026	0.102	0.027	0.247
1953-1963	0.069	- 0.107	- 0.046	0.154	0.003	0.061
1963-1973	0.146	- 0.055	0.056	- 0.041	0.046	0.152

FUENTE: Anexos 2 a 7 y 22 a 25.

B (+ 50%) que en A (+ 15%). De esta manera, si bien en este último el factor de la mecanización dentro de su CE aumentó en proporción aún mayor que en el caso de B, ello se debió fundamentalmente a la reducción del número de obreros empleados en correspondencia con la reestructuración de las diversas ramas que lo componen ante la situación de crisis por la que atravesaban.

Cuadro II.2.7. Evolución de los componentes del contenido energético de la industria manufacturera y de los grupos A y B

		E/VA (kep/$60) (1)	VA_i/VA (2)	HP/L (HP/obrero) (3)	E/HP TEP/HP (4)	L/VA Obrero/ 10^3\$60 (5)	E/L TEP/ Obrero (6)	Variación entre los años extremos de cada período (%) (1)	(2)	(3)	(4)	(5)	(6)	VA/L
TOTAL INDUSTRIA MANUFACTURERA	1939	2.309	1.00	2.82	1.865	0.44	5.26	- 5.0	-	+29.0	-40.0	+23.0	-23.0	-19.0
	1953	2.205	1.00	3.63	1.121	0.54	4.06	+ 4.6	-	+43.0	+15.7	-37.0	+68.0	+60.0
	1963	2.308	1.00	5.24	1.298	0.34	6.81	-11.0	-	-	-	-38.0	+42.0	+59.0
	1973	2.055	1.00	-	-	0.21	9.64							
GRUPO A	1939	2.040	64.7	2.88	1.646	0.43	4.74	-14.0	+ 9.3	+18.0	-40.0	+20.0	-28.0	- 17.0
	1953	1.757	58.7	3.41	0.995	0.52	3.40	+32.0	-18.0	+46.0	+34.0	-32.0	+95.0	+ 50.0
	1963	2.316	48.1	4.98	1.332	0.35	6.63	-16.0	-27.0	-	-	-14.0	- 3.3	+ 15.0
	1973	1.941	35.3		-	0.30	6.41							
GRUPO B	1939	2.650	32.6	2.66	2.231	0.45	5.93	+ 8.0	+19.0	+47.0	-43.0	+27.0	-16.0	- 22.0
	1953	2.866	38.9	3.91	1.275	0.57	4.98	-16.8	+27.0	+42.0	+ 2.0	-42.0	-45.0	+ 74.0
	1963	2.384	49.3	5.56	1.296	0.33	7.21	- 9.0	+25.0	-	-	-52.0	-82.0	+200.0
	1973	2.161	61.4			0.16	13.11							

FUENTE: Anexos 22 a 25.

El consumo de energía asociado al parque industrial presentó tendencias diferentes de un grupo a otro, así, mientras en A se registró un aumento del 61% de la energía requerida por unidad de potencia y hora de utilización, en B hubo una reducción de 0.2%. Estos movimientos estuvieron vinculados a los distintos regímenes de funcionamiento de las instalaciones y a las modificaciones operadas en la estructura de los consumos de cada agregado. En efecto, tal como se mostró anteriormente, en las industrias del Grupo B se produjo la transición al consumo de formas de energía de mayores rendimientos en los usos finales: regresión de los combustibles vegetales, progresión relativa de la electricidad total y del gas, mientras que en el otro grupo sucedió de manera contraria.

En vista de que en los dos bloques industriales la productividad y la mecanización incidieron en el mismo sentido, fue el consumo de energía por unidad de potencia el que originó las distintas variaciones de los respectivos contenidos energéticos. Sobre la evolución de este último factor influyeron de manera importante tanto la modificación del perfil de los consumos como el grado de utilización del parque, además de la transformación en los equipos, transformación que a su vez explica, en cierta medida, el cambio de la composición de la demanda energética.

Precisadas a este nivel de agregación las características de las variables definitorias del contenido energético de la IM, es conveniente poner de manifiesto brevemente la manera en que intervinieron las distintas industrias en la orientación del término que corresponde a cada grupo.

La incidencia de las industrias de los grupos A y B

i) Grupo A

Las variaciones presentadas a continuación señalan claramente el papel preponderante de las industrias alimenticias en la evolución del CE del grupo al prevalecer sobre la textil cuya participación actúa en sentido contrario. Sin embargo, sus respectivas componentes tecnológicas se incrementaron siendo decisiva la del primer conjunto de industrias puesto que en el caso de la textil dicho aumento fue compensado por la caída de la componente estructural.

La naturaleza de las variaciones de los factores de la componente tecnológica del Grupo A corresponde a la que se registró en las industrias alimenticias. En ellas el recurso a los combustibles vegetales y la reducida ampliación de la potencia instalada (+ 10%) junto con una mayor capacidad ociosa de los equipos, contrarrestaron el aumento de la productividad en una fase de disminución en términos absolutos del empleo obrero. De esta forma se generó el crecimiento del CE de estas industrias y consecuentemente del Grupo A.

ii) Grupo B

La fabricación de productos metálicos junto con piedra, vidrio y cerámica, fueron las industrias que con mayor intensidad actuaron sobre la evolución del CE de este grupo aunque lo hicieron en sentidos contrarios. Componente estructural y tecnológica influyeron de igual manera en las primeras, otro tanto sucedió en productos químicos, mientras que solamente la segunda fue determinante en la disminución del aporte de piedra, vidrio y cerámica al conjunto. Deben destacarse como rasgos centrales en la orientación del CE de productos metálicos, por un lado, el recurso importante a los combustibles (derivados del petróleo e incluso gas natural) para la producción propia de electricidad y por otro el desarrollo de la producción siderúrgica que implicó una progresión significativa de la demanda de carbón mineral.

En piedra, vidrio y cerámica, cuyo contenido energético en 1963 fue cuatro veces superior al del Grupo B, si bien el valor de la producción creció un ritmo de 2.6% por año, el consumo energético lo hizo apenas a razón de 1.3% anual, pero con un cambio esencial en su estructura ante el avance del gas; es decir, que se verificó el pasaje a formas de energía más eficaces, pasaje que parece haber sido una de las razones principales de la baja de su CE.

1.3.3 El período 1963-1973

La inexistencia de información relativa a la potencia instalada en la industria en 1973, obliga a descomponer el CE en dos factores:

$$\frac{E_i}{VA_i} = \frac{E_i}{L_i} \times \frac{L_i}{VA_i}$$

Uno de ellos (E_i/L_i) es indicativo de la energía consumida por obrero empleado y el otro (L_i/VA_i) corresponde a la productividad aparente del trabajo. A pesar de sus limitaciones, el primero es relativamente orientador en cuanto a la mecanización si se le asocia también la evolución de la estructura de los consumos.

Durante este decenio se produjo la consolidación de las industrias del Grupo B, en particular de las metálicas y de máquinas y vehículos (comprendida la producción de automóviles) y de productos químicos, petroquímica y plásticos. El desarrollo de este tipo de industrias lleva a pensar, a priori, en un necesario incremento del contenido energético de la IM, sin embargo, entre 1963 y 1973 se verificó una disminución del mismo (cuadro II.2.7).

Las industrias del Grupo A aparecieron como decisivas en esa disminución, sin embargo es importante señalar que la componente tecnológica (E_i/VA_i) disminuyó en los dos grupos, por lo que la diferencia surgió de sus componentes estructurales. En relación a la primera debe señalarse que, en primer lugar, en ambos grupos aumentó la productividad aparente del trabajo, sobre todo en B. Contrariamente a lo sucedido en el período anterior, estos incrementos estuvieron acompañados por una extensión del empleo obrero (3.3% en A y 2.9% en B). En segundo lugar, la energía total consumida por obrero evolucionó de modo diferente al disminuir en A y al aumentar notablemente en B (+ 83%) acentuando y amortiguando respectivamente los efectos de la productividad sobre el CE de cada grupo.

Además, en ambos, las dos formas de energía de mayor desarrollo fueron la electricidad suministrada por el SP y el gas natural, de manera que en los dos casos se registraron sustituciones que llevaron a un uso final de la energía más eficiente. Por otro lado, las mejoras en el abastecimiento de la electricidad por parte del SP hizo que disminuyera relativamente la cantidad de combustibles destinados a la autoproducción, fenómeno que acentuó la mejora de los rendimientos. La electrificación en la IM tuvo como principal objetivo cubrir los requerimientos de la fuerza motriz más que los de calor, por ello se puede considerar que la potencia instalada se amplió fundamentalmente sobre la base de los motores eléctricos.

Estos elementos no impidieron, sin embargo, el incremento de la energía consumida por obrero en el Grupo B debido a un fenómeno de rama, es decir, al desarrollo de industrias grandes consumidoras de energía. A pesar de ello, las transformaciones introducidas en la composición del consumo y en el parque industrial, junto con un incremento acelerado de la producción provocaron la reducción del CE en los dos grupos con desigual intensidad.

La incidencia de las industrias de los grupos A y B

i) Grupo A

Es notable observar que todas las industrias presentan la misma tendencia a la disminución de su aporte al CE, pero al igual que en los períodos anteriores las de mayor repercusión siguieron siendo las alimenticias. En éstas la componente estructural, que tuvo carácter determinante, reforzó a la tecnológica, característica que se reprodujo en menor medida en la industria textil. La baja del CE en alimentos, bebida y tabaco, cuya interpretación entra en la ya indicada para el conjunto de la IM, estuvo marcada en buena medida por el desplazamiento de los combustibles vegetales, el menor recurso a la generación propia de electricidad y la consiguiente reducción del consumo global de energía. En relación a la rama textil, cabe destacar que las sustituciones registradas entre distintas formas de energía ya no influyeron de modo significativo sobre la disminución de los consumos, por lo que la evolución de su CE se explica por la importante progresión de la producción (6.8% anual en el decenio 1963-73).

ii) Grupo B

En él no existió la homogeneidad del caso precedente, así por un lado, los términos correspondientes a productos químicos y vehículos y maquinaria contribuyeron al alza del CE del grupo tanto por sus componentes estructurales como tecnológicos, y, por otro, piedra, vidrio y cerámica y productos metálicos lo hicieron en sentido contrario a partir de la variación de sus componentes tecnológicas. En productos químicos el factor primordial del incremento de su CE fue el desarrollo de la petroquímica y de las industrias químicas de base, de manera tal que el crecimiento de los consumos no fue compensado ni por los cambios tecnológicos, y una consiguiente mejor utilización de la energía, ni por una fuerte aceleración de la producción.

El tipo de aporte de la fabricación de vehículos y maquinarias estuvo condicionado por su participación en el VAIM que pasó de 18.6% en 1963 a 25.3% en 1973, y acentuado por un creciente CE propio. En estas industrias no hubo un cambio sustancial en la estructura del consumo energético que incidiera sobre su CE, y por otra parte, el aumento de la productividad del trabajo tampoco llegó a contrarrestar el efecto de la electrificación. En cambio en piedra, vidrio y cerámica el fenómeno se dio de manera inversa, aunque atenuado, en lo relativo a la modificación del perfil del consumo; esto explica en gran parte la disminución de su CE que, agregado a la componente estructural, proporcionó un término negativo al movimiento del CE del grupo B.

El análisis precedente sobre la evolución del contenido energético de la industria manufacturera argentina y de los grupos que la integran, deja traslucir la forma variada e incluso opuesta en que participaron las componentes definidas ya sea en un mismo período, ya sea de un período a otro.

El contenido energético aparece así como la resultante de tendencias coincidentes o contrarias entre sí y da cuenta, sólo si se desagrega el nivel del análisis, de la importancia de ciertas y determinadas industrias en su modificación (alimentos, bebida y tabaco en el grupo A, piedra, vidrio y cerámica y petroquímica en el grupo B). Dicha incidencia resulta de los cambios introducidos en la base técnica de la producción y del desarrollo o regresión de las diversas ramas dentro del conjunto del sector manufacturero; pero, además, el surgimiento de ciertas industrias, en especial las energético intensivas, actúa de forma significativa en su evolución al igual que la declinación de las que pudieran haber sido predominantes en algún período.

Así pues el contenido energético de la industria manufacturera es función de las transformaciones que experimentó el sistema productivo industrial y por consiguiente de los factores económicos, políticos y sociales que los sustentan en el orden interno, pero depende, además, de los condicionantes externos que presionan en la determinación del rumbo que ha de seguir la formación económica y social. Por todo ello, la interpretación del contenido energético y de su evolución trasciende el estrecho marco de los precios relativos entre los factores para situarse en la problemática de la sociedad en su conjunto.

2. *El subsector de la producción de energía*

Diversas formas de energía (electricidad, derivados del petróleo, etcétera) llegan al consumo final después de sufrir un proceso de transformación que a su vez trajo aparejados otros consumos energéticos cuyos niveles pueden ser importantes en relación a la demanda total de energía de un país. El análisis de los consumos sectoriales no puede, por lo tanto, dejar de considerar a este subsector en cuanto centro consumidor, es por ello que se lo aborda separadamente de la IM, distinguiéndose la producción de electricidad de origen térmico del SP por un lado, y, la producción y la transformación de hidrocarburos, por otro.

2.1 *La producción de electricidad de origen térmico del SP*

Proveedora de una forma de energía ampliamente difundida en los demás sectores, su producción exige la transformación de otros energéticos que en el caso de la generación térmica convencional son los combustibles en sus diversos tipos. En Argentina, el escaso desarrollo de la hidroelectricidad determinó que el abastecimiento se efectuara sobre la base de la producción térmica; a este tipo de generación eléctrica se destinó el 9% del consumo total de combustibles del país en 1939, el 14% en 1953 y el 16% en 1977. En ese orden de magnitud se situaron las participaciones del gas natural, los derivados del petróleo y el carbón quemados en la producción de electricidad en relación a las demandas nacionales respectivas (cuadro II.2.8).

Cuadro II.2.8. La participación del subsector de la producción de electricidad del servicio público en el consumo total de combustibles del país (%)

	Derivados del petróleo	Gas natural	Combustibles minerales	Combustibles vegetales	Total combustibles
1939	8.0	-	26.0	0.2	9.0
1953	16.0	-	28.0	13.0	14.0
1963	17.0	14.0	33.0	-	14.0
1973	18.0	17.0	12.0	-	16.0
1977	18.0	15.0	15.0	-	16.0(1)

[1] No se considera al uranio.

FUENTE: Anexo 2 a 7.

Los diferentes ritmos de crecimiento de la producción de electricidad en los diversos períodos regularon su demanda de combustibles, la que a su vez modificó progresivamente su composición.

En una primera etapa, que va de 1939 a 1958, tuvo lugar un proceso sustitutivo por el cual los derivados del petróleo, sobre todo el fuel oil, desplazaron al carbón mineral como fuente principal de energía y llegaron a cubrir cerca del 80% de los insumos de la industria eléctrica (cuadro II.2.9). En una segunda fase, años sesenta y setenta, se produjo un nuevo proceso de sustitución con base en el gas natural que compitió con el fuel oil y también con el carbón en la producción eléctrica de la base y de la semibase y con el diesel oil en la punta del diagrama de carga. A pesar de que los combustibles predominantes en esta etapa fueron los dos primeros, el diesel oil cumplió un papel importante por su uso en la combustión interna en regiones no conectadas a la red; ésta fue la razón principal de su difusión si bien es cierto que en determinados períodos también suplió en parte al fuel oil o al gas natural.

Cuadro II.2.9. La estructura del consumo de energía por formas en el subsector de la producción de electricidad del servicio público

	Derivados del petróleo							
	Diesel oil (1)	Fuel oil (2)	Total (1)+(2)	Gas natural	Carbón mineral	Combustibles vegetales	Uranio	TOTAL
1939	5	35	40	-	59	1	-	100
1953	9	73	82	-	17	1	-	100
1963	13	64	77	16	7	-	-	100
1972	14	62	76	20	4	-	-	100
1973	14	57	71	26	3	-	-	100
1975	12	46	58	28	4	-	10	100
1977	17	50	67	24	2	-	7	100

FUENTE: Anexo 30.

La aceleración de los consumos de hidrocarburos para la producción de electricidad entre 1968 y 1972, fue abruptamente frenada en 1973 al modificarse la composición del parque de generación. La conexión a la red de la central nuclear de Atucha y dc la hidroeléctrica del Chocón, que alimentan la base del diagrama, determinó el desplazamiento de unidades térmicas convencionales y por lo tanto una caída en el consumo de combustibles, principalmente fuel oil. Desde entonces el uso de los derivados y del gas natural estuvo estrechamente vinculado a las producciones hidro y nucleoeléctricas que han sido prioritadas en el abastecimiento eléctrico.

Los precios de la energía, el equipamiento y las condiciones de abastecimiento de los distintos combustibles, son factores que en mayor o menor medida pueden influir los procesos de sustitución y que por lo tanto deben tenerse en cuenta para su comprensión. En el período de remplazo del carbón por el fuel oil, a los incrementos del precio real del fuel para las centrales eléctricas entre 1939 y 1944, siguieron catorce años de disminución continua del mismo (anexo 32), y, además, la relación de precios entre el fuel oil y el carbón mineral importado (precio CIF) fue favorable al primero; a esta evolución de los precios se sumó el fenómeno de contracción del abastecimiento de carbón (durante los años cuarenta) y una mayor disponibilidad de derivados en el mercado. Estos fueron los elementos que originaron la sustitución de un energético por otro. Desde el punto de vista de los rendimientos de transformación, las mejoras asociadas al cambio de combustible fueron contrarrestadas por el estado de obsolescencia de las centrales durante los años cuarenta y cincuenta; la situación de deterioro de los equipos fue tal que en 1957 se requería la misma cantidad de calorías para producir un KWh que en 1939.

En la sustitución parcial del fuel oil por el gas natural, ni la evolución del precio real del gas ni la relación de precios entre ambos tuvieron significación alguna, estos factores tampoco fueron determinantes en la difusión del gas natural en las centrales térmicas. Después del alza de precios en 1958-59, los precios reales de ambos combustibles evolucionaron tendencialmente a la baja con una relación casi fija entre ellos (anexo 27 bis), la estabilidad de la relación de precios se debe a que el precio del fuel oil constituye la referencia para la fijación del precio del gas natural destinado a las centrales eléctricas.

En forma semejante, la relación de precios entre el diesel oil y el gas natural tampoco explica la extensión del primero en el sistema de turbinas. De lo anterior se deduce que en ambos casos la evolución de la estructura de precios no aporta nuevos elementos en la comprensión de las variaciones de los niveles del consumo de los distintos energéticos ni en los procesos de sustitución.

El período que podríamos llamar del gas natural se inició en un momento en que el parque eléctrico fue objeto de una serie de mejoras y ampliaciones con la perspectiva de superar el estado deficitario del sistema que había perdurado durante casi dos décadas. Por un lado, se renovaron las centrales de vapor y por otro, el sistema de combustión interna, mayoritariamente basado en los motores diesel (capítulo I, sección II) fue complementado e incluso remplazado en parte por las turbinas de gas desde 1968, turbinas que pueden utilizar gas o diesel oil. Es decir que la sustitución entre energéticos se apoyó fundamentalmente en la renovación y transformación de los equipos de generación eléctrica, combinación ésta que originó un incremento en los rendimientos de conversión y por consiguiente un menor consumo específico en la producción de electricidad. Así, de todo el período 1939-77, fue durante el decenio 1961-71 cuando se produjo la disminución más importante en los consumos específicos de las centrales térmicas (gráfica II.2.3, anexo 34). Aunque en 1972 hubo una inflexión de la tendencia, el rendimiento global del parque térmico permaneció en un nivel próximo al de mediados de los sesenta; en la medida en que la renovación del sistema eléctrico se estanque, los consumos específicos seguirán en progresión.[16]

Gráfica II.2.3. El consumo específico de energía en la producción de electricidad del servicio público Indice 1953 = 100

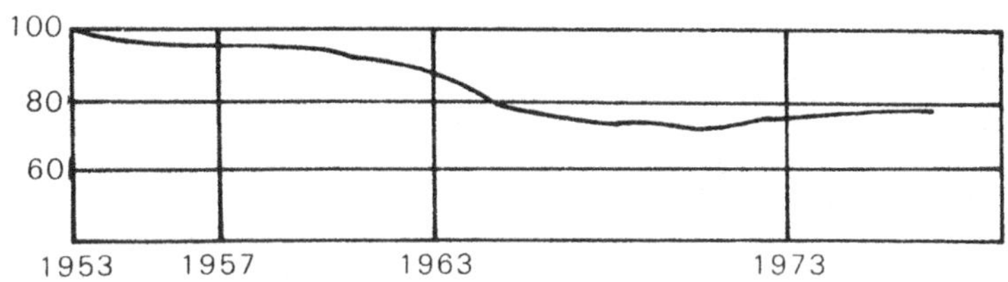

2.2 La producción y transformación de hidrocarburos

En este conjunto del subsector energía se reúnen las industrias encargadas de la extracción, transporte y transformación del petróleo y del gas en la medida en que sus actividades respectivas traen aparejados consumos energéticos en proporciones importantes. Esta importancia queda reflejada en la participación del subsector en la demanda total de energía del país que alcanzó el 11% en 1977, nivel que ha permanecido relativamente estable a lo largo de las cuatro décadas en estudio (cuadro II.2.10).

Al tratarse de industrias que procesan hidrocarburos, los energéticos consumidos se derivan básicamente de su propia producción, en consecuencia los derivados del petróleo y el gas son las energías predominantes en su consumo.[17] La participación de ambas formas de energía en la demanda del subsector no se modificó sustancialmente durante todo el período, ya que los derivados que representaban el 57% en 1939 proveyeron el 64% de los requerimientos del área en 1977 (cuadro II.2.11). Esta constancia se explica por el hecho de que sus usos no fueron competitivos; el gas natural es emplea-

[16] La entrada de la central nuclear en 1974 dio lugar a una reducción del consumo específico global en 1975-76 cuando su factor de utilización llegó a 85 por ciento. Por otro lado, la relación Kcal/KWh para la central nuclear es menor que la del parque térmico, sin embargo, debe tenerse en cuenta que en este tipo de comparaciones una modificación en el coeficiente de conversión usado puede llevar a la conclusión contraria.

[17] Se toma en cuenta sólo el gas y los derivados, puesto que el carbón únicamente fue utilizado en la producción de gas manufacturado hasta 1953. Entre 1939-53 este carbón representó de 5 a 7 por ciento de su consumo en todo el país.

Cuadro II.2.10. La participación del subsector de la producción y transformación de hidrocarburos en el consumo total de combustibles del país (%)

	Derivados del petróleo	Gas natural	Carbón mineral	TOTAL
1939	10	100	5	12
1948	8	86	7	11
1953	8	70	7	11
1963	9	34	-	12
1966	9	24	-	12
1973	9	23	-	13
1977	11	15	-	11

FUENTE: Anexo 2 a 7.

Cuadro II.2.11. La estructura del consumo de energía por formas en el subsector de la producción y transformación de hidrocarburos (%)

	Derivados del petróleo	Gas natural	Carbón	TOTAL
1939	57	35	8	100
1949	59	33	8	100
1955	70	30	-	100
1960	68	32	-	100
1965	62	38	-	100
1970	66	34	-	100
1975	63	37	-	100
1977	64	36	-	100

FUENTE: Anexo 35.

Cuadro II.2.12. El consumo de energía en la transformación del crudo

	1 Crudo procesado 10^3 m^3/an	2 Consumo 10^3 tep	3 Productos elaborados 10^3 tep	2/1 kep/m^3	2/3 (%)	Grado de utilización de la capacidad instalada (%)
1939	3 730	671	2 711	180	25	95
1953	8 425	962	6 582	114	15	83
1960	13 627	1 155	10 944	85	11	84
1965	19 494	1 501	16 462	77	9	93
1968	21 830	1 792	19 104	82	9	91
1972	26 897	2 646	21 932	98	12	82
1976	26 354	2 365	20 998	90	11	72
1977	28 262	2 505	22 378	89	11	74

FUENTE: Anexo 35.

do en los yacimientos y en los compresores para el transporte por ductos, mientras que los derivados lo son en particular en la transformación del crudo en las refinerías.

La parte del gas destinada a compresores se ha visto incrementada sistemáticamente con la entrada en servicio de nuevos gasoductos, fenómeno que se acentuó en los sesenta y setenta, llegando casi a cuadruplicar su participación en los usos de gas de las industrias en cuestión (22% en 1975). Ahora bien, el volumen restante de gas natural fue consumido en los yacimientos y una parte creciente utilizada en la recuperación secundaria, sin embargo no es posible precisar en qué proporciones se lo reinyectó en los pozos.

El consumo de derivados en refinería es función de las cantidades de crudo procesado, por lo tanto del grado de utilización de la capacidad instalada, de las características técnicas de las unidades de transformación y de su antigüedad. El consumo de derivados por unidad de crudo procesado (KEP/m^3) ha estado en disminución progresiva durante los cuarenta y cincuenta, pasando de 180 a 85 KEP/m^3 de 1939 a 1960, para estabilizarse e incluso revertir la tendencia a principio de los setenta, según el juego de las variables mencionadas (cuadro II.2.12). Este consumo propio de la industria petrolera representó entre 9% y 12% del crudo tratado durante los últimos diecisiete años; su determinación puede hacerse con mayor facilidad y precisión que en otros sectores mediante modelos técnicos, aún no desarrollados, en base a los volúmenes del petróleo refinado en el país. La evolución de este último rubro ha dependido de la capacidad instalada y de la producción nacional de petróleo. A principios de los cincuenta comenzó la ampliación de las refinerías para llevar su capacidad de procesamiento a niveles acordes con las necesidades del mercado interno, produciendo un aumento rápido del volumen de crudo destilado. Esta evolución persistió de modo sostenido durante las dos décadas siguientes y a ella contribuyó el desarrollo de la producción local de petróleo al incentivar su procesamiento con la finalidad de reducir las importaciones de derivados. En el transcurso de la década del sesenta, este proceso presentó algunos inconvenientes derivados del desajuste entre las características de la estructura de destilación y la composición del consumo local; la adecuación se consiguió a principio de los setenta con la incorporación de nuevas unidades de transformación.

Si bien el manejo de las variables que han determinado los consumos específicos resulta de mayor simplicidad en las áreas consideradas en comparación con otras, el establecimiento, ampliación y renovación de los sistemas de producción y transporte energético han sido los elementos centrales que en última instancia han regulado la progresión del consumo propio en el conjunto del subsector de la producción de energía.

SECCION III

Los sectores transporte, agropecuario y terciario

1. El sector transporte

Las características geográficas de la Argentina donde predominan las largas distancias y su integración al mercado mundial como agroexportador, condicionaron el establecimiento y desarrollo del sistema de transportes terrestres desde fines del siglo pasado. En efecto, una red de envergadura en relación con la actividad económica preponderante nació y se amplió con el objetivo central de facilitar los intercambios necesarios para el mantenimiento de la actividad agropecuaria así como el desplazamiento de la producción hacia el mayor puerto de embarque, el de Buenos Aires, ubicado en el principal núcleo urbano-industrial del país.

Así creció en abanico un sistema de transportes de personas y mercancías basado en los ferrocarriles; complemento necesario para la exportación agropecuaria, los capitales europeos encontraron en el rubro ferroviario una excelente posibilidad de inversión llegando a dominarlo por completo hasta fines de los cuarenta en que fueron nacionalizados. A pesar del predominio del ferrocarril, el mejoramiento paulatino de la red de rutas y caminos desde fines de los treinta, estableció el punto de partida para la extensión del transporte carretero. De lento desarrollo en un comienzo, su actividad se vio impulsada al principio por la importación de vehículos, pero sobre todo con posterioridad por las inversiones extranjeras que dieron origen a la producción automotriz local, industria que se expandió desde fines de los cincuenta al mismo tiempo que se deterioraba el sistema ferroviario. Estos dos procesos estrechamente interrelacionados, definieron los rasgos del sector durante el período en consideración y determinaron el modo de transporte que habría de convertirse en hegemónico.

Las necesidades de desplazamiento de mercancías son tributarias de la actividad económica, dependen de la estructura de la producción agropecuaria e industrial y de la localización de los centros productores y consumidores, consecuentemente estos factores influyeron también en el desarrollo y modificación de la demanda energética de los transportes. Por otra parte, los requerimientos de energía de los diversos medios de locomoción de pasajeros están relacionados con un conjunto de elementos interdependientes como la conformación geográfica, demográfica, habitacional, económica y administrativa del país. Así, tanto los condicionantes de los movimientos de personas y cargas como los tipos de transporte prevalecientes, incidieron en la naturaleza y evolución de los consumos energéticos del sector.

1.1 La evolución de los consumos energéticos

La importancia del sector quedó evidenciada por el hecho de representar entre 1939 y 1977 alrededor del tercio de los consumos energéticos totales del país,[1] si bien dicha participación tendió a decrecer y estabilizarse en las últimas décadas. Su impacto sobre la demanda total de cada una de las distintas formas ha variado en el tiempo: el carbón y los combustibles vegetales han sido prácticamente dejados de lado en la actualidad a pesar de haber representado respectivamente el 53 por ciento y el 14 por ciento del consumo total de dichos energéticos en 1958; no ocurrió lo mismo con los derivados del petróleo ya que el sistema de transportes ha requerido de manera relativamente uniforme alrededor del 40 por ciento de su demanda (cuadro II.3.1). Esta desigual participación de las diversas formas de energía en relación a sus demandas nacionales fue, en parte, resultado de las modificaciones producidas en la estructura del consumo sectorial; en ella, los derivados representaron el 99 por ciento en 1977 mientras que sólo 62 por ciento en 1939, año este en que fueron completados principalmente por el carbón (29 por ciento), y en menor medida por los combustibles vegetales (5 por ciento) y la electricidad (4 por ciento), (cuadro II.3.2).

Como lo dejan ver estas proporciones, los derivados del petróleo marcaron la progresión del consumo sectorial y determinaron, más que los otros energéticos, los ritmos de crecimiento dispares del conjunto de la demanda energética del transporte en los distintos períodos, disparidad que aparece reflejada en los valores de las siguientes tasas de crecimiento:

	1939-53	1953-63	1963-73	1973-77	1939-77
% anual	3.0	1.8	6.2	1.5	3.4

De 1953 a 1963 el carbón mineral y los combustibles vegetales regresaron intensamente de manera relativa y absoluta; este hecho junto con los problemas económicos registrados en los años extremos, explican el bajo valor de la

[1] Dicha participación fue de 32 por ciento en 1939, 34 por ciento en 1953, 27 por ciento en 1963 y 1977.

Cuadro II.3.1. La participación de energías consumidas por el sector transporte en relación al consumo nacional de cada una de ellas

	Derivados del petróleo	Carbón	Combustibles vegetales	Total combustibles
1939	40	42	7	30
1948	44	39	4	33
1953	37	53	12	32
1958	32	70	14	30
1963	38	1	7	26
1966	40	24	6	28
1973	42	-	6	27
1977	42	-	1	27

FUENTE: Anexos 2 a 7 y 36.

Cuadro II.3.2. La composición del consumo de energía en el sector transporte (%)

	1939	1948	1953	1956	1959	1962	1968	1973	1977
Combustibles vegetales	5	2	6	6	4	3	2	1	<1
Carbón mineral	29	15	14	13	12	<1	1	-	-
Electricidad	4	4	3	3	3	2	1	1	1
Derivados del petróleo donde:	62	79	77	78	81	95	96	98	99
nafta	34	37	39	37	39	56	57	57	52
gas oil	4	1	3	7	10	18	27	33	41
diesel oil	-	2	2	3	4	2	1	3	1
fuel oil	24	39	33	31	28	19	11	5	5
TOTAL	100	100	100	100	100	100	100	100	100

FUENTE: Anexo 36.

tasa de crecimiento en este decenio. La situación se revirtió en los diez años siguientes en concordancia con la extensión del consumo de derivados (gasolina y gas-oil) durante el período de mayor crecimiento de la producción de petróleo y refinados. La crisis económica abierta en 1974 determinó finalmente la caída de los consumos hasta 1977, poniéndose de manifiesto así la relación estrecha que existe entre el proceso económico, las necesidades de transporte y su demanda de energía.

Esta evolución de los requerimientos energéticos no puede interpretarse únicamente a nivel global del sector puesto que sobre ella han incidido los distintos tipos de transporte: ferrocarril, carretero comercial, carretero individual, aéreo y marítimo. En efecto, al ferrocarril correspondía más de la mitad de los consumos del sector hasta 1955, pero sólo 7 por ciento en 1977; esta regresión fue captada paulatinamente por el transporte carretero cuya participación pasó de 39 por ciento en 1948 a 85 por ciento en 1977, mientras que los otros medios de transportación intervinieron casi marginalmente (cuadro II.3.3). Por lo tanto, para comprender correctamente la evolución de la demanda debe tenerse en cuenta la relación existente entre el tipo de transporte y la forma de energía que le está asociada, pero dadas las limitaciones de la información se hará referencia únicamente al desplazamieno por ferrocarril y carretera.

Cuadro II.3.3. La participación de los diferentes medios de transporte en el consumo total de energía del sector (%)

	Transporte personal	Transporte por carreteras	Ferrocarril	Aéreo	Marítimo	TOTAL
1948	10	29	55	1	5	100
1953	10	32	52	1	5	100
1958	11	35	43	2	4	100
1963	19	52	18	4	7	100
1973	29	57	9	4	1	100
1977	28	57	7	5	3	100

FUENTE: A partir de Fundación Bariloche, *Anexo Estadístico, 1979.* Anexos 2 a 7.

1.2 El transporte de personas y de carga por ferrocarril

En Argentina, el transporte ferroviario apareció en una época temprana en relación a otros países latinoamericanos. Los primeros tendidos de vías y la rápida ampliación posterior datan de la segunda mitad del siglo pasado y principios del actual. La magnitud de su extensión fue tal que en 1975 representaba cerca de la mitad de la longitud de las vías férreas de América del Sur. Sin embargo, en ese año ya había tenido lugar una disminución considerable de su peso en el sistema de transportes argentino y por lo tanto de su incidencia en los consumos de energía.

Durante los cuarenta y la mayor parte de los cincuenta constituyó el principal medio de transporte, a su actividad se asociaron los combustibles vegetales y el carbón consumidos en el sector en su conjunto y cuyo destino fueron las locomotoras a vapor que conformaban entonces la parte principal del sistema de tracción. De igual modo, en 1953 el 80 por ciento del consumo sectorial de fuel oil se originó en el ferrocarril y fundamentalmente en el sistema de vapor. Los años de fines de la década del cincuenta y principios de la siguiente correspondieron al clivaje que señaló el comienzo de la regresión acelerada de los ferrocarriles. Las políticas de racionalización administrativa, las cargas fiscales, la desinversión y la falta de coherencia en las sucesivas políticas ferroviarias se hicieron sentir sobre su estado deficitario crónico, acentuando el deterioro creciente de los servicios. Las consecuencias de esta situación se tradujeron, por un lado, en el estancamiento y reducción de los indicadores físicos de su actividad, los pasajeros-km y las toneladas-km transportadas a lo largo de las dos últimas décadas en análisis y por otro, en la reducción a la mitad de los consumos energéticos desde 1960 a 1963 así como la continuación progresiva de esta tendencia posteriormente (anexo 37).

Desde el punto de vista del equipamiento, este último período se caracterizó por la dieselización de la tracción en detrimento del sistema de vapor. Ello impulsó el consumo de gasoil-diesel oil, formas sustitutas entre sí, y el abandono casi completo del carbón y los combustibles vegetales, los que fueron remplazados también por el fuel oil en el parque de vapor.

El desplazamiento del ferrocarril en el sistema de transportes y la modificación progresiva de la composición de la tracción fueron dos factores cuya conjugación explica la evolución de los consumos energéticos ferroviarios y el cambio de su estructura desde fines de los años cincuenta. Pero el espacio liberado por los ferrocarriles fue ocupado por el desarrollo del transporte carretero tanto individual como comercial.

1.3 El transporte por carretera

Se trata de un tipo de transporte que consume solamente derivados del petróleo en tres formas: gasolina, gas oil y diesel oil. Para visualizar mejor cuáles son sus usos conviene distinguir entre dos categorías de transporte: el personal y el comercial.

1.3.1 El transporte personal

En este rubro se hace referencia a los consumos de energía relacionados con el uso del automóvil como medio de locomoción. Las variables que contribuyen a explicar la evolución de su demanda energética son básicamente el parque automotor y su composición, su consumo específico y por último el recorrido medio anual de las unidades que lo integran. En lo que concierne al primero, los años 1958-63 señalaron el momento a partir del cual se operó un incremento de proporciones desconocidas hasta entonces en la dimensión del parque llegando casi a duplicarse el número de unidades en ese quinquenio. Por el contrario, en el decenio anterior a 1958 el aumento fue de sólo 13 por ciento. De allí en más la progresión ha sido fuerte y sostenida: 11.2 por ciento anual entre 1963-73, a tal punto que el número de habitantes por vehículo pasó de 50.5 a 30.6 y 10.7 en los años 1958, 1963 y 1977. Este desarrollo del automóvil se basó en la utilización de motores nafteros (gasolineros) ya que los consumidores de gas oil penetraron en el mercado con una mínima incidencia recién después de 1970 (1 por ciento del parque en 1977). Los tipos de unidades producidas llevaron a una disminución de los consumos específicos: de 13.9 1/100 km en 1955, se llegó a 10.8 en 1977,[2] como efecto compensatorio se alargaron paulatinamente los recorridos medios anuales hasta 1974. Sin embargo, en los tres años que siguieron, la crisis económica provocó su acortamiento a niveles inferiores a los de comienzo de los cincuenta.

La combinación de estas variables hizo que el consumo de gasolina se acelerara, entre 1958 y 1974 con ritmos que siguieron muy de cerca a los de crecimiento del parque (8 por ciento anual entre 1953 y 1963 y 11.2 por ciento anual entre 1963 y 1973). La extensión del uso del automóvil durante los sesenta se dio en concordancia con el desarrollo de una industria automotriz local cuya producción estuvo dirigida al mercado interno. Ello introdujo una modificación sustancial en el modo de transporte de las personas, prioritó el individual frente al colectivo y dio lugar a nuevos y crecientes requerimientos energéticos en este campo.

1.3.2 El transporte comercial de carga y personas por carretera

Hasta fines de los cincuenta este tipo de transporte complementó al ferrocarril tanto en los desplazamientos de personas como de mercancías. En esta primera fase, la renovación de las unidades y la ampliación de su número se efectuó con una lentitud similar a la del caso de los automóviles. El parque estaba compuesto de manera principal por motores de gasolina y mínimamente de gas oil (89% y 11% respectivamente en 1953), por lo que el consumo energético se definió en proporciones semejantes.

También en este ámbito se hizo sentir el cambio aludido en la producción industrial, fue así que en 1977 el consumo de gasolina representó el 33 por ciento y el de gas oil el 67 por ciento del total de la demanda energética de este tipo de transporte (anexo 37) como consecuencia de la transformación

[2] Fundación Bariloche, *Anexo Estadístico 1979.*

introducida por la producción de unidades movidas por motores gasoleros. A esa relación se llegó a partir de un ritmo de crecimiento del consumo de gas oil que superó ampliamente al de nafta (17.9 por ciento anual contra 2.9 por ciento anual entre 1953 y 1977).

En esta sustitución de la gasolina por el gasoil es necesario tener en cuenta un factor adicional como es la relación de precios entre ambos energéticos.

Cuadro II.3.4. La relación de precios entre la nafta y el gas oil

	Precio nafta (1)	Precio gas oil (2)	(1)/(2)
1955	0.018	0.003	5.70
1960	0.079	0.058	1.36
1965	0.164	0.116	1.41
1970	0.525	0.186	2.82
1975	17.740	2.430	7.28

FUENTE: A partir de V. Bravo, *Los procesos de sustitución, op. cit.*, pp. 6 y 7.

Su evolución indica que entre 1955 y 1960 existió un encarecimiento relativo del gas oil (cuadro II.3.4), a pesar de lo cual su consumo se extendió duplicando su participación en la demanda del transporte comercial carretero de 27 a 54 por ciento. Sin embargo, en los diecisiete años que siguieron el consumo de gas oil creció con una relación de precios que le fue favorable, vale decir que en este caso la relación de precios entre los carburantes actuó facilitando la modificación de la estructura del parque motor impulsada por la producción de la industria local y aporta un elemento explicativo adicional a la variación de la composición de los consumos energéticos en el transporte carretero.

2. El sector agropecuario

La producción agropecuaria ha tenido históricamente un papel primordial en la actividad económica del país, tanto por su participación en la formación del PIB como por su contribución a las exportaciones que han encontrado y encuentran en ella su principal fuente.

A esta importancia en el conjunto de la economía corresponde un consumo energético cuya repercusión sobre los consumos nacionales totales está lejos de tener igual significación. En efecto, el sector ha requerido de 4 a 6 por ciento de la energía del país con ligeras variaciones a lo largo de los períodos en estudio, esta estabilidad relativa significó la quintuplicación de la energía que solicitara entre 1948 y 1977 (cuadro II.3.5).

El conjunto de la demanda contiene dos grupos: los combustibles vegetales y los derivados del petróleo, cuyas participaciones variaron radicalmente con el tiempo; si los combustibles vegetales representaron el 60 por ciento de la energía sectorial en 1948, en 1977 cubrieron sólo el 22 por ciento y la diferencia con el total se complementó con los derivados del petróleo. Es necesario separar ambas formas de energía puesto que no sólo evolucionaron de manera distinta, sino también porque sus probables campos de utilización no dejan entrever la posibilidad de un proceso sustitutivo a lo largo del tiempo.

En la evolución de los consumos de los combustibles vegetales se distinguen dos fases separadas por los años 1963 y 1964 (anexo 38). Durante la primera se constató una utilización creciente de los mismos con un máximo en los últimos años, por el contrario, en la segunda hubo una disminución y posterior estabilización del consumo.

Cuadro II.3.5. El consumo de energía en el sector agropecuario en relación al consumo total del país (en 10^3 TEP y en %)

	Derivados de petróleo		Combustibles vegetales		Total de Comb. vegetal.	
	10^3 tep	%	10^3 tep	%	10^3 tep	%
1939	144	3	-	-	n.d.	-
1948	206	3	320	13	526	6
1953	229	3	306	15	535	4
1963	519	3	450	19	969	5
1975	985	5	360	16	1 461	4
1977	1 316	6	370	17	1 686	4

FUENTE: Anexos 2 a 7 y 38.

NOTA: Los derivados del petróleo comprenden el fuel oil, el diesel oil, el gas oil y el agricol; los dos primeros participan sólo marginalmente en comparación con los otros dos. El agricol es un derivado semipesado destinado a los motores de las máquinas agrícolas.

Cuadro II.3.6. El parque de tractores en servicio y su potencia

	1939	1953	1963	1975	1977
Número de tractores miles de unidades	24.9	40.6	110.5	136.7	159.0
Potencia total miles de HP	922	1 839	5 086	8 065	10 054
Potencia media por tractor	97.0	45.0	46.4	59.0	63.5

FUENTE: Para 1939 y 1953, a partir de Censo Nacional Agropecuario 1939, en G. Flichman, *La renta del suelo y el desarrollo económico argentino*, México, 1977, J. M. Dagnino Pastore, *op. cit.*, y para 1960-78, Fundación Bariloche, Anexo Estadístico, 1978, *op. cit.*

Cuadro II.3.7. La potencia de tracción y el consumo de derivados del petróleo por hectárea cultivada (en HP/ha y KEP/ha)

	1939	1953	1960	1965	1969	1972	1975	1976
HP/ha Potencia por hectárea	0.04	0.07	0.17	0.23	0.21	0.26	0.36	0.37
Kep/ha Energía por hectárea	5	9	12	32	32	35	48	50

FUENTE: Anexos 38, 38.1 y 38.2.

Así, *grosso modo*, en los últimos veinte años la demanda de combustibles vegetales se ubicó dentro del margen de 350 a 450 mil TEP. La relativa estabilidad observada se deriva probablemente de un uso específico de estos energéticos, uso que no es precisado por la información disponible, pero que se supone puede estar ligado tanto a la transformación de algunos productos agrícolas como a distintos consumos domésticos.

Por otra parte, el consumo de derivados del petróleo en la producción agropecuaria también conoció períodos de desarrollo de distinta intensidad:

- 1939-60: en estos veintiún años su ritmo de crecimiento fue de 3.5 por ciento anual, progresión que se dio de manera continua y sin fluctuaciones importantes,
- 1960-66: durante esta etapa se produjo la aceleración de la demanda de derivados, con una tasa de 19.5 por ciento anual para los seis años, éste fue el período de mayor transformación en la composición de la demanda de energía del sector agropecuario,
- 1966-73: constituyó una fase intermedia de estancamiento que siguió a la expansión anterior (la tasa de crecimiento llegó sólo al 1.7 por ciento anual),
- 1973-77: años en que se relanzó el consumo, en particular a partir de 1975.

Al tratarse del sector agropecuario, los energéticos son utilizados, por un lado, en la producción agrícola: la preparación de la tierra, la siembra y la cosecha, y por otro, en la producción ganadera;[3] sin embargo, en este caso se destinan sobre todo al mismo tipo de labores que en la agricultura en la medida en que se trata de la producción de forrajeras para la alimentación del ganado. Es decir que ya sea para la agricultura o para la ganadería, los derivados del petróleo se utilizan básicamente para el cultivo de la tierra; por lo tanto las modificaciones técnicas introducidas en estas tareas deben haber dado lugar a cambios en el tipo y en el nivel de energía consumida.

Las necesidades de energéticos pueden aumentar con la extensión de la superficie cultivada. Ahora bien, en el caso argentino, durante el período 1939-1977, no hubo aumento de la superficie trabajada, en efecto, la superficie media anual cultivada ha sido de 25, 26 y 24 millones de hectáreas durante las décadas del cincuenta, sesenta y setenta respectivamente (anexo 38.1). Por lo tanto, la demanda creciente de derivados del petróleo en la agricultura se dio en el marco de no extensión de la frontera agrícola.

El fenómeno de difusión de los derivados se explica por la generalización del proceso de mecanización de la agricultura que comenzó a principios y se profundizó a fines de los cincuenta (cuadro II.3.6). Ya con anterioridad la tractorización de la agricultura había conocido momentos de expansión sobre la base de las importaciones (en los segundos quinquenios de los años veinte y treinta),[4] y que se reiteraron inmediatamente después de la Segunda Guerra

[3] Es de señalar que la electricidad se emplea en los equipos de ordeñe de vacas cuya difusión se produjo principalmente desde el decenio de los sesenta. En la mayoría de los casos se instalaron grupos electrógenos para su uso ante las reducidas posibilidades de conectarlos a una red de distribución eléctrica.

[4] *Cf.* Dagnino Pastore: *La industria del tractor en Argentina*, Volumen I, capítulos I y II, Instituto Torcuato di Tella, CIE, Buenos Aires, 1966.

Mundial. No obstante, el uso del tractor en las tareas agrícolas sólo se generalizó a partir del desarrollo de la producción local de tractores desde mediados de los cincuenta y de una política económica favorable al sector agropecuario, desde entonces la ampliación del uso del tractor conoció distintas fases:

- 1953-66: de progresión continua, más intensa hasta 1960 por el proceso de recomposición del parque que se encontraba en estado de obsolescencia marcada ante la falta de renovación de los años cuarenta,
- 1966-72: en que hubo un estancamiento e incluso disminución del número de unidades, pero un incremento en la potencia total utilizada,
- 1972-77: de retorno al movimiento inicial con una marcada incidencia de unidades de mayor potencia.

Estas fases de la tractorización de la agricultura se corresponden con tendencias similares a nivel de los consumos de derivados en el sector; de los combustibles consumidos, el agricol y el gas oil primero, y, solamente el gas oil después, constituyeron la parte fundamental.

El principal factor que impulsó al consumo de derivados en el sector agropecuario ha sido, pues, la mutación introducida en las condiciones técnicas de la producción agrícola a través de una transición casi completa de la tracción animal a la mecánica. El crecimiento de los consumos y la no ampliación de la superficie de producción, determinaron una intensidad energética por hectárea cultivada que creció en forma lenta hasta 1960 y más rápido después.[5] En efecto, correspondieron 5, 12 y 50 KEP/ha en 1939, 1960 y 1976 respectivamente (cuadro II.3.7 y gráfica II.3).

Si bien la mecanización fue esencialmente tractorización, existen otras maquinarias agrícolas, cosechadoras, sembradoras, etcétera, cuyos funcionamientos demandan también consumos energéticos y en particular derivados del petróleo. A pesar de la inexistencia de información al respecto, la participación de dichas maquinarias en los consumos de derivados puede evaluarse en cerca de 20 por ciento del total, proporción que se mantuvo relativamente estable en el tiempo.[6]

3. El sector terciario

Este sector, al igual que el agrícola, se caracteriza por una baja relación energía/valor agregado que lo aleja considerablemente de los contenidos ener-

[5] Este proceso presentó una discontinuidad difícil de explicar entre 1966-72, ella pudo originarse en el pasaje de la agricultura a la ganadería en una misma zona en correspondencia con las condiciones de los mercados respectivos, pasaje al que se asociaría un menor consumo por las diferencias existentes en los laboreos.

[6] La estimación se realizó sobre la base de las condiciones normales de operación del parque de tractores, que permitió determinar el monto de sus consumos apareciendo el correspondiente al resto de la maquinaria agrícola como diferencia con el total.

Gráfica II.3.1. El consumo de derivados del petróleo y la potencia de tracción en servicio por hectárea cultivada. 1939-1976 (en KEP/ha y HP/ha)

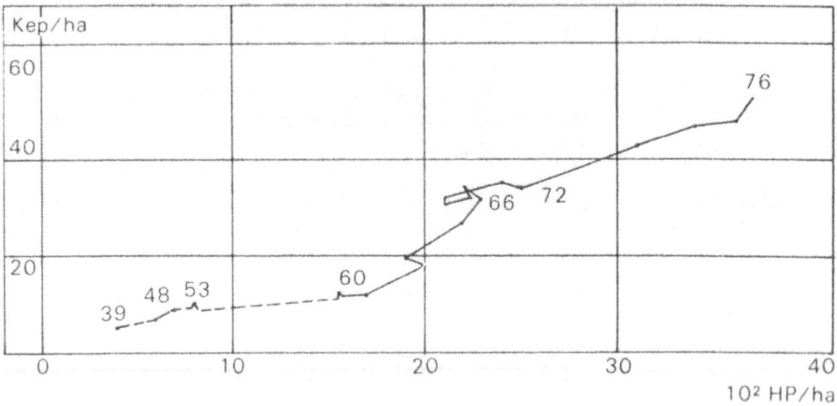

géticos de la industria o del transporte. En el terciario, ello se explica por su participación en el PIB, superior al 35 por ciento a lo largo de todo el período en análisis, y al mismo tiempo por su débil incidencia en los consumos totales de energía del país la que se mantuvo estable alrededor del 6 por ciento. Este rasgo del contenido energético concierne a un sector en el que se reagrupan componentes tan heterogéneos como lo son el comercio, los servicios y el gobierno, actividades cuyos consumos energéticos no aparecen desagregados en las estadísticas, lo que obliga a analizarlos considerando al sector como un todo.

A pesar de su reducido peso en el total de los consumos del país, los combustibles y la electricidad incidieron de manera desigual ya que si bien los primeros pasaron de 6 a 2 por ciento de su demanda total en el país entre 1939 y 1977, la electricidad representó en los mismos años 9 y 22 por ciento del consumo total de electricidad, llegando incluso al 27 por ciento entre 1963 y 1966 (cuadro II.3.8).

La evolución de los consumos de energía en el terciario se produjo a un ritmo lento (2.7 por ciento anual entre 1939 y 1977) y en ella es posible distinguir dos períodos:

- 1939-53: es el de la eliminación del carbón de los consumos sectoriales (30 por ciento en 1939) y de su sustitución por los derivados del petróleo, es también un período en el que la electricidad sólo alcanzó una ba-

Cuadro II.3.8. El consumo de energía en el sector terciario y su participación en los consumos totales del país

	1939	1948	1953	1963	1966	1975	1977
Participación en el consumo total (%)	8	5	6	7	6	6	6
Consumo del sector 10^3 Tep	611	589	700	1 258	1 384	1 951	2 188
Combustibles (%)	6	5	4	4	3	2	2
Electricidad (%)	9	5	9	27	27	23	22

FUENTE: Anexos 2 a 7 y 39.

ja participación en los requerimientos energéticos del terciario (5 por ciento en 1953) (cuadro II.3.9).

Cuadro II.3.9. La estructura del consumo del sector terciario (en %)

	Gas	Derivados de petróleo	Combust. vegetal.	Electricidad	TOTAL	Electricidad evaluada a la producción (%)
1939	-	70	28	2	100	10
1948	-	87	11	2	100	10
1953	-	95	-	5	100	21
1958	6	85	-	9	100	31
1963	14	63	-	23	100	55
1975	44	17	-	39	100	70
1977	41	21	-	38	100	69

FUENTE: Anexos 2 a 7 y 39.

– 1953-77: al igual que en el sector doméstico, en él se produjo la difusión del gas y de la electricidad. La amplitud del fenómeno se expresó en las tasas de crecimiento de 16.2 por ciento anual para el gas natural y 14.7 por ciento anual para la electricidad entre 1955 y 1971. Estas tendencias decrecieron con posterioridad, pero ello no invalida la caracterización de esta etapa. En ella hubo un desplazamiento de los derivados del petróleo de los cuales entre un 75 y 90 por ciento correspondió permanentemente al fuel oil; en ese sentido el gas pudo haberlo remplazado en los usos de calor, sobre todo en la calefacción, sin embargo, la limitación de la información en cuanto al destino de la energía no permite precisarlo.

Las transformaciones indicadas han sido posibles, en parte, debido a la modificación de las condiciones del abastecimiento; el gas natural fue impulsado por la evolución de su precio en relación al fuel oil, en especial después de 1960, además, por las ventajas que presenta un suministro que no requiere almacenamiento. A pesar de estos elementos es muy difícil encontrar factores explicativos de la evolución de los consumos de combustible partiendo de los subsectores que lo componen. En ese sentido el contenido energético no agrega más elementos para la interpretación de la demanda de energía en el sector terciario.

Capítulo III

LAS PERSPECTIVAS DE LOS CONSUMOS ENERGETICOS

1. Los ensayos previsionales en Argentina

Se consideran aquí los seis ensayos que han sido realizados en Argentina en períodos diferentes, de los cuales cuatro fueron elaborados por organismos públicos nacionales (A, B, C y E) y los dos restantes (D y F) por instituciones privadas. Ellos son cronológicamente:

A: "Plan Nacional de Desarrollo para el período 1964-1969". Consejo Nacional de Desarrollo (CONADE), Buenos Aires, 1965.

B: "Evolución del Sector Energético Nacional durante el período 1966-1980". CONADE, Buenos Aires, 1966.

C: "Plan Nacional de Desarrollo y Seguridad entre 1971-1975." CONADE y CONASE, Buenos Aires, 1971.

D: "Una política para el Aprovisionamiento Energético Argentino." V. Bravo y C. Suárez, Fundación Bariloche, Bariloche, 1972.

E: "Plan Trienal 1974-1977." Presidencia de la Nación, Secretaría de Energía. Buenos Aires, 1974.

F: "Análisis de la situación energética argentina y su perspectiva." Centro de Investigaciones Energéticas. Buenos Aires, 1974.

Al hacer referencia a estos estudios previsionales, se hablará de *ensayos* y no de *técnicas* o *métodos* distintos por cuanto todos ellos siguen un método común, el elaborado por V. Bravo y C. Suárez, que fuera explicitado en el caso D. Las diferencias entre estos ensayos se sitúan a dos niveles: por un lado, en lo relativo al grado de desagregación con que se lleva a cabo el estudio y, por otro, en cuanto a las hipótesis manejadas, sobre todo en relación a la oferta de energía.

El método general que subyace en los distintos trabajos puede clasificarse como de "escenarios de anticipación o exploratorios," en la medida en que se simula una sucesión de hechos que llevan a un sistema, a una situación futura, a la vez que se da una imagen de conjunto de ésta.[1] Las etapas que en él se siguen pueden resumirse brevemente en:

a. Fijación de las variables macroeconómicas y determinación del consumo global:

– Una vez establecidas las hipótesis de crecimiento del PIB, se proyectan los niveles de consumo total por medio del ajuste histórico:

$$E_t = E_0 \frac{PIB_t}{PIB_0} \cdot \alpha \cdot (1 + \beta)^t \qquad (I)$$

– Se fijan también los niveles sectoriales de crecimiento a partir del valor agregado de cada sector, donde interesa, en particular, el valor agregado industrial ya que a través de él se determina su consumo total.
– Se estima la tasa de crecimiento de la población para el período de la proyección.

b. Proposición de escenarios para el abastecimiento eléctrico, donde se tienen en cuenta tres posibilidades:

i) participación fuerte de la generación hidráulica frente a la producción térmica clásica,

ii) caso inverso al anterior, y

iii) fuerte participación de la producción hidro y nucleoeléctrica.

Proyectada la demanda eléctrica a partir de una relación como la (I), se programa el equipamiento de acuerdo con las hipótesis adoptadas y se obtienen así las cantidades de energía necesarias para la generación.

c. Determinación de la demanda por formas de energía:

En este punto se proyectan los niveles de consumo para los distintos energéticos: derivados del petróleo, gas natural, combustibles vegetales, carbón,

[1] Julien, Lamonde et Latouche. *"La méthode des scénarios"*, La Documentation Française, Travaux et Recherches de Prospective, No. 59, p. 20.

electricidad de origen hidráulico y nuclear. El grado de precisión del análisis es variable según la forma de energía y sus usos específicos; el camino seguido consiste en ubicar el o los usos principales de cada energía, asociarle una o más variables explicativas y realizar la proyección. En el mejor de los casos ésta se lleva a cabo con base en un estudio estadístico de regresión entre el consumo y una o más variables explicativas y fijándose las hipótesis de la evolución futura de éstas. Tal es el caso de la gasolina, o bien del gas oil para el cual se utiliza una expresión del tipo:

$$\frac{C_t}{C_{t-1}} = \alpha + \beta \frac{X_t}{X_{t-1}} + \gamma \frac{Y_t}{Y_{t-1}} + \varepsilon$$

donde: C: consumo
X: parque de vehículos a gas oil
Y: potencia de tractores en servicio
α, β, γ: parámetros

Un método análogo es utilizado para la proyección de la *demanda total* de la industria manufacturera a través de una relación similar a (I):

$$E_t = \left(\frac{VAIM_t}{VAIM_0}\right)^{\alpha} \cdot (1+\beta)^t$$

En ella, estimados los parámetros α y β según la evolución histórica, el nivel de consumo E_t se calcula según el valor agregado de la industria en el período t. Establecido el consumo total se juega con la posibilidad de sustitución entre los distintos energéticos; el remplazo del fuel oil por el gas natural ha sido la principal sustitución considerada en los ensayos. Finalmente la agregación de los consumos por formas debe conducir al consumo total, como se lo proyectó en el paso *a*.

Es necesario hacer algunas observaciones en relación a este tipo de método:

- Con respecto a los niveles de análisis, la determinación de la demanda global, que implica considerar a la energía como un bien homogéneo, establece a priori los límites de la agregación por formas, límites dentro de los cuales ha de variar el consumo sectorial, concepto que no está presente como nivel de análisis de un conjunto de energéticos.
- En cuanto a la naturaleza de los factores determinantes de la demanda, no existe un modelo explicativo de la evolución de las variables empleadas que permita su comprensión a partir de los condicionantes histórico-económicos que las determinan según los sectores donde tienen su origen.
- Existe una proyección de las relaciones verificadas en el pasado, tanto a

nivel global como de la industria o de algunos energéticos, a través de los coeficientes utilizados para la previsión. El análisis histórico se reduce en el mejor de los casos a un análisis de regresión.
- La falta de una perspectiva sectorial se traduce en la debilidad –si no ausencia– de consideraciones respecto de la interrelación que se establece entre las distintas esferas de la producción, entre éstas y las del consumo dentro del conjunto de la formación económico-social.

Las objeciones señaladas conciernen el aspecto metodológico de los ensayos, su mejor apreciación requiere la comparación de las previsiones formuladas en cada uno de ellos con los consumos verificados en la realidad.

2. La confrontación previsión-realidad

El cotejar las previsiones entre distintos métodos permite poner de manifiesto las ventajas y desventajas de unos y otros, en nuestro caso este tipo de análisis carece de sentido ya que todos los ensayos tienen una plataforma común, siguen un mismo camino. Pero sí resulta interesante confrontar las previsiones con los valores reales verificados de manera de evaluar las diferencias previsión/realidad. Estas diferencias suelen tener su origen –más allá del método en sí– en las hipótesis del ensayo, en el restringido carácter explicativo de la o las variables consideradas como determinantes de la demanda, en ambos aspectos a la vez. En algunos casos es difícil indagar el origen de las divergencias debido a la imprecisa información brindada por los ensayos, sin embargo es posible hacer algunas observaciones al respecto, reagrupando los estudios como sigue:

i) *A y B:* Estos dos ensayos son los que mejor se han correspondido con la evolución de los consumos reales. El primero formó parte del proyecto de planeación económica del gobierno radical, proyecto que aparece como uno de los intentos más completos en cuanto al establecimiento de relaciones intersectoriales con el fin de alcanzar los objetivos que se fijan. Para el consumo total de energía, las diferencias por exceso variaron entre 4% y 10.5% respectivamente, después de cinco años y para las dos hipótesis de crecimiento adoptadas. El segundo es más sorprendente aún por sus logros, ya que la previsión global difirió sólo 7% y 17% –para las hipótesis de menor y mayor crecimiento– al cabo de diez años, diferencias que se acrecentaron a partir de 1975.

Ahora bien, ambos ensayos corresponden a períodos durante los cuales existió, independientemente de las fluctuaciones coyunturales, una continuidad en el crecimiento económico, y, además, una modificación profunda en el sistema de abastecimiento energético que garantizó el desarrollo de determinadas formas de energía.

ii) *C:* En este estudio a la falta de desagregación del análisis se aúna la fijación de objetivos económicos y energéticos poco compatibles con la realidad, tal es el caso del desarrollo de la hidroelectricidad en el cortísimo plazo o el de la generación nuclear a partir de una tecnología local. Las diferencias entre tasas proyectadas y reales en el período de cuatro años considerado fueron muy marcadas, así lo testimonia el crecimiento de 12% anual previsto para la demanda de derivados y el 6% verificado en los hechos. En este ensayo se combinaron todas las fuentes de error antes señaladas.

iii) *D, E y F:* En los tres, independientemente del método, la divergencia principal surge de la formulación tanto a nivel macroeconómico como por formas de energía de hipótesis demasiado fuertes comparadas con la realidad. En el D, por ejemplo, la tasa prevista para el consumo global de energía entre 1972-75 fue de 7.1% y la real 3.8%, ello llevó a una diferencia de 14% en tres años entre los niveles reales y previstos de dicha demanda. En el caso de los otros dos ensayos sucedió de manera similar, con diferencias crecientes desde 1975 (un año para el F, dos para el E) y que superaron en 14% el consumo total de ese año; las divergencias se acentúan cuando el análisis se extiende a los distintos energéticos, principalmente en lo que respecta al carbón y a los derivados del petróleo. Es necesario tener en cuenta que el ensayo E se inscribió dentro del programa global de desarrollo propuesto por el gobierno en la apertura democrática del año 1973, pretendió tener un carácter decisional y las hipótesis manejadas en él fueron de un excesivo optimismo económico y político. Por su parte el F, que apareció como respuesta al anterior,[2] no aportó mejores consideraciones respecto de las hipótesis.

Un elemento parece primordial en estos tres ensayos y es que fueron formulados poco tiempo antes de la crisis global en que entró la sociedad argentina desde mediados de 1975 y que interrumpió abruptamente la continuidad relativa del crecimiento económico iniciado en la década del sesenta. La proyección acentuada de las tendencias pasadas no podía dar cuenta ni de la crisis por venir ni de su impacto sobre el sistema energético.

En el análisis de los diferentes casos se comprueba que al no existir alteraciones profundas en la estructura productiva, los modelos globales fueron capaces de proporcionar resultados que se aproximaron a la realidad de manera satisfactoria. Pero, por otro lado, toda vez que se produjeron "rupturas" en la continuidad ya sea de la economía en su conjunto, ya sea del sistema energético, salieron a luz las limitaciones de este tipo de método. Son precisamente estas restricciones las que sugieren la conveniencia de formular, para el caso argentino, un método previsional de largo plazo con base en un análisis sectorial.

[2] Sólo se lo puede juzgar por los resultados, ya que en él no se hace referencia a las variables explicativas ni a sus evoluciones futuras.

3. *El análisis sectorial como base para la prospección*

La necesidad de encontrar herramientas diferentes a las ya utilizadas para el estudio de los consumos en el largo plazo, llevó a formular una metodología que puede considerarse como la de *"los escenarios sectoriales exploratorios"*. Con ello se propone adoptar un método sintético que simule, a partir de una situación presente y de las tendencias que en ella prevalecen, una sucesión de hechos que conduzcan de una manera lógica a un futuro posible. Para ello se aborda la estimación de los requerimientos energéticos futuros teniendo como plataforma para la prospección la dinámica propia de cada sector, dicho de otro modo, no se toma como punto de partida la demanda global como tampoco las diversas formas de energía consumidas, según la práctica de uso más frecuente en Argentina. El tomar como base la dinámica de cada sector no significa dejar de lado las relaciones que los vinculan y condicionan, por el contrario, el propósito es integrarlos de la manera más coherente posible en la evolución del conjunto.

La determinación de los consumos totales y por formas en cada sector, permite llegar a los consumos globales del país por agregaciones sucesivas, por lo tanto éste no queda fijado de antemano sino que aparece como resultante de las demandas de la distintas áreas.

En los puntos presentados a continuación aparecen los elementos principales del camino seguido para el estudio de cada sector, cuyo basamento es necesariamente empírico en este caso; sólo se exponen a título ejemplificativo las hipótesis adoptadas en el sector doméstico para dos escenarios diferentes que corresponden a un intento prospectivo cuyo horizonte temporal es el año 2000.[3]

3.1 *El sector doméstico*

3.1.1 *El método seguido*

El estudio sectorial de los consumos domésticos realizado con anterioridad (Capítulo II) se situó en un plano elevado de agregación. En efecto, en él no se tuvieron en cuenta en forma exhaustiva ni la distribución regional de la población, ni la división de la población en urbana y rural, y su relación con los consumos de energía, no obstante se introdujeron estos aspectos de manera más precisa en el estudio prospectivo.[4] Para ello se distinguen en el país

[3] Se da cuenta de las principales hipótesis y resultados para este sector, en la última parte del trabajo. Para un análisis más detallado de los diversos sectores ver H. Altomonte y O. Guzmán, *Perspectives Energetiques..., op. cit.*, Parte III.

[4] Este análisis fue posible a partir del trabajo de Fundación Bariloche: *"Estudios sobre requerimientos futuros de fuentes no convencionales de energía en América Latina"*, 7 Tomos, Bariloche, Argentina. Esta obra no se refiere específicamente al caso argentino, sino que la regionalización desarrollada excede las fronteras de los distintos países.

tres zonas según las características socioeconómicas, de clima y de distribución de la población, esas zonas comprenden las siguientes provincias:

Za: Corrientes, Chaco, Formosa, Misiones, Santiago del Estero, Tucumán.
Zb: Buenos Aires, Córdoba, Entre Ríos, La Pampa, Santa Fe, Catamarca, Jujuy, La Rioja, Salta, San Juan, San Luis.
Zc: Mendoza, Chubut, Neuquén, Río Negro, Santa Cruz, Tierra del Fuego.

En cada una de las zonas se determinó:

- la población total, urbana y rural;
- el consumo total de combustibles, de electricidad y el total general, urbano y rural;
- el consumo por habitante.

Establecida esta base, el camino prospectivo es el siguiente:

a) Proyección de:

1. la población por zonas, urbana y rural;
2. el consumo total por habitante para todo el país;
3. el consumo de electricidad.

b) El consumo total de combustibles del país por zonas surge como diferencia entre el consumo total y el de electricidad.

c) Determinación de los consumos rurales:

c.1 para la electricidad según la participación de 86% de la población urbana y 14% de la rural, proporción que se conserva a lo largo del estudio.

c.2 para los combustibles se toman como base los consumos por habitante y por zona según las evaluaciones de F. Bariloche.[5]

c.3 el consumo total rural se deduce de c.2 y c.1.

d) Determinación de los consumos urbanos:

[5] F. Bariloche, *Estudio sobre requerimientos . . .*, *op. cit.*, Cuadro V. 13. Tomo VI.

d.1 la electricidad se obtiene de a.2 y c.1

d.2 los combustibles aparecen como diferencia entre b y c.2

3.1.2 Las hipótesis adoptadas

a) Para la población se mantiene la tendencia histórica de redistribución espacial y concentración urbana.

a.1 la distribución por zonas:

- invariable en el escenario I (EI)
- para el escenario II (E-II) se supone la siguiente distribución en el año 2000:

Za	Zb	Zc	Total
10%	82%	8%	100%

Ello implica una concentración creciente en las zonas b y c, en particular en la primera.

a.2 la distribución urbano-rural:

- invariable en el EI
- para el E-II se supone la siguiente estructura en el año horizonte:

	Urbana	Rural	Total
Za	60	40	100
Zb	85	15	100
Zc	75	25	100

O sea que hay un refuerzo de la urbanización, sobre todo en las zonas c y a.

b) Para el consumo total del país por habitante (KEP/hab) se fijan las tasas de crecimiento anual:

	1980-85		1985-95		1995-2000	
% anual	EI	EII	EI	EII	EI	EII
Total del país	2.0	3.0	2.5	3.5	2.8	3.5

c) Para la electricidad total se adoptan las tasas indicadas de acuerdo con las posibilidades de evolución de la oferta:

% anual	*EI*	*EII*
1980-1985	5	7
1985-1995	7	9
1995-2000	5	7

d) Para el consumo rural de combustibles (KEP/hab) se toman las siguientes progresiones por zona:

% anual	*1980-85*	*1985-2000*
Za	1	2
Zb	2	3
Zc	3	4

e) En relación a la evolución de los consumos por forma se considera:

e.1 nivel constante de los consumos de combustibles vegetales en el sector rural;

e.2 para el kerosén: EI, permanece en los 800 mil tep de acuerdo a la evolución de los últimos años. EII, decrece a razón de –1.5% anual, dejando en su lugar al gas;

e.3 en EII la introducción de las fuentes no convencionales de energía cuya participación en el total de la energía consumida en el sector se estima en:

%	*1985*	*1995*	*2000*
Urbana	1.0	3.5	5.0
Rural	2.0	8.0	10.0

En las fuentes no convencionales están comprendidos:

- en el ámbito urbano: la energía solar
- en el ámbito rural: la solar, la eólica, el biogas, el alcohol, la geotermia, las briquetas de carbón.

e.4 con la finalidad de distribuir el gas entre los consumos urbanos y rurales:

– el gas natural corresponde por completo a los consumos urbanos.
– el gas licuado se distribuye en 80% urbano y 20% rural.

3.2 El sector de la industria manufacturera

En su aspecto central, el estudio de la evolución de la demanda energética futura en un sector como el de la industria, no es posible, sino a partir de las variables utilizadas para interpretar la progresión histórica de los consumos en relación al contenido energético. Ello se debe a las insuficiencias del sistema estadístico que no permite introducir en el análisis una perspectiva diferente, apoyada en los consumos específicos de los distintos procesos de producción de las diversas ramas de la industria. Ante esta circunstancia, se debe recurrir a un sistema como el siguiente para la evaluación de los consumos:

Esquema para la industria manufacturera

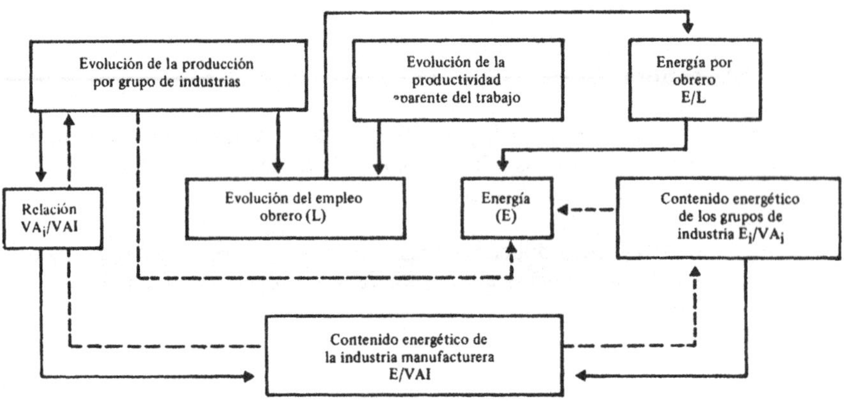

Se ha considerado por consiguiente:

1. La evolución de la producción (VA) de las diferentes industrias, ella constituye el punto de partida de todo el análisis y permite –a nivel desagregado– privilegiar el crecimiento de determinadas ramas en relación a otras.

2. La productividad del trabajo y el trabajo: la evolución de la producción junto con la de la productividad aparente son los dos elementos que permiten definir los niveles de empleo obrero en las distintas industrias. Determinados esos niveles se los confronta, como medio de control, con los alcanzados teniendo en cuenta la progresión histórica.

3. La relación energía por obrero (E/L), se la considera teniendo como base 1 y 2 y la posibilidad de un recurso de mayor o menor intensidad al uso de la energía, lo que implica tener en cuenta la mecanización y la transformación tecnológica.

4. El consumo total de energía se deduce de la combinación de las variables anteriores.

5. El contenido energético queda así definido por las componentes de cada grupo de industrias a partir de sus variables (estructural y tecnológica), lo que permite reconstruir el contenido energético de los grupos A y B. Al mismo tiempo, la fijación a priori del contenido energético permite llegar, por un camino inverso, a la evaluación de la energía total requerida a nivel global y por grandes grupos, camino que se utiliza como medio de control.

A la estimación de la energía total se llega por lo tanto por aproximaciones sucesivas en cada una de las fases definidas. Por otro lado el punto de partida lo constituyen cada uno de los grupos industriales en el interior de los agregados mayores A y B, llegándose a éstos y al total por adiciones sucesivas.

Una vez determinado el consumo global, se lo ventila entre las diversas formas de energía, pero permaneciendo a nivel del conjunto de la industria manufacturera. La primera separación: entre combustibles y electricidad, se realiza partiendo de la electricidad total consumida (servicio público y autoproducción reunidas) según las perspectivas de desarrollo de la oferta del S.P. y de acuerdo con las metas fijadas para la participación de la generación propia. Por último, en lo tocante a la composición de la estructura del consumo de combustibles se fijan objetivos de sustitución para el conjunto, pero se tienen en cuenta las especificidades de algunas industrias como por ejemplo alimentos, bebida y tabaco, en relación a los combustibles vegetales, y la siderurgia con respecto a éstos y al carbón.

3.3 El sector transporte

Con la finalidad de abordar el estudio prospectivo de los consumos de este sector, se estima conveniente distinguir:

1. El transporte de personas.

   1.1 El transporte individual.

   1.2 El transporte colectivo.

2. El transporte de cargas.

   2.1 El ferrocarril.

   2.2 El transporte carretero.

3. Los transportes aéreo, marítimo y fluvial de personas y de carga. Son los dos primeros los que ocuparán principalmente la atención de los puntos siguientes.

3.3.1 El trasporte de personas

3.3.1.1 El transporte individual

Se trata de tener en cuenta aquí los desplazamientos de las personas por medio del automóvil. Los consumos asociados a éste están en relación con la estructura del parque existente el que da lugar al uso de gasolinas y de gasoil; para su evaluación se adopta el esquema siguiente:

Esquema para el transporte individual

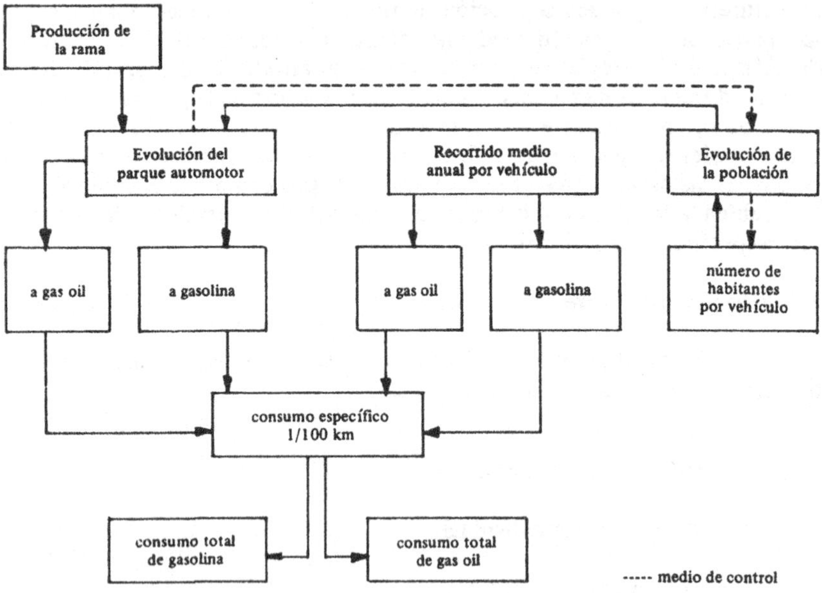

En la evolución futura del parque no sólo se debe tener en cuenta la producción de la industria, sino también la competencia que se establece entre el transporte individual y el colectivo, y la posibilidad de extensión del uso del automóvil en relación a la evolución de los ingresos de los distintos sectores de la población. Evidentemente la naturaleza del parque y su modificación no son los únicos factores determinantes de los consumos, es necesario considerar también las características de su utilización; en este caso no se puede ir más allá de analizar al recorrido medio estimado que, combinado con los consumos específicos, permite una estimación de las distintas demandas. En consecuencia, las variables escogidas son:

- el número de habitantes por vehículo,
- la evolución del parque automotor, vinculando éste a la situación de la rama automotriz,
- el recorrido medio anual,
- el consumo específico de gasolina y de gas oil.

Sobre estas variables juegan las hipótesis de los escenarios definidos.

3.3.1.2 El transporte colectivo de personas

En su mayoría los principales estudios relativos al transporte colectivo de pasajeros[6] están abocados a la Región Metropolitana –Capital Federal y Gran Buenos Aires– en detrimento del resto del país. Es por ello que se compuso la información según aparece en el diagrama correspondiente, en el cual se hace la diferencia entre:

- transporte urbano y suburbano en la Región Metropolitana y resto del país, por un lado,
- transporte interurbano para el conjunto del país, por otro.

En la medida en que corresponda, se establece también la diferencia entre el ferrocarril y el transporte carretero.

Dadas las características de la información disponible deben hacerse las siguientes observaciones:

Región metropolitana:

i) autobús: la información concierne el llamado transporte "nacional" y

[6] Ministerio de Economía, Secretaría de Estado de Transporte y Obras Públicas: -*Estudio Preliminar del Transporte de la Región Metropolitana,* (E.P.T.R.M.), Buenos Aires, 1973. -*Política Ferroviaria 1979-1981,* Buenos Aires, 1978. -*Plan de Corto Plazo,* Buenos Aires, 1978.

Diagrama: El transporte colectivo de pasajeros

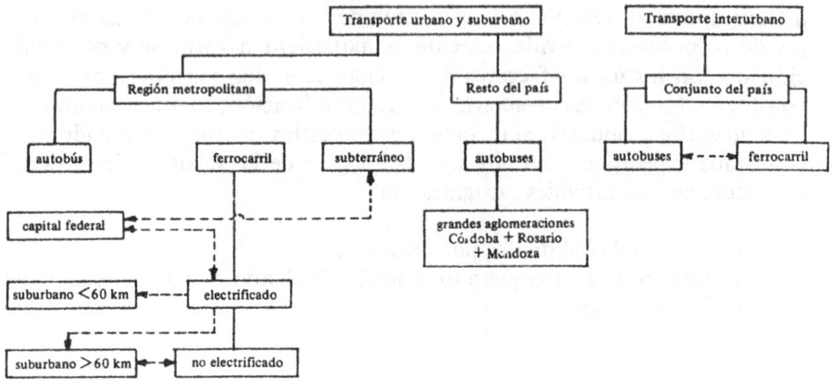

deja parcialmente de lado el transporte "provincial y comunal", cuyas variables se estiman por vía indirecta.[7]

ii) ferrocarril: se determina el número de pasajeros-kilómetro (p. km) transportados por vías electrificadas y sin electrificar, a partir de los recorridos electrificados y no, y de los respectivos movimientos de pasajeros.[8]

iii) subterráneo: se toman las mismas variables que para el ferrocarril: p.km y consumo de electricidad/100 p.km.

Resto del país:

El volumen de los p.km se estima sobre la base de tres grandes aglomeraciones urbanas (Gran Rosario, Gran Córdoba y Gran Mendoza) que junto con la Región Metropolitana representan el 75% de los viajes urbanos generados en el país.[9] Con respecto a las demás áreas urbanas su consumo se evalúa en un 10% de las tres mencionadas.[10]

[7] E.P.T.R.M., *op. cit.*, Tomo 1, pp. 184 a 187.
[8] *Ibidem.*, Tomo 1, pp. 78 a 93.
[9] Plan de Corto Plazo, *op. cit.*, Tomo 1, pp. 191 y 172.
[10] *Ibidem.*

Autobús interurbano:

La información corresponde al transporte "nacional", por lo que los consumos del sector "provincial" se estiman sobre la base de los parques provinciales de transporte y los respectivos recorridos medios.[11]

Este camino lleva a retener las siguientes variables:
- el número de pasajeros-km. transportados,
- el consumo específico por pasajero-km transportado: 1/100 p.km, o bien KWh/100 p.km (este último referido también al subterráneo).

Las hipótesis para los escenarios deben contemplar, además de la evolución del consumo específico y el número p.km, la posible competencia entre los diversos medios de transporte tal como aparece en el diagrama correspondiente.[12]

3.3.2 El transporte de cargas

En este campo la participación del ferrocarril y del transporte por carretera están determinados desde tiempo atrás y caracterizados por una marcada preponderancia del segundo; así, en 1976, el 83% de las tn-km desplazadas lo fueron por carretera.

El movimiento de cargas depende en gran parte del funcionamiento de la economía en general y de la actividad industrial en particular, por lo que se intenta dar cuenta de esta relación al considerar el índice de la producción industrial como orientador de los desplazamientos de carga medidos en unidades físicas:

Las variables consideradas son:

- Indice de las Tn-km totales transportadas.
  . Tn-km correspondientes al ferrocarril.
  . Tn-km correspondientes a los camiones de carga.

- Consumo específico en:
  . ferrocarril
  . camiones de carga.

y a ellas se refieren las hipótesis de los escenarios.

[11] *Ibidem.*, Tomo 1, pp. 178-179.

[12] Ello lleva a tener en cuenta los planes en ejecución y las perspectivas presentadas en los estudios mencionados.

Esquema para el transporte de cargas

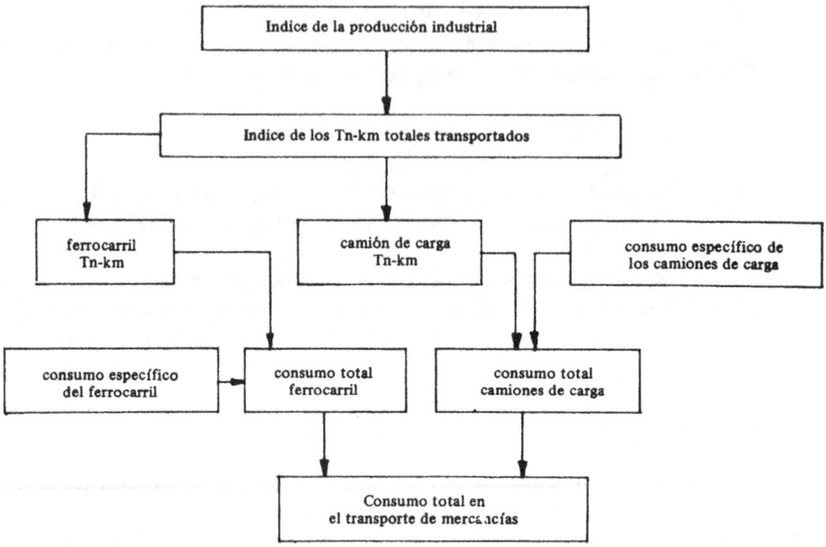

3.3.3 El transporte aéreo, marítimo y fluvial

La información disponible no precisa si los consumos tienen origen en los movimientos de pasajeros o de cargas, en recorridos internos o internacionales. Ello impide llevar a cabo un análisis similar al de los otros medios de transporte, por lo cual no queda más alternativa que tomar en cuenta la tendencia histórica de los consumos y la participación de éstos en el consumo total del sector con el fin de evaluar las posibles demandas futuras.

3.4 El sector terciario

La heterogeneidad de este sector constituye un serio inconveniente en la explicitación de las variables que determinan la evolución del consumo total. En procura de no reducir la evaluación de los consumos futuros a una simple proyección de la tendencia histórica, se intenta desarrollarla a partir del esquema siguiente.

En dicho esquema las variables son:

- el número de empleados,
- el consumo total por empleado,
- la electricidad consumida por empleado.

Esquema para el sector terciario

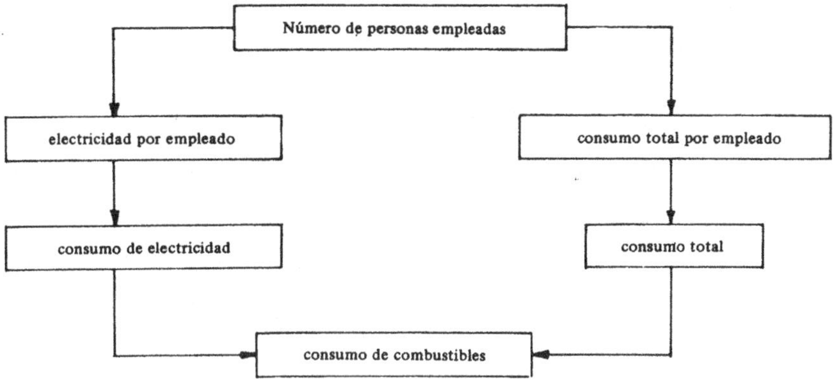

Es decir que se incorpora como variable orientadora de los consumos el número de personas empleadas, número al que se asocian los usos de combustible y electricidad. Evidentemente esto no quiere decir analizar las "necesidades reales" del terciario; sin embargo, su consideración aporta una referencia más precisa al estudio en la medida en que, en gran parte, la energía debe ser utilizada para la calefacción de locales, la climatización y la iluminación.

3.5 El sector agropecuario

Los combustibles vegetales y los derivados del petróleo son los dos grupos básicos de energéticos diferenciados por la contabilidad. Dadas las imprecisiones en relación al uso de los primeros, el camino seguido hace referencia únicamente a los derivados. En el caso de los combustibles vegetales se mantiene su participación según los niveles observados en su evolución histórica.

Para los derivados del petróleo, requeridos en el uso de tractores y otras máquinas agrícolas, se considera el siguiente esquema explicativo:

En este esquema quedan como variables sobre las que se establecen las hipótesis:

- la superficie cultivada,
- la potencia por tractor y por hectárea cultivada,
- en lo que respecta al uso del parque de tractores:
  i) el consumo específico (gep/HP x hora),
  ii) el número de horas de utilización,
- el consumo global por hectárea cultivada.

Esquema del sector agropecuario

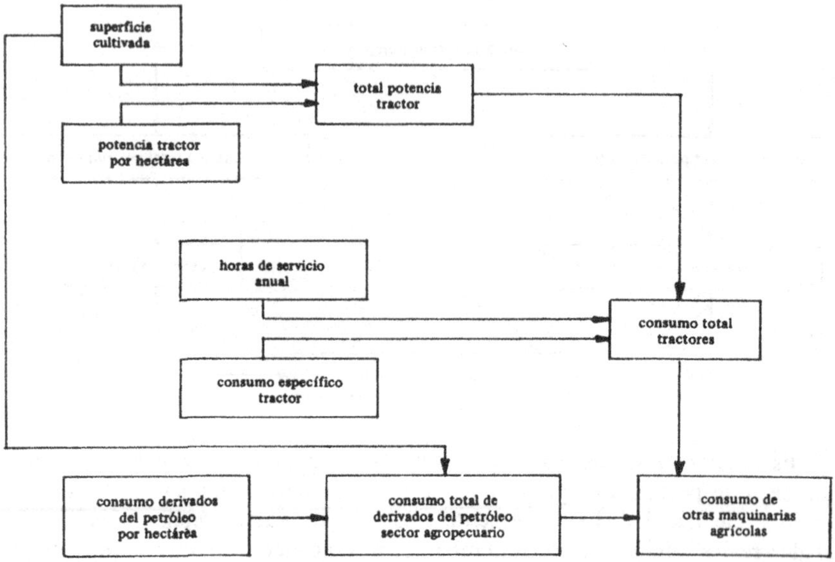

3.6 La producción de energía

Ella encierra, por un lado, la producción de electricidad y, por otro, la producción y transformación de hidrocarburos, esta última es en parte dependiente de la demanda de la primera.

3.6.1 La producción de electricidad

Los niveles de consumo determinados para cada uno de los sectores considerados anteriormente, permiten evaluar la producción de electricidad necesaria para cubrirlos. Para ello se sigue el esquema presentado a continuación:

Es decir que en este caso las necesidades de combustibles fósiles y de uranio dependen en última instancia de los consumos de electricidad del conjunto de los demás sectores. Por lo tanto, las hipótesis se refieren a la forma en que será cubierta la demanda según los diversos tipos de generación, evolución ésta que implica jugar con las posibilidades de desarrollo de los sistemas térmico, hidráulico y nuclear en función de los proyectos realizados como de los planes elaborados para el sector.

Esquema para la producción de electricidad

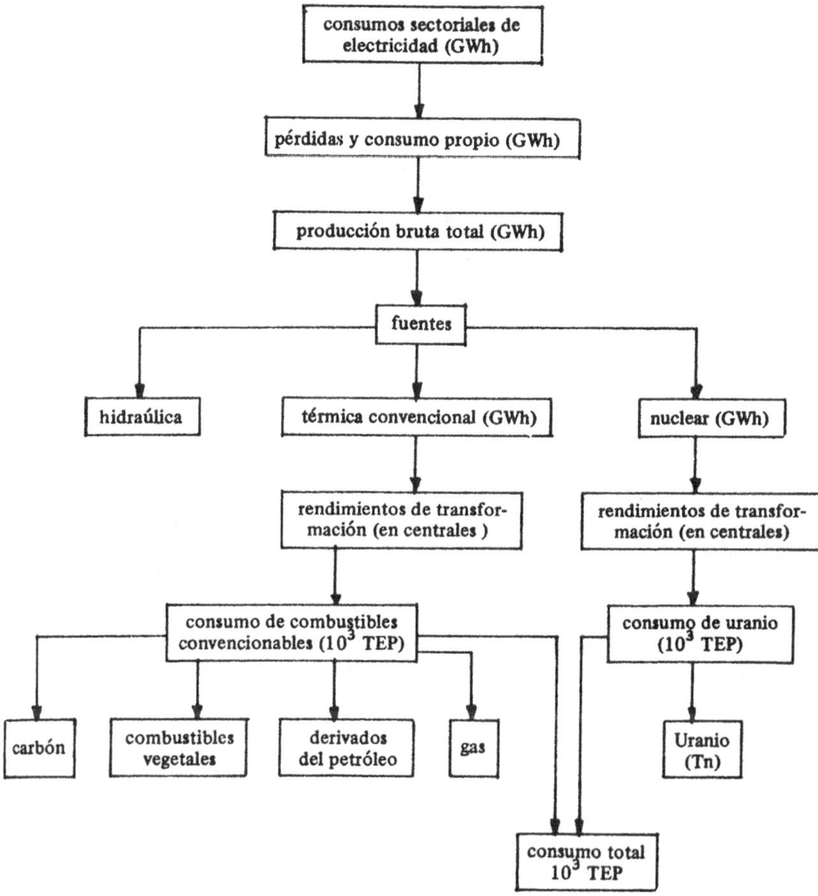

3.6.2 La producción y transformación de hidrocarburos

En la estimación de los consumos futuros, no se desagregan los derivados del petróleo en sus diversas formas, sino que se les considera como un todo. Esto limita en parte el análisis de los consumos energéticos para la transformación de hidrocarburos en la medida en que hay un equipamiento asociado a la estructrura de la demanda que determina sus propias necesidades en energía. Dado que no se sigue un esquema del tipo:

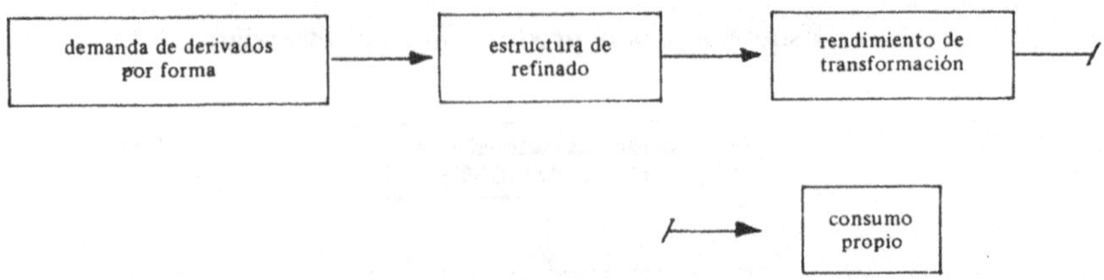

se los estima según su participación anterior y su evolución histórica, con la finalidad de evaluar la demanda total del conjunto de los sectores.

4. *Bases y resultados de un intento prospectivo al año 2000*

Este estudio se lleva a cabo a partir de dos escenarios cuyos cuadros globales de crecimiento económico contrastan considerablemente. La diferencia entre ambos radica no sólo en un crecimiento más o menos rápido sino también en las características de la evolución de los diversos sectores. Debe señalarse, en primer lugar, que todo análisis sobre las perspectivas futuras de la evolución de la formación económico-social argentina, debería apoyarse en un estudio pormenorizado de su inserción en el sistema económico internacional de manera de poder precisar sobre cuál o cuáles sectores productivos se asentaría la evolución futura de la producción. El saber si sus principales bases serán el sector agropecuario y/o el industrial, algunas ramas del grupo A y/o algunas del grupo B, contribuye a una mejor comprensión de cuáles serán los centros en torno de los cuales se orientarán los consumos de energía en los períodos que transcurran hasta alcanzar el horizonte temporal fijado. La proposición de ubicar la problemática en el contexto internacional no significa subestimar la dinámica que surge de las características propias del país, sino tener en cuenta un elemento cuya importancia en la evolución interna se ha manifestado a lo largo de la historia; éste es, a pesar de la intención, un aspecto presente tan sólo de manera parcial en los dos escenarios definidos.

Para ambos existen rasgos comunes (cuadro III.1):

- la población crece a igual ritmo en los dos escenarios.
- se consideran tres períodos diferentes: 1980-85, 1985-95 y 1995-2000, siendo el intermedio el de mayor crecimiento. La primera fase pretende tener en cuenta la actual crisis y las perspectivas para los años próximos, y la última supone una disminución en el crecimiento como consecuencia de su bloqueo por causas internas o externas.
- entre 1978-80 no se introducen diferencias entre escenarios.

Sin embargo, cada uno de ellos presenta elementos distintivos:

i) *Escenario I*

Por sus características, este es *"el escenario de crecimiento lento"*; en efecto el PIB progresa a razón de 2.5% anual entre 1980-2000. El sector de la producción privilegiado es el agropecuario, en especial la agricultura, lo que lleva a una mayor incidencia del mismo en la formación del producto. Ello permite concebir este escenario como el de la inserción del país en la división internacional del trabajo, en tanto productor-exportador agrícola.

Al mismo tiempo la industria crece lentamente con base en las ramas del grupo A y de manera particular las alimenticias. Como consecuencia de ello, tiene lugar una mayor participación de este grupo en el VAIM, pasando de 37% a 43% entre los años 1980 y 2000. Los crecimientos diferenciados según grupos de industrias, dentro de A y B, no introducen modificaciones significativas en sus respectivas estructuras.

De acuerdo con el crecimiento económico global y la importancia de la industria en el desplazamiento de mercancías, el transporte de carga crece a un ritmo lento. Al mismo tiempo el ferrocarril es remplazado por el transporte carretero y el automóvil conserva un lugar importante en el transporte de personas frente a los otros medios.

Se supone la continuación del proceso de electrificación en las distintas áreas, pero se considera un estancamiento de la generación hidráulica y nuclear en el abastecimiento de energía, por consiguiente la extensión del uso de la electricidad se hace con base en la producción térmica convencional, opción que implica un consumo creciente de hidrocarburos.

ii) *Escenario II*

En relación al anterior, éste se presenta como un "*escenario de crecimiento rápido*", con progresiones del PIB que determinan una tasa de 5% anual entre 1980-2000. Al igual que en el escenario I, se conserva la idea de una actividad sostenida en el sector agropecuario, pero por el contrario se considera un crecimiento aún más rápido de la industria. Este fenómeno no es necesariamente contradictorio con una inserción del país en la división internacional del trabajo como agroexportador, en este caso se piensa en la posibilidad de nuevas e importantes inversiones industriales de origen externo o local. Ahora bien, dentro de la industria se hace prevalecer al grupo B sin que ello implique una disminución de la producción del otro; sin embargo, en el año 2000 la participación de A en el VAIM llegaría a 27% (43% en EI). Estas distintas incidencias resultan de los diferentes ritmos de crecimiento en EII: 4.2% para el A, 6.5% para el B entre 1980-2000.

Contrariamente a lo supuesto en EI, se ha querido prioritar el uso del ferrocarril como medio de transporte, teniendo en cuenta su situación presente y las posibilidades de su desarrollo según los planes ferroviarios actuales, a pesar de ello no se vislumbra una modificación sustancial en la estructura del transporte. A esa permanencia ha de contribuir el acrecentamiento de la producción automotriz y una mejora en los ingresos, elementos ambos que tenderían a afirmar el uso del vehículo individual en este escenario.

Por último se modifica la estructura del abastecimiento eléctrico en el marco de una demanda considerablemente incrementada en relación con el EI. La ampliación de la generación se apoya en los recursos hídricos más que en la energía nuclear o la producción térmica convencional; se supone entonces, la entrada en servicio de una gran parte de las centrales hidráulicas cuya realización ha sido ya prevista en los últimos años.

Los dos escenarios y las hipótesis correspondientes a cada uno de los sectores han permitido llevar a cabo un intento prospectivo sobre los consumos energéticos al año 2000.

Cuadro III.1. Las variables globales de los escenarios

	ESCENARIO I		ESCENARIO II	
Tasa de crecimiento del P.IB. (% a.)	1978-1980	= 3.0	1978-1980	= 3.0
	1980-1985	= 2.2	1980-1985	= 4.0
	1985-1995	= 3.0	1985-1995	= 6.0
	1995-2000	= 2.2	1995-2000	= 4.0
	1980-2000	= 2.5	1980-2000	= 6.0

Tasa de crecimiento sectorial (% a.)		Industria	Agricultura	Transporte		Industria	Agricultura	Transporte
	1978-80	2.9	3.0	2.8	1978-80	3.0	3.0	3.0
	1980-85	2.7	3.1	4.4	1980-85	5.0	4.3	4.0
	1985-95	3.0	4.4	3.2	1985-95	7.0	4.0	6.4
	1995-2000	2.2	2.2	2.2	1995-2000	4.0	4.0	4.0
	1980-2000	2.7	3.5	2.8	1980-2000	5.7	4.0	5.2

Estructura del P.I.B. (%)		Ind	Agri	Trp	Terc	TOTAL		Ind	Agri	Trp	Terc	TOTAL
	1978	44.0	13.4	7.2	35.4	100	1978	44.0	13.4	7.2	35.4	100
	1980	44.0	13.4	7.2	35.4	100	1980	44.0	13.4	7.2	35.4	100
	1985	45.0	14.0	7.3	33.7	100	1985	46.0	13.6	7.2	33.2	100
	1995	45.0	16.0	7.5	31.5	100	1995	51.0	11.0	7.5	30.5	100
	2000	45.0	16.0	7.5	31.5	100	2000	51.0	11.0	7.5	30.5	100

Tasa de crecimiento de la población EI=EII (% a.a.)		Población EI=EII (10^3 habitantes)	
1975-80	= 1.43	1980	= 27 147
1980-85	= 1.50	1985	= 29 245
1985-95	= 1.60	1995	= 34 276
1995-2000	= 1.50	2000	= 36 925

Los resultados obtenidos

Una vez estimados los consumos sectoriales, por adiciones sucesivas se llega a la determinación de los consumos totales y por forma para el horizonte temporal fijado (cuadro III.2 y III.3).

Si se analizan los consumos por formas de energía, se observan las siguientes modificaciones de la estructura global del consumo en relación a 1980.

	%	Derivados del petróleo	Gas	Carbón	Combustibles vegetales	Uranio	Total combustibles
1980		64.5	25.0	3.0	5.4	2.1	100
2000	I	60.5	27.8	2.4	4.0	5.3	100
	II	58.0	28.0	3.5	3.5	7.0	100

– los derivados del petróleo experimentan una regresión en los dos escenarios, en particular en el segundo.
– el gas se aproxima a la tercera parte de los consumos totales en los dos casos.
– el uranio (a través de la generación nuclear de electricidad) aumenta sensiblemente su participación en ambos escenarios pero más en el segundo.

La comparación de la evolución de los consumos pone de relieve el contraste que existe entre ellas a partir de las hipótesis en las que se basan, contraste más o menos marcado según los sectores. En efecto se verifica que:

– en primer lugar, el ritmo de progresión de los consumos totales se duplica del EI al EII originando una desigualdad de 51% en la demanda final del año 2000,
– en segundo lugar, las diferencias de crecimiento más importantes aparecen en el campo de la industria manufacturera, tanto en relación a los combustibles como a la electricidad. Ello da lugar a una separación de 93% entre los niveles de la demanda de este sector al comparar los dos escenarios,
– en tercer lugar, la desigualdad de los crecimientos es menor en tres campos: el doméstico, el terciario y la producción de electricidad del SP. En este último es de señalar que la diferencia en los consumos entre escenarios es de 2% y sin embargo las demandas cubiertas por el S. P.

Cuadro III.2. Consumo sectorial de energía en 1980
(10^3 TEP)

FORMA DE ENERGIA / SECTOR	Derivados del petróleo	Gas	Combustibles minerales	Combustibles vegetales	Uranio	Total Combustibles	Recursos no Convenc.	Electricidad	TOTAL
Industria	4 356	3 647	709	1 418	-.-	10 130	-.-	3 322	13 452
Transporte	10 083	-.-	-.-	10	-.-	10 093	-.-	99	10 192
Doméstico	813	2 437	-.-	100	-.-	3 350	-.-	2 429	5 779
Terciario	226	440	-.-	-.-	-.-	666	-.-	1 755	2 421
Agropecuario	1 361	-.-	-.-	350	-.-	1 711	-.-	-.-	1 711
SUBTOTAL	16 839	6 524	709	1 878	-.-	25 950	-.-	-.-	33 555
Producción de electricidad	4 140	1 307	370	56	749	6 622	-.-	-.-	(- 6 622)
Prod-Transf. Hidrocarburos	2 308	1 170	-.-	-.-	-.-	3 478	-.-	-.-	3 478
SUBTOTAL ENERGIA	6 448	2 477	370	56	749	10 100	-.-	-.-	10 100
TOTAL	23 287	9 001	1 079	1 934	749	36 050	-.-	7 605	37 033*

* No incluye el consumo en producción de electricidad.

Cuadro III.3. Consumo sectorial de energía en el año 2000 (10^3 TEP)

FORMA DE ENERGIA	Derivados del petróleo		G a s		Carbón Mineral		Combustibles Vegetales		Uranio		Total Combustibles		Fuentes no Convencionales		Electricidad		TOTAL	
ESCENARIO SECTOR	I	II	I	I	I	II	I	II	I	II	I	II	I	II	I	II	I	II
Industria	6 031	9 968	5 049	10 467	982	2 243	1 964	2 243	-.-	-.-	14 026	24 921	-.-	-.-	7 851	17 358	21 877	42 279
Transporte	13 760	18 579	-.-	-.-	-.-	-.-	-.-	-.-	-.-	-.-	13 760	18 579	-.-	-.-	141	212	13 901	18 791
Doméstico	800	600	5 710	6 201	-.-	-.-	100	100	-.-	-.-	6 610	6 901	-.-	847	7 195	9 853	13 805	17 601
Terciario	166	137	497	410	-.-	-.-	-.-	-.-	-.-	-.-	663	547	-.-	-.-	5 451	6 793	6 114	7 340
Agropecuario	2 700	3 815	-.-	-.-	-.-	-.-	350	350	-.-	-.-	3 050	4 165	-.-	-.-	-.-	-.-	3 050	4 165
Subtotal	23 457	33 099	11 256	17 078	982	2 243	2 414	2 693	-.-	-.-	38 109	55 113	-.-	847	20 638	34 216	58 747	90 176
Producción de Electricidad	8 978	7 994	2 992	1 998	499	416	-.-	-.-	3 128	5 504	15 597	15 912	-.-	-.-	-.-	-.-	(-15 597)	(-15 912)
Producción y Transformación Hidrocarburos	4 009	5 079	2 514	3 366	-.-	-.-	-.-	-.-	-.-	-.-	6 523	8 445	-.-	-.-	-.-	-.-	6 523	8 445
Subtotal Energía	12 987	13 073	5 506	5 364	499	416	-.-	-.-	3 128	5 504	22 120	24 357	-.-	-.-	-.-	-.-	22 120	24 357
TOTAL	36 444	46 172	16 762	22 442	1 481	2 659	2 414	2 693	3 128	5 504	60 229	79 470	-.-	847	20 638	34 216	65 270*	98 621*

* No incluye el consumo en producción de electricidad.

difieren en 76%. Las elecciones hechas en el modo de abastecimiento y la progresión general de los consumos lo explican.

Estos movimientos en los requerimientos sectoriales producen cambios en la estructura tanto global como de combustibles y de electricidad. A nivel de sectores es posible observar para los dos escenarios y para el consumo total:

- un incremento de las participaciones de los sectores doméstico y terciario a la vez que una estabilidad del sector agropecuario,
- una disminución acentuada de la demanda correspondiente a transporte: de 27.5% en 1980, baja a 21.3% y 19% en el 2000 para EI y EII respectivamente,
- por último, el consumo energético de la industria manufacturera presenta dos tendencias opuestas según las opciones de crecimiento; en efecto, su participación disminuye en el EI, mientras que aumenta considerablemente en el otro.

En el plano de la estructura de la demanda de combustibles resalta:

- la baja en la incidencia del transporte, el que en ambos casos representa el 23% de los consumos de combustible (28% en 1980); vale decir que la fuerte disminución de su participación a nivel sectorial se ve atenuada cuando se consideran los combustibles,
- la producción de electricidad presenta una importancia creciente en relación a 1980; aquí es necesario indicar que la estructura de los combustibles no es la misma puesto que la energía nuclear entra en un 34% y 20% (EII, EI) contra 11% en 1980. El tipo de abastecimiento considerado en la hipótesis de menor crecimiento hace que la importancia de los combustibles sea mayor en este caso,
- la distinta evolución de la industria manufacturera en los dos escenarios, así su incidencia en la demanda de combustibles crece en 11% en EII y baja en 18% en EI, como consecuencia de los diferentes desarrollos de los grupos A y B en ambos casos.[13]

En lo que atañe a la estructura del consumo de la electricidad del S.P., aparecen diferencias sectoriales marcadas. Si bien se retuvo la hipótesis de continuidad de la electrificación para los dos escenarios; por un lado, los sectores doméstico y terciario toman 60% de la oferta del S. P. en EI contra 49% en EII, y con niveles del consumo total de electricidad que se diferencian en un 76%. Por otro lado, si en 1980 a la industria manufacturera corresponde 43.6% de la electricidad S. P., en el año 2000 la participación pasa a 38% (EI)

[13] En estas variaciones de los consumos de combustible, se tienen en cuenta aquellos destinados a la autoproducción de electricidad.

y 50.7% (EII) respectivamente. De esta manera se expresan en el plano energético las desigualdades sectoriales a las que dan lugar los dos escenarios.

Las modificaciones en el perfil sectorial de los consumos ponen en evidencia una tendencia a la "terciarización" en el uso de la energía allí donde la producción industrial aparece relegada. El fenómeno es el opuesto en el caso de crecimiento rápido en el cual la actividad de la industria manufacturera caracteriza ampliamente la estructura de los consumos energéticos tanto en el campo de los combustibles como de la electricidad.

CONCLUSIONES

El objetivo del presente trabajo ha sido llevar a cabo el análisis de la evolución del consumo de energía en Argentina con vistas a la elaboración de un estudio prospectivo de la demanda, apoyado en la previa consideración crítica de los trabajos previsionales efectuados en el país hasta mediados de la década del setenta. Este propósito planteó, en primer lugar, el problema de la forma en que debía abordarse el análisis de la demanda. Las carencias de los ensayos anteriores en la materia, llevaron a la conclusión de que era indispensable desarrollar el estudio a partir del esclarecimiento de las relaciones existentes entre la evolución de la estructura económica y la evolución de la demanda energética, íntimamente vinculadas una con otra.

En tal sentido, el presente trabajo, puso en evidencia que el recurso a las distintas formas de energía no ha sido independiente de los rasgos distintivos en las diversas fases del proceso de industrialización del país, los que condicionaron el desenvolvimiento de la demanda, entre otros aspectos, a través del sistema de abastecimiento energético. Se ha destacado también de qué manera y en qué condiciones se produjeron las transformaciones más significativas en el proceso de producción de energía, las que a su vez originaron el cambio de las fuentes de abastecimiento energético. En efecto, durante las dos primeras décadas del análisis efectuado, décadas del cuarenta y cincuenta, y en condiciones políticas, sociales y económicas muy diversas, el abastecimiento se caracterizó por la marcada dependencia de los proveedores externos. Por el contrario, durante los últimos veinte años la demanda de energía del país ha sido prácticamente cubierta por la explotación de los recursos locales en correspondencia con un proceso de sustitución de las importaciones de energía concretado en circunstancias específicas de la situación interna del país, así como en el contexto de condiciones internacionales bien definidas. En el transcurso de estos dos períodos consecutivos, la expansión del consumo de energía se diferenció notablemente de uno a otro y se caracterizó por la fuerte aceleración del mismo a partir de los años sesenta.

La composición de la demanda energética del país se ha distinguido constantemente por la importante participación de los hidrocarburos durante los dos períodos señalados, a pesar de la influencia significativa del carbón mineral hacia fines de los años treinta. Junto con el desarrollo rápido del consumo de combustibles líquidos se produjo también la expansión intensa y sostenida de los usos de la electricidad en el conjunto de los sectores consumidores; con ello se configuró un perfil de la demanda en el que predominaron formas de energía de mayor rendimiento en los usos finales.

Si bien el análisis de los ritmos de la evolución y de la estructura de la demanda energética a un nivel agregado permitió dar cuenta de la relación existente entre el crecimiento de la actividad económica y el del consumo total de energía, esta forma de tratar el tema resultó insuficiente para la comprensión real de las modificaciones más profundas producidas en los usos de la energía. Surgió así, la necesidad de recurrir al análisis desagregado por sectores para evaluar el alcance explicativo de los factores que podían servir de base para la interpretación de la evolución de la demanda de energía y de su transformación a lo largo del tiempo.

A partir de la consideración de los distintos sectores que conforman el consumo total, se pudo verificar un cierto número de hipótesis de partida, así por ejemplo:

– *En el sector doméstico,* el desarrollo de la infaestructura de abastecimiento de las distintas formas de energía, en paticular los derivados del petróleo y el gas natural, permitieron la rápida expansión de sus consumos respectivos más allá de lo que la evolución de los precios podían sugerirlo. La escasa relevancia de los precios como determinantes de la evolución de los consumos parece surgir de la reducida significación que ha tenido históricamente el gasto de energía sobre los gastos totales de las familias según se ha podido verificar.

– *En el sector industrial,* a través del análisis de este sector se ha mostrado que la aparición tanto como el desarrollo de determinadas ramas industriales indujo en buena medida las modificaciones de la estructura del consumo de energía y trajo aparejado el crecimiento de la demanda global del sector, como aconteció con las industrias del llamado Grupo B. Se desprende del estudio que el auge de la industria petroquímica, automotriz y de productos metálicos, se produjo en un período, década de los sesenta, en el que se registró el más rápido ritmo de expansión de la producción de energía, así como del conjunto de la producción manufacturera, en concordancia con una nueva fase del proceso de industrialización sustitutiva de importaciones. Así, la demanda energética de la industria creció condicionada por las características que adquirió la evolución del sistema productivo y consecuentemente por la naturaleza de las modificaciones introducidas en su base técnica. Este proceso de cambio involucró también a la producción de energía, tanto de electricidad como de derivados del petróleo, la que a su vez influyó en la difusión de determinados energéticos al mismo tiempo que debió adaptar su estructura a los requerimientos de una demanda modelada en parte por el equipamiento.

En el sector transporte, el desarrollo de los distintos tipos de transporte carretero, resultante en gran medida del crecimiento de la industria automotriz y de camiones, estuvo acompañado por la regresión progresiva del transporte ferroviario y originalmente la intensificación del uso de los derivados del petróleo y la regresión del carbón y los combustibles vegetales. La modificación de la infraestructura del sector surgió como producto de las características de la producción de otras áreas de la economía, las que en última instancia impulsaron el cambio de la estructura del consumo energético en los transportes sobre todo en el carretero.

– *En el sector agropecuario*, en él nuevamente se puso de manifiesto que las transformaciones en las condiciones técnicas de producción, intensificadas a su vez por el desarrollo de otros sectores productivos, dieron como resultado no sólo el incremento de la demanda energética sino también la transición hacia formas de energía consumidas en menor proporción con anterioridad a la introducción de dichas modificaciones, tal como aconteció en el proceso de tractorización de la agricultura.

A partir del estudio sectorial llevado a cabo, en la parte final del presente trabajo se procedió a instrumentar un estudio exploratorio de la evolución de los consumos energéticos en Argentina teniendo como horizonte temporal el año 2000. A diferencia de la mayor parte de los ensayos previsionales de la demanda energética realizados en Argentina, la metodología seguida se apoyó principalmente en la base sectorial desarrollada. Sin que este análisis exploratorio llegara a ser todo lo exhaustivo que se hubiera deseado, se estima haber puesto en evidencia, aún parcialmente, en qué medida la utilización de los escenarios sectoriales exploratorios permite tomar en consideración un gran número de opciones surgidas de los distintos niveles y de los distintos campos de la economía.

Las posibilidades de profundizar el análisis prospectivo ha sido desigual para los distintos sectores con lo que se limitó, en cierta medida, el alcance del mismo. No obstante, se considera que todo intento mínimo de previsión de la demanda debe tener en cuenta las peculiaridades sectoriales esbozadas en el estudio, procurando precisar las interrelaciones existentes en un período histórico determinado entre los distintos sectores de la formación económica y social y entre éstos y la demanda energética. En esta perspectiva, se hace indispensable el establecimiento de un sistema adecuado de recolección y tratamiento de la información, correctamente coherentizado, como punto de partida para el desarrollo de cualquier investigación en vista de la planificación en el campo de la energía.

ANEXO ESTADISTICO

Comentario sobre la información de base del consumo de energía en Argentina

Cuando se pretende analizar el sistema energético de un país en cualquiera de sus aspectos, se debe contar con un conjunto de estadísticas referidas al tema entre las cuales el balance energético es un elemento indispensable. Si en general, el consumo de energía de un determinado país en un período dado no es algo perfectamente conocido y definido,[1] en particular, en el caso de Argentina, el estudio de la demanda tropieza con serios inconvenientes relativos a la disponibilidad y calidad de la información existente, ello obliga a utilizar y cotejar fuentes diversas a las que están asociadas convenciones dispares.

En el presente trabajo se seleccionaron y utilizaron las publicaciones de la antigua Dirección Nacional de Energía y Combustible de la Secretaría de Estado de Energía, de Gas del Estado, de Yacimientos Petrolíferos Fiscales, de Naciones Unidas, de Fundación Bariloche, los Censos Industriales, y el Balance Energético Argentino 1960-1972 de la Secretaría de Energía, materiales con los que se cubrieron, parcialmente, las necesidades de información.

Los errores en los datos presentados, el alto nivel de agregación y la falta de continuidad de las publicaciones fueron factores que impusieron una tarea de coherentización de la información.

A la escasez relativa de la misma se agregan:

a) las divergencias para un mismo energético y año entre dos fuentes oficiales que en principio tendrían igual credibilidad. Por ejemplo, el consumo de combustibles en centrales térmicas varía del *Boletín de Electricidad* al *Boletín de Combustibles,* siendo que ambos provienen de la Secretaría de Energía.

b) La desagregación sectorial para un mismo energético ha variado con el tiempo.

[1] P. Ramain, *Refléxions critiques sur le bilans energetiques.* CNRS. Collection Energie et Societé, París, 1977, p. 6.

c) No existe coincidencia en los coeficientes de conversión calórica.

d) La discontinuidad de las series obliga al análisis en corte que puede llevar a conclusiones erróneas si no se tienen en cuenta los aspectos anteriores.

1. Las estadísticas utilizadas

En todo el estudio sólo se hizo referencia al consumo aparente de energía, es decir al consumo anterior a la transformación final en el centro consumidor. Hubiera sido preferible incorporar el análisis de la demanda de energía útil, pero es imposible considerar este aspecto ya que no existe en Argentina organismo alguno (público o privado) que se haya ocupado de la recolección y procesamiento de la información adecuada considerando los rendimientos de conversión final. Se dejó de lado la posibilidad de utilizar los coeficientes de otro país en la medida en que la transposición al caso argentino hubiera proporcionado resultados de dudosa validez.

En lo que respecta a las fuentes:

1.1 Las estadísticas de Naciones Unidas,[2] *1939-1948-1953*

Se trata de un estudio para los países de América Latina con un apéndice (Apéndice VI) dedicado al consumo sectorial de energía en Argentina para los años señalados.

Los principales inconvenientes de esta publicación se sitúan a dos niveles:

– por una parte, la inclusión en el sector terciario de los sectores agropecuario, doméstico y del rubro "no identificados", así como una menor desagregación en el año 1953 comparado con 1939 y 1948.

– por otra, la contabilización de los residuos vegetales y la leña para producir carbón de leña junto con este último, introduciéndose así el error de una doble contabilidad; ésta se corrigió a partir de la información de la Secretaría de Energía.

1.2 Las estadísticas de la Secretaría de Energía

Las publicaciones consultadas corresponden a tres organismos diferentes: Y.P.F., Gas del Estado, y la Secretaría de Energía.

La utilización del que debería ser el documento principal: El Balance Energético 1962-1973, que sólo cubre una parte del período en estudio, se vio

[2] ONU, CEPAL, *La Energía en América Latina*, México, diciembre 1956.

considerablemente restringido al presentar un problema de doble contabilidad tanto a nivel global como sectorial.[3]

En lo que respecta al gas natural, Gas del Estado proporciona una información bastante detallada desde 1960, en cambio en relación a los combustibles derivados del petróleo la desagregación sectorial se reduce desde 1966. Por último, para la electricidad, tanto S. P. como A. P. se publica información regular desde 1958 aunque la apertura por ramas industriales es parcial para la A. P. e inexistente para el S. P.

1.3 Las estadísticas de Fundación Bariloche

Presente en forma de anexo, recoge los datos concernientes a los consumos sectoriales a partir de la información de la Secretaría de Energía. En ella se encuentran las siguientes limitaciones:

a) No se desagrega el consumo de combustibles por grupos de industrias, salvo para la petroquímica y la siderurgia.

b) No se contabiliza el consumo sectorial de electricidad, aunque sí el de combustibles.

c) Los combustibles destinados a la producción de electricidad incluyen tanto al S. P. como a la A. P., por lo que se deben separar los combustibles usados en la A. P. y agregarlos al sector pertinente.

1.4 Los censos industriales

Es la información básica que puede considerarse como la más representativa, e incluso confiable, para el estudio de la demanda en la industria manufacturera en el pasado. Los Censos consultados corresponden a los años 1939, 1946, 1953 y 1963, el de 1973 aún no ha sido publicado oficialmente en su totalidad por lo que en ese año se recurrió también a estimaciones de diversas fuentes. La desagregación por ramas industriales permitió reconstruir los consumos industriales y precisar algunas variables explicativas.

2. La elaboración de los anexos 2 a 7

Dada la heterogeneidad de las fuentes y de los factores de conversión usados, se procedió a su homogeneización a partir de los coeficientes de equivalencia de la Secretaría de Energía (anexo 1).

2.1 Año 1939 y 1948

Fuentes: – Naciones Unidas, CEPAL, *La Energía. . . , op. cit.*
– Secretaría de Energía, *Boletín Combustibles, 1962.*

[3] Ver a este respecto S. M. Torres, H. Altomonte y D. Bouille. *Análisis crítico a la metodología de los balances argentinos,* Fundación Bariloche, 1976.

Observaciones:

a) Los consumos de kerosén y agricol del año 1948, que N.U. contabiliza en transportes se incorpora al sector agropecuario.
b) Para el carbón mineral y el coque se usa un factor de conversión de 7500 Kcal./kg. que corresponde al carbón importado, mientras que NU tomó 6200 Kcal/kg equivalente para el carbón nacional.
c) Para el carbón de leña en 1948, existe una diferencia de 1757 mil TEP entre las dos fuentes que surge de la doble contabilidad de N.U., por ello se tomó la información de la Secretaría de Energía y se ventiló según la estructura de CEPAL.
d) Para la leña en 1939 y 1948 N. U. duplica la contabilidad en el carbón de leña.

2.2 Año 1953

Fuentes:
- Censo Industrial 1953,
- DNEC, *Boletín Combustibles 1958-1959*,
- Naciones Unidas, *op. cit.*

Observaciones:
- el gas natural consumido en la industria manufacturera incluye al gas licuado.
- se estimó el gas natural para el sector doméstico sobre la base de los datos de F. Bariloche para 1955 porque la información de N.U. está sobrevaluada.
- la electricidad S.P. del sector transporte (350 GWh) proviene de Secretaría de Energía, *Boletín Electricidad 1958-1959.*

2.3 Año 1963

Fuentes:
- Censo Industrial 1963,
- DNEC, *op.cit.*,
- Fundación Bariloche. *Anexo Estadístico 1977 y 1979.*

2.4 Año 1966

Fuentes:
- Gas del Estado, *Boletín 1966.*
- Secretaría de Energía, *Boletín Electricidad 1966, Boletín Combustibles 1966* y *Balance Energético 1962-1973.*
- Fundación Bariloche, *Anexo Estadístico 1978.*

2.5 Año 1973

Fuentes: – Gas del Estado, *Boletín 1973.*
– Secretaría de Energía:
Boletín Electricidad 1973.
Boletín Combustibles 1973.
Balance Energético 1962-1973.

Anexo 1
Coeficientes calóricos de equivalencia

	Densidad	Poder calorífico superior Kcal/litro	Poder calorífico superior Kcal/kg	Poder calorífico inferior Kcal/kg
Carbón mineral (nacional)			6 200	5 200
Carbón mineral (importado)			7 500	7 200
Coque			7 500	
Nafta	0.735	8 232	11 200	10 350
Nafta aviación	0.709	8 302	11 300	10 400
Kerosén	0.808	8 945	11 070	10 300
Gas oil	0.845	9 211	10 900	10 200
Diesel oil	0.880	9 416	10 700	10 000
Fuel oil	0.940	9 990	10 500	9 750
Carbón residual de petróleo	1.00		9 400	8 800
Gas de refinería		12 500/m^3		
Gas licuado	0.55	6 700	12 030	11 000
Gas natural		9 300/m^3		
Carbón de leña			7 500	6 500
Petróleo crudo	0.88	9 250	10 500	10 000
Uranio (energía nuclear)			10 000TEP/t	
Electricidad al consumo		860Kcal/Kwh		
Electricidad a la producción (Ver Anexo 34)				

FUENTE: Secretaría de Energía, en Fundación Bariloche, *Anexo Estadístico, op. cit.*

Anexo 1.1
Referencias para los anexos 2 a 7

i) Las formas de energía comprenden:

1. Fuel Oil
2. Gas Oil
3. Diesel Oil
4. Gasolina
5. Kerosén
6. Combustible residual de petróleo
8. Gas Licuado
9. Carbón
10. Coque
11. Combustibles vegetales
12. Electricidad A.P. (GWh)
13. Electricidad S.P. (GWh)
14. Electricidad A.P. (10^3 TEP)
15. Electricidad S.P. (10^3 TEP)
16. Total combustibles
17. Total general

– Total combustibles es igual a la suma de las columnas 1 a 11.
– Total general es igual a la suma de las columnas 15 y 16.

ii) Para los sectores consumidores:

– El total sector industrial es igual a la suma de:

  – Total industria manufacturera
  – Total sector energético
  – Industrias extractivas

– El *total general* de los Sectores es igual a la suma de los Totales correspondientes a:

  – Sector industrial
  – Sector transporte
  – Sector agropecuario
  – Sector doméstico
  – Sector terciario
  – Otras actividades

El consumo sectori

(10³

Formas de energía Sector	1	2	3	4	5	6	7	8	9
INDUSTRIA									
Alimentos y bebida	246.5		25.5		2.7				105.2
Tabaco	2.0								
Textil	95.2		3.9		0.2				3.0
Confección									
Madera y muebles	1.0		1.0		0.3				1.1
Papel y cartón	42.4		1.7		0.1				1.4
Imprenta y publicaciones	1.6		0.3						0.3
Cuero	3.9		1.1		0.2				0.5
Productos Químicos	64.0		1.6		0.2				5.7
Caucho	14.5		0.2						0.4
Piedra, vidrio y cerámica	284.8		13.7		0.3				8.0
Metálicos sin maquinaria	32.9		5.7		0.8				2.3
Vehículos y maquinaria	9.5		4.5		1.8				9.6
Maquinaria y aparatos eléctricos									
Diversos	61.6		7.3		3.0				12.8
TOTAL INDUSTRIA MANUFACTURERA	859.9		66.5		9.6				150.3
Producción y Transformación de Hidrocarburos	375.7	10.0	10.0			51.0	361.8	118.0	85.6
Centrales eléctricas	294.0		44.0						461.0
TOTAL SECTOR ENERGETICO	669.7	10.0	54.0			51.0	361.8	118.0	546.6
Industrias extractivas	8.0		8.3		2.4				9.0
TOTAL SECTOR INDUSTRIAL	1537.6	10.0	128.8		12.0	51.0	361.8	118.0	705.9
SECTOR TRANSPORTE									
Carretero			94.3	947.3					
Ferrocarril	585.9		10.8						775.7
Aéreo									
Marítimo	100.0				0.1				27.4
TOTAL SECTOR TRANSPORTE	685.9		105.1	947.3	0.1				803.1
SECTOR AGROPECUARIO			402.3						
SECTOR DOMESTICO					55.0				127.0
SECTOR TERCIARIO									
Comercio	37.0			36.1	100.0				89.5
Gobierno	155.0		65.0						68.5
Otros									
TOTAL SECTOR TERCIARIO	192.0		65.0	36.1	100.0				158.0
Otras actividades									
TOTAL GENERAL	2415.5	112.3	598.9	983.4	167.1	51.0	361.8	118.0	1794.0

(1) Incluye 122 mil TEP del Sector Agropecuario y 288 mil TEP de no identificados.

* No incluye 844 mil TEP de centrales eléctricas.

xo 2
al de energía, 1939
TEP)

10	11	12	13	14	15	16	17
5.6	701.1	140.6	165.7	60.4	61.9	1086.6	1148.5
	0.5		1.9		0.7	2.5	3.2
0.6	27.7	16.1	130.3	6.9	48.7	130.6	179.3
	19.5	0.2	5.6	0.1	2.1	19.5	21.6
0.2	20.5	4.8	14.5	2.0	5.4	24.1	29.5
0.1	0.6	17.4	52.0	7.6	19.4	52.8	71.7
0.1	1.9	0.6	23.4	0.3	8.7	4.2	12.9
0.2	30.4	1.4	12.9	0.6	4.8	36.3	41.1
1.6	157.5	44.3	29.8	19.0	11.1	230.6	241.7
	1.3	1.2	25.1	0.5	9.4	16.4	25.8
31.4	82.4	122.4	35.4	52.5	13.2	420.6	433.8
16.4	78.4	8.5	45.5	3.6	17.0	136.5	153.5
11.4	76.8	6.3	42.2	2.7	15.8	113.6	129.4
	4.2	0.1	5.3	0.1	2.0	4.2	6.2
1.9	37.8	9.8	55.1	4.2	20.6	124.4	145.0
69.5	1246.6	373.7	644.7	160.5	240.8	2402.8	2643.2
	20.2	106.8	7.6	45.8	2.8	1032.2	1035.1
36.0	9.0					844.0	(-844.0)
36.0	29.2	106.8	7.6	45.8	2.8	1876.3	1035.1
4.3	32.7	13.8	2.2	6.0	0.8	65.0	65.8
110.1	1308.5	494.3	654.5	212.3	244.4	4343.7	3744.1
			164.1		61.3	1041.6	1102.9
	149.0		98.9		36.9	1521.4	1558.3
	1.3					128.8	128.8
	150.3		263.0		98.2	2691.8	2790.0
						402.3[1]	402.3
	770.0		784.8		293.1	952.0	1245.1
						262.6	262.6
						288.5	288.5
			161.2		60.2		60.2
			161.2		60.2	288.5	348.7
110.1	2228.8	494.3	1863.5	212.3	695.9	8940.9	8792.8*

Ane

El consumo sectori

(10³

Formas de energía Sector	1	2	3	4	5	6	7
INDUSTRIA							
Alimentos y bebida	463.7		70.6	3.2	3.0		
Tabaco	4.1		0.2	0.1			
Textil	121.6		10.1	0.7	0.8		
Confección	3.6		4.2	0.3	0.5		
Madera y muebles	5.6		11.7	0.9	0.4		
Papel y cartón	149.4		1.0	0.1	0.2		
Imprenta y publicaciones	1.1		3.6	0.5	0.3		
Cuero	7.7		3.0	0.3	0.5		
Productos químicos	82.5		7.7	0.6	0.6		
Caucho	21.3		0.3	0.2	0.2		
Piedra, vidrio y cerámica	262.5		54.4	1.1	0.8		
Metálicos sin maquinaria	71.0		16.1	1.7	1.6		
Vehículos y maquinaria	18.8		10.4	2.0	1.3		
Maquinaria y aparatos eléctricos	5.0		1.3	0.4	0.2		
Diversos	15.1		25.9	0.3	0.7		
TOTAL INDUSTRIAS MANUFACTURERAS	1233.0		220.5	12.4	11.1		
Producción y Transformación de Hidrocarburos	418.0	11.0	17.0	13.1	2.0	79.0	398.4
Centrales eléctricas	812.0		67.0				
TOTAL SECTOR ENERGETICO	1236.0	11.0	84.0	13.1	2.0	79.0	398.4
Industrias extractivas	5.6		6.2		0.3		
TOTAL SECTOR INDUSTRIAL	2468.6	11.0	310.7	25.5	13.4	79.0	398.4
SECTOR TRANSPORTE							
Carretero			44.2	1379.0			
Ferrocarril	1441.0		21.6				
Aéreo				38.0			
Marítimo	126.0		38.0				
TOTAL SECTOR TRANSPORTE	1567.0		103.8	1417.0			
SECTOR AGROPECUARIO	64.0	2.4	48.0		196.8		
SECTOR DOMESTICO					199.4		
SECTOR TERCIARIO							
Comercio	2.0			30.2	109.7		
Gobierno	241.0	17.5	69.8				
Otros							
TOTAL SECTOR TERCIARIO	243.0	17.5	69.8	30.2			
Otras actividades							
TOTAL GENERAL	4342.6	30.9	523.3	1472.7	519.3	79.0	398.4

(1) Incluye 139 mil TEP de no identificados.

*** No incluye 1 378 mil TEP de centrales eléctricas.**

xo 3
al de energía, 1948
TEP)

8	9	10	11	12	13	14	15	16	17
7.8	22.6	6.6	789.0	176.1	292.5	75.4	108.9	1366.5	1475.4
		0.1		0.1	4.0		1.5	4.5	6.0
0.2	1.2	0.3	15.5	29.1	327.4	12.4	121.9	150.4	272.3
0.8	0.5	0.4	6.3	1.2	18.5	0.5	6.9	16.6	23.5
2.5	1.4	4.9	12.5	3.5	35.2	1.5	13.1	39.9	53.0
0.7	0.3	0.1	0.6	37.9	130.4	16.2	48.5	152.4	200.9
19.5	6.4	0.1	1.0	0.7	36.1	0.3	13.4	32.5	45.9
4.8	1.4		16.9	1.3	26.0	0.5	9.7	34.6	44.3
1.3	3.6	3.0	197.9	73.8	156.2	31.6	58.1	297.2	355.3
0.2	0.1	0.1	0.6		48.2		17.9	23.0	40.9
3.2	21.5	14.1	34.6	141.9	104.4	60.7	38.9	392.2	431.1
8.9	3.7	23.0	65.3	21.6	134.9	9.2	50.2	191.3	241.5
2.1	11.0	10.7	68.8	12.1	72.9	5.2	27.1	125.1	152.2
1.3		1.3	3.4	0.8	27.9	0.3	10.4	12.9	23.3
2.1	0.1	2.1	24.9	3.9	60.7	1.7	22.6	71.2	93.8
55.4	73.8	66.8	1237.3	504.0	1475.3	215.5	549.1	2910.3	3459.4
151.0	101.2			186.6	12.9	79.8	4.8	1190.7	1195.5
492.0			7.0					1378.0	-1378.0
151.0	593.2		7.0	186.6	12.9	79.8	4.8	2568.7	1195.5
0.1	16.7	3.6	18.8	11.8	2.4	5.1	0.9	51.3	52.2
206.5	683.7	70.4	1263.1	702.4	1490.6	300.4	554.8	5530.3	4707.1
					265.5		98.8	1423.2	1522.0
	531.5		74.1		137.9		51.3	2068.2	2119.5
								38.0	38.0
	30.8		1.4					196.2	196.2
	562.3		75.5		403.4		150.1	3725.6	3875.7
			159.6					470.8	470.8
29.9	54.9		900.0		1396.7		520.0	1184.2	1704.2
		15.8						157.7	157.7
	43.8							372.2	372.1
					159.2		59.3		59.3
	43.8	15.8			159.2		59.3	529.8	589.1
236.4	1344.7	86.2	2398.2	702.4	3449.9	300.4	1284.4	11440.7	11346.8*

Ane

El consumo sectori

(10^3

Formas de energía Sector	1	2	3	4	5	6	7	8	9
INDUSTRIA									
Alimentos y bebida	401.0	24.0	60.8	9.6	4.4		9.4		18.0
Tabaco	7.0	0.4	0.2	0.1	0.1		0.1		0.1
Textil	212.0	7.0	24.0	1.2	1.1		0.9		0.8
Confección	4.0	0.2	0.6	0.2	0.3		1.2		0.1
Madera y muebles	2.0	2.4	1.4	1.7	1.4		1.1		0.2
Papel y cartón	85.0	1.0	2.1	0.3	0.1		2.6		0.3
Imprenta y publicaciones	1.0	0.3	0.3	0.4	0.2		1.1		0.1
Cuero	10.0	2.0	1.5	0.5	0.5		0.1		0.6
Productos químicos	185.0	12.2	14.0	1.9	1.0		21.9		3.4
Caucho	31.0	0.8	2.4	0.1	0.1		0.1		0.2
Piedra, vidrio y cerámica	489.0	10.5	58.5	1.7	0.9		13.5		26.9
Metálicos sin maquinaria	184.0	17.0	19.0	3.6	3.9		12.6		6.5
Vehículos y maquinaria	21.0	8.0	13.0	4.9	2.6		23.6		12.1
Maquinaria y aparatos eléctricos	11.0	2.0	2.2	0.8	0.7		2.6		1.5
Diversos	29.0	5.6	6.0	1.0	5.2		5.4		0.6
TOTAL INDUSTRIAS MANUFACTURERAS	1672.0	93.4	206.0	28.0	22.5		96.2		71.4
Producción y Transformación de Hidrocarburos	543.0	35.0	58.0	16.0	2.0	66.0	432.0	175.0	
Centrales eléctricas	1317.0	7.0	160.0						307.0
TOTAL SECTOR ENERGETICO	1860.0	42.0	218.0	16.0	2.0	66.0	432.0	175.0	307.0
Industrias extractivas	6.0	7.0							18.0
TOTAL SECTOR INDUSTRIAL	3538.0	142.4	424.0	44.0	24.5	66.0	528.2	175.0	396.4
SECTOR TRANSPORTE									
Carretero		141.6	2.5	1639.8					
Ferrocarril	1244.9	41.9	17.3						559.8
Aéreo				59.0	5.7				
Marítimo	169.8	15.7	26.1						15.3
TOTAL SECTOR TRANSPORTE	1414.7	199.2	35.9	1698.8	5.7				575.1
SECTOR AGROPECUARIO	1.4	7.5	3.9		216.1				
SECTOR DOMESTICO					639.3		160.9		
SECTOR TERCIARIO									
Comercio									
Gobierno									
Otros									
TOTAL SECTOR TERCIARIO	381.1	65.0	105.4						
Otras actividades									
TOTAL GENERAL	5335.2	414.1	569.2	1742.8	885.6	66.0	689.1	175.0	971.5

(1) Incluye 139 mil TEP de no identificados.

* No incluye 1 804 mil TEP de centrales eléctricas.

xo 4
al de energía, 1953
TEP)

10	11	12	13	14	15	16	17
0.8	547.6	243.6	423.0	108.1	163.0	1075.6	1238.6
	1.4	0.3	3.0	0.1	1.0	9.4	10.4
	17.6	92.5	352.0	41.1	136.0	164.6	400.6
	1.9	0.7	29.0	0.3	11.0	8.5	19.5
0.1	24.8	6.8	48.0	3.1	19.0	35.1	54.1
0.1	9.7	75.1	94.0	33.3	36.0	101.2	137.2
	0.4	0.5	37.0	0.2	14.0	3.8	17.8
	5.3	3.3	34.0	1.6	13.0	21.0	34.0
3.8	54.7	208.6	127.0	92.5	49.0	297.9	346.9
0.1	1.7	10.9	62.0	4.8	24.0	36.5	60.5
10.0	255.8	210.8	116.0	93.5	45.0	867.1	912.1
18.9	75.7	69.8	243.0	30.9	94.0	341.2	435.2
4.9	113.5	26.0	134.0	11.5	52.0	203.6	255.6
0.1	7.7	3.8	55.0	1.7	21.0	28.6	49.6
	12.7	5.7	111.0	2.5	43.0	65.5	108.5
38.8	1131.3	958.4	1868.0	425.2	721.0	3359.6	4080.6
67.0		109.0	18.0	48.4	7.0	1394.0	1401.0
	13.0					1804.0	(-1804.0)
67.0	13.0	109.0	18.0	48.4	7.0	3198.0	1401.0
4.0	19.0	14.0	8.0	6.2	3.0	54.0	57.0
109.8	1163.3	1081.4	1894.0	479.8	731.0	6611.6	5538.6
			40.0		13.0	1783.9	1796.9
	250.0		310.0		122.0	2113.9	2235.9
						64.7	64.7
						216.9	216.9
	250.0		350.0		135.0	4179.4	4314.4
	305.9					534.8	534.8
	306.0		1547.4		597.0	1106.2	1547.4
			383.6		148.0	551.5	699.5
109.8	2025.2	1081.4	4175.0	479.8	1611.0	12983.5	12790.5*

Ane
El consumo sectori
$(10^3$

Formas de energía / Sector	1	2	3	4	5	6	7	8
INDUSTRIA								
Alimentos y bebida	595.5	36.5	120.0	2.9	26.0		134.1	0.5
Tabaco	7.0	0.3	1.0					
Textil	267.9	6.5	59.0	0.1	4.0		23.0	0.1
Confección	5.8	0.9	38.0		1.0			
Madera y muebles	9.7	3.4	2.8	0.4	4.0		2.8	0.1
Papel y cartón	111.1	1.0	13.0		1.0		6.9	
Imprenta y publicaciones	1.9	0.2	0.5	0.2	1.0		1.0	
Cuero	10.7	2.3	2.5		1.0		0.6	
Productos Químicos	299.7	8.9	36.8	0.2	7.0		114.7	0.2
Caucho	31.4	1.5	7.0		4.0		17.9	0.1
Piedra, vidrio y cerámica	225.6	6.1	55.0	0.4	12.0	25.6	447.1	0.1
Metálicos sin maquinaria	378.2	10.3	55.0	0.8	17.0	3.5	107.7	1.1
Vehículos y maquinaria	44.6	12.9	52.0	2.7	14.0	0.4	12.5	0.2
Maquinaria y aparatos eléctricos	10.4	3.0	6.1	0.5	1.0		4.4	0.1
Diversos	8.6	3.0	4.5		1.0		5.3	0.1
TOTAL INDUSTRIA MANUFACTURERA	2008.1	96.8	453.2	8.2	94.0	29.5	878.0	2.6
Producción y Transformación de Hidrocarburos	862.0	61.0	89.0	26.0	6.0	121.0	870.0	247.0
Centrales eléctricas	1768.0	7.0	340.0				446.0	
TOTAL SECTOR ENERGETICO	2630.0	68.0	429.0	26.0	6.0	121.0	1316.0	247.0
Industrias extractivas	49.0	41.7	21.4	3.1	6.0			0.7
TOTAL SECTOR INDUSTRIAL	4687.1	206.5	903.6	37.3	106.0	150.5	2194.0	250.3
SECTOR TRANSPORTE								
Carretero		782.4	5.7	2615.0				
Ferrocarril	557.5	131.5	73.2					
Aéreo				163.3				
Marítimo	477.0	6.5	45.6					
TOTAL SECTOR TRANSPORTE	1034.5	920.4	124.5	2778.3				
SECTOR AGROPECUARIO		519.0						
SECTOR DOMESTICO					920.0		450.0	321.0
SECTOR TERCIARIO								
Comercio	43.0	0.2	3.0				80.0	3.5
Gobierno	253.0	50.8	107.0				20.0	3.5
Otros								
TOTAL SECTOR TERCIARIO	296.0	51.0	110.0				100.0	7.0
Otras actividades								
TOTAL GENERAL	6017.6	1696.0	1138.1	2815.6	1026.0	150.5	2744.0	578.3

* No incluye 2 748 mil TEP de centrales eléctricas.

xo 5
al de energía, 1963
TEP)

9	10	11	12	13	14	15	16	17
2.9	0.5	1129.6	463.0	319.0	159.0	109.0	2048.5	2157.5
		0.1	2.5	4.0	1.0	1.0	8.4	9.4
		10.7	208.0	191.0	72.0	65.0	371.3	436.3
		0.5	6.0	35.0	2.0	12.0	46.2	58.2
0.2	0.1	16.0	10.4	43.0	4.0	15.0	39.5	54.5
		1.9	389.0	176.0	134.0	60.0	134.9	194.9
		0.2	0.8	36.0		12.0	5.0	17.0
0.1		1.6	4.0	14.0	1.0	5.0	18.8	23.8
6.4	0.2	91.5	439.0	324.0	151.0	111.0	565.6	676.6
		13.3	58.0	36.0	20.0	12.0	75.2	87.2
30.6	17.6	181.7	356.0	90.0	123.0	31.0	1001.8	1032.8
7.0	290.6	18.3	426.0	430.0	147.0	147.0	889.5	1036.5
6.2	5.6	7.1	145.0	251.0	50.0	86.0	158.2	244.2
	0.3	5.0	22.0	35.0	7.0	12.0	30.8	42.8
0.8			20.0	36.0	7.0	12.0	27.3	35.3
54.2	314.9	1477.5	2549.7	2020.0	878.0	690.0	5417.0	6107.0
			542.0	83.4	187.0	28.0	2282.0	2310.0
186.0		1.0					2748.0	(-2748.0)
186.0		1.0	542.0	83.4	187.0	28.0	5030.0	2310.0
4.1		26.9	51.6	15.4	18.0	5.0	152.9	157.9
244.3	314.9	1505.4	3143.3	2118.8	1083.0	723.0	10599.9	8574.9
				18.4		6.0	3403.1	3409.1
3.0		150.0	107.3	208.0	37.0	71.0	915.2	986.2
							163.3	163.3
							529.1	529.1
3.0		150.0	107.3	226.4	37.0	77.0	5010.7	5027.7
		450.0					969.0	969.0
		180.0		2971.7		1017.0	1871.0	2888.0
				999.2		342.0	129.7	471.7
				473.8		162.0	434.3	596.3
				546.2		190.0		190.0
				2019.2		694.0	564.0	1257.0
247.3	314.9	2285.4	3250.6	7346.1	1120.0	2511.0	19014.6	18777.6*

Ane

El consumo sectori

(10^3

Formas de energía Sector	1	2	3	4	5	6	7	8
INDUSTRIA								
Alimentos y bebida	611.6	11.4	114.0		21.0		247.2	
Tabaco	7.2		1.0					
Textil	275.1	5.0	56.4		3.0		55.7	
Confección	5.0		36.3		0.5			
Madera y muebles	10.0		2.6		3.0		13.3	
Papel y cartón	114.0	0.1	12.4		0.5	10.0	22.8	
Imprenta y publicaciones	2.0		0.8		0.2		1.7	
Cuero	10.9	0.1	2.4		0.8		5.3	
Productos Químicos	307.0	6.7	32.2	111.3	5.0		331.6	100.0
Caucho	32.2	0.1	6.7		3.0		32.6	
Piedra, vidrio y cerámica	231.7	2.7	52.6		9.0	77.6	701.3	
Metálicos sin maquinaria	388.5	6.7	52.6		14.0	4.8	242.7	
Vehículos y maquinaria	53.0	15.4	49.7		10.0	2.0	26.6	
Maquinaria y aparatos eléctricos	11.0	3.0	6.0		1.0		5.9	
Diversos	2.4	8.1	4.9		0.6	35.4	23.9	3.0
TOTAL INDUSTRIA MANUFACTURERA	2062.5	59.3	433.6	111.3	71.6	129.8	1710.6	103.0
Producción y Transformación de Hidrocarburos	1078.0	72.0	79.0	32.0	4.0	156.0	892.0	256.0
Centrales eléctricas	2107.0	6.0	435.0				471.0	
TOTAL SECTOR ENERGETICO	3185.0	78.0	514.0	32.0	4.0	156.0	1363.0	256.0
Industrias extractivas	53.9	15.9	53.5					
TOTAL SECTOR INDUSTRIAL	5301.4	153.2	1001.1	143.3	81.0	285.8	3073.6	359.0
SECTOR TRANSPORTE								
Carretero		1346.7	12.0	3419.8				
Ferrocarril	739.8	187.0	70.8					
Aéreo				200.6				
Marítimo	85.8	6.7	14.9					
TOTAL SECTOR TRANSPORTE	825.6	1540.4	97.7	3620.4				
SECTOR AGROPECUARIO	0.7	875.4	1.5					
SECTOR DOMESTICO					760.0		618.7	602.0
SECTOR TERCIARIO								
Comercio	10.4						110.6	7.0
Gobierno	271.4	68.4	96.0				75.1	4.6
Otros								
TOTAL SECTOR TERCIARIO	281.8	68.4	96.0				185.7	11.6
Otras actividades								
TOTAL GENERAL	6409.5	2637.4	1196.3	3763.7	841.0	285.8	3878.0	972.6

* No incluye 3 087 mil TEP de centrales eléctricas.

xo 6
al de energía, 1966
TEP)

9	10	11	12	13	14	15	16	17
4.2		1047.0	570.8	468.0	192.0	137.0	2056.4	2193.4
			1.2	5.8	0.4	1.7	8.2	9.9
		10.0	261.9	281.5	88.0	82.0	405.2	487.2
				51.0		15.1	42.7	57.8
0.4		15.0	9.3	63.0	3.0	18.4	44.3	62.7
		1.8	476.9	260.0	161.0	76.0	161.6	237.6
			2.0	52.0	0.7	15.2	4.7	19.9
0.1			3.6	20.0	1.2	5.8	19.6	25.4
8.2		66.3	677.3	475.0	228.0	139.0	971.3	1110.3
		12.0	87.1	52.0	29.0	15.2	86.6	101.8
60.0		168.0	465.8	134.0	157.0	39.0	1302.9	1341.9
371.0		49.0	687.5	630.0	231.0	184.0	1129.3	1313.3
15.0			152.4	369.0	51.0	108.0	171.7	279.7
0.8			15.1	51.0	5.0	15.1	27.7	42.8
1.0			20.2	56.2	7.0	15.8	79.3	95.1
460.7		1369.1	3431.7	2968.5	1154.3	867.3	6511.5	7378.8
12.0			643.1	102.0	216.0	30.0	2581.0	2611.0
67.0		1.0					3087.0	(-3087.0)
79.0		1.0	643.1	102.0	216.0	30.0	5668.0	2611.0
5.3		29.7	68.8	19.0	23.0	6.0	163.7	169.7
545.0		1399.8	9143.0	3089.5	1393.3	903.3	12343.5	10159.5
				14.6		4.0	4778.5	4782.5
171.0		130.0	90.0	162.0	30.0	48.0	1298.6	1346.6
							200.6	200.6
							107.4	107.4
171.0		130.0	90.0	176.6	30.0	52.0	6385.1	6437.1
		420.0					1297.6	1297.6
		170.0		3605.5		1055.0	2150.7	3205.7
				1245.9		365.0	128.0	493.0
				514.9		150.0	515.5	665.5
7.0				744.2		105.0	7.0	112.0
7.0				2545.0		620.0	650.5	1270.5
723.0		2119.8	4233.0	9376.6	1423.3	2744.3	22827.0	22484.4

Ane

El consumo sectori

(10³

Formas de energía Sector	1	2	3	4	5	6	7	8
INDUSTRIA								
Alimentos y bebida	805.0	5.0	148.0				394.0	
Tabaco	9.0	1.0	1.0					
Textil	361.0	3.0	74.0				118.0	
Confección	7.0		48.0					
Madera y muebles	11.0		3.0				8.0	
Papel y cartón	226.0		19.0				23.0	
Imprenta y publicaciones	2.0		1.0				2.0	
Cuero	13.0		3.0				3.0	
Productos Químicos	637.0	4.0	76.0	204.0	10.0		617.0	217.0
Caucho	58.0		12.0				48.0	
Piedra, vidrio y cerámica	450.0		74.0		4.0	109.0	835.0	
Metálicos sin maquinaria	806.0	3.0	109.0		5.0	10.0	463.0	
Vehículos y maquinaria	103.0	8.0	97.0		4.0	4.0	100.0	
Maquinaria y aparatos eléctricos	20.0		12.0				15.0	
Diversos	38.0		7.0			29.0	110.0	3.0
TOTAL INDUSTRIA MANUFACTURERA	3546.0	24.0	684.0	204.0	23.0	152.0	2736.0	220.0
Producción y Transformación de Hidrocarburos	1790.0	64.0	101.0	23.0	3.0	130.0	1547.0	511.0
Centrales eléctricas	3101.0	5.0	748.0				1402.0	
TOTAL SECTOR ENERGETICO	4891.0	64.0	849.0	23.0	3.0	130.0	2949.0	511.0
Industrias extractivas	93.0		13.0			8.0		
TOTAL SECTOR INDUSTRIAL	8530.0	93.0	1546.0	227.0	26.0	290.0	5685.0	731.0
SECTOR TRANSPORTE								
Carretero		2964.0	44.0	4969.0				
Ferrocarril	405.0		263.0					
Aéreo				363.0				
Marítimo	94.0							
TOTAL SECTOR TRANSPORTE	499.0	2964.0	307.0	5332.0				
SECTOR AGROPECUARIO		985.0						
SECTOR DOMESTICO					750.0		1140.0	940.0
SECTOR TERCIARIO								
Comercio	28.0						182.0	14.0
Gobierno	94.0	26.0	53.0				140.0	14.0
Otros								
TOTAL SECTOR TERCIARIO	122.0	26.0	53.0				322.0	28.0
Otras actividades								
TOTAL GENERAL	9151.0	4069.0	1905.0	5559.0	776.0	290.0	7147.0	1699.0

* No incluye 5 435 mil TEP de centrales eléctricas.

xo 7
al de energía, 1973
TEP)

9	10	11	12	13	14	15	16	17
5.0		1037.0	738.0	1107.0	263.0	321.0	2394.0	2715.0
				7.0		2.0	11.0	13.0
		10.0	276.0	370.0	98.0	107.0	566.0	673.0
				100.0		29.0	55.0	84.0
1.0		15.0	12.0	117.0	4.0	34.0	38.0	72.0
		2.0	668.0	208.0	237.0	60.0	270.0	330.0
			2.0	68.0	1.0	20.0	5.0	25.0
			1.0	35.0		10.0	19.0	29.0
17.0		66.0	787.0	1573.0	280.0	456.0	1848.0	2304.0
		12.0	85.0	186.0	30.0	54.0	130.0	184.0
84.0		166.0	362.0	575.0	129.0	167.0	1722.0	1889.0
460.0		128.0	1216.0	1675.0	432.0	485.0	1984.0	2469.0
29.0			199.0	1076.0	71.0	312.0	345.0	657.0
2.0			12.0	128.0	4.0	37.0	49.0	86.0
			8.0	141.0	3.0	41.0	187.0	228.0
598.0		1436.0	4366.0	7362.0	1552.0	2135.0	9623.0	11758.0
			558.0	164.0	198.0	48.0	4169.0	4217.0
179.0							5435.0	(5435.0)
179.0		29.0	558.0	164.0	198.0	48.0	9604.0	4217.0
			98.0	64.0	35.0	19.0	143.0	162.0
777.0		1465.0	5022.0	7590.0	1785.0	2202.0	19370.0	1613[illegible]
				13.0		4.0	7977.0	7981.0
		114.0	29.0	279.0	10.0	81.0	782.0	863.0
							363.0	363.0
							94.0	94.0
		114.0	[illegible]3.0	292.0	10.0	85.0	9216.0	9301.0
		330.0					1315.0	1315.0
		135.0		5855.0		1697.0	2965.0	4662.0
				2138.0		620.0	224.0	844.0
				806.0		234.0	327.0	561.0
				1339.0		224.0		224.0
				4283.0		1078.0	651.0	1629.0
821.0		2044.0	5051.0	18054.0	1795.0	5236.0	3346[illegible]	3326[illegible]

Anexo 8
El consumo aparente de energía primaria en Argentina, 1930-1977. (10^3 TEP)

Año	Derivados del petróleo	Combustibles minerales	Gas natural	Combustibles vegetales	Hidroelectricidad	Energía Nuclear	TOTAL
1930	2 938	2 142	192	2 196	32		7 500
1931	3 085	1 829	238	2 245	33		7 430
1932	2 859	1 707	242	2 116	30		6 954
1933	2 786	1 741	282	2 024	30		6 863
1934	3 052	1 950	328	2 205	27		7 562
1935	3 323	1 886	359	2 272	29		7 869
1936	3 475	2 007	332	2 235	32		8 081
1937	4 086	2 186	361	2 189	35		8 857
1938	4 165	2 011	348	2 102	35		8 661
1939	4 422	1 912	357	2 227	35		8 953
1940	4 567	1 434	370	2 381	45		8 797
1941	4 885	987	396	3 511	46		9 825
1942	4 165	585	435	4 721	47		9 953
1943	3 729	582	423	5 250	53		10 037
1944	3 559	654	427	5 697	55		10 392
1945	3 545	651	402	5 080	51		9 729
1946	5 665	660	375	3 410	58		10 169
1947	6 646	899	378	2 822	60		10 805
1948	7 208	1 401	383	2 436	70		11 498
1949	7 706	1 289	387	2 291	57		11 730
1950	8 478	1 241	457	2 162	55		12 393
1951	8 818	1 161	509	1 895	61		12 444
1952	9 223	1 184	552	2 067	79		13 405
1953	9 436	1 177	594	1 951	113		13 271
1954	10 224	1 120	606	1 819	127		13 896
1955	11 226	1 114	616	1 711	123		14 830
1956	12 134	1 029	655	1 899	176		15 892
1957	12 894	945	730	1 881	200		16 650
1958	13 735	898	743	1 753	220		17 349
1959	12 892	958	735	1 812	271		16 758
1960	13 452	954	1 215	2 100	265		17 986
1961	14 163	990	2 067	2 016	310		19 546
1962	14 423	845	2 658	1 895	334		20 155
1963	14 080	916	3 025	1 946	335		20 302
1964	15 626	955	3 312	2 056	353		22 302
1965	16 455	791	3 756	2 239	354		23 595
1966	16 706	723	4 026	2 025	353		23 835
1967	17 250	716	4 225	2 139	363		24 693
1968	18 041	764	4 696	2 034	426		25 961
1969	20 307	798	4 676	1 948	383		28 112
1970	21 346	882	5 228	2 073	444		29 973
1971	22 994	893	5 571	1 960	441		31 859
1972	23 457	767	6 310	1 877	430		32 841
1973	23 510	738	7 216	2 047	874		34 385
1974	23 196	1 002	7 690	2 199	1 464	246	35 797
1975	22 106	1 097	8 065	2 150	1 520	600	35 538
1976	23 211	957	8 470	2 000	1 468	612	36 718
1977	24 910	1 085	8 640	2 050	1 690	340	38 715

FUENTE: 1930-1963, Dirección Nacional de Energía y Combustibles, *Anuario Estadístico* 1963, p. 42.
1963-1977, Secretaría de Energía, *Boletín Combustible*, varios números.

Anexo 9
La producción de energía primaria en Argentina
1930-1977. (10^3 TEP)

Año	Petróleo	Gas natural	Carbón mineral	Hidroelectricidad	Combustibles vegetales	Energía Nuclear	Total
1930	1 259	300		32	2 196		3 787
1931	1 638	350		33	2 245		4 266
1932	1 838	399		30	2 116		4 383
1933	1 916	536		30	2 024		4 506
1934	1 962	648		27	2 205		4 842
1935	2 000	547		29	2 272		4 848
1936	2 162	473		32	2 235		4 902
1937	2 288	447		35	2 189		4 959
1938	2 389	435		35	2 102		4 961
1939	2 604	460		35	2 227		5 326
1940	2 883	475	7	45	2 381		5 791
1941	3 080	525	12	46	3 511		7 174
1942	3 317	658	40	47	4 721		8 783
1943	3 474	620	72	53	5 250		9 469
1944	3 390	586	66	55	5 697		9 794
1945	3 201	539	82	51	5 080		8 953
1946	2 910	498	51	58	3 410		6 927
1947	3 056	517	58	60	2 822		6 513
1948	3 249	536	59	70	2 436		6 350
1949	3 160	598	58	57	2 291		6 164
1950	3 282	668	43	55	2 162		6 210
1951	3 423	734	32	61	1 895		6 144
1952	3 472	794	74	79	2 067		6 486
1953	3 987	825	57	113	1 951		6 983
1954	4 137	871	64	127	1 819		7 018
1955	4 267	941	85	123	1 711		7 127
1956	4 338	1 016	96	176	1 899		7 525
1957	4 749	1 251	137	200	1 822		8 159
1958	4 988	1 464	164	239	1 753		8 608
1959	6 236	1 964	187	274	1 812		10 418
1960	9 150	3 165	104	264	2 099		14 782
1961	11 816	4 343	139	308	2 016		18 622
1962	13 739	5 463	125	333	1 895		21 555
1963	13 590	5 263	121	335	1 946		21 255
1964	14 029	5 828	196	353	2 056		22 462
1965	13 749	5 518	221	354	2 239		22 081
1966	14 656	5 277	195	414	2 026		22 566
1967	16 052	5 724	240	363	2 139		24 518
1968	17 557	6 252	279	426	2 034		26 548
1969	18 199	6 201	308	383	1 948		27 039
1970	19 600	6 783	364	384	2 046	380	29 557
1971	21 617	7 183	374	420	1 960	380	31 934
1972	22 167	7 359	399	400	1 876	380	32 521
1973	21 480	7 888	266	842	2 047	400	32 923
1974	21 140	8 343	370	1 417	2 000	450	33 726
1975	20 212	9 093	297	1 520	2 150	480	33 752
1976	20 369	9 763	364	1 468	2 000	500	34 464
1977	22 000	9 823	315	1 690	2 050	512	36 390

FUENTE: Petróleo: Dirección Nacional de Energía y Combustibles, *Anuario Estadístico* 1963, Secretaría de Energía, *Boletín Combustibles,* varios números.

– En el caso de los combustibles vegetales y de la hidroelectricidad se consideró a la producción como equivalente al consumo.

– Gas natural: 1932-1954, ONU, *Statistical Year Book 1952 y 1959,* 1954-1977, Fundación Bariloche, *Anexo Estadístico 1978.*

– Carbón mineral: 1940-1950, Secretaría de Energía, *Anuario Estadístico 1963,* 1950-1977, Fundación Bariloche, *Anexo Estadístico 1978.*

Anexo 10

La importación de energía en Argentina por formas, 1930-1977 (10^3 TEP)

Año	Petróleo crudo	Fuel oil	Gas oil	Diesel oil	Kerosén	Naftas (gasolinas)	Total derivados del petróleo	Gas natural	Gas licuado	Total gas	Carbón mineral	TOTAL
1930	548	870			61	274	1 205				2 209	3 962
1931	359	778		1	45	213	1 037				1 887	3 283
1932	224	643	2	88	9	57	799				1 726	2 749
1933	156	736	8	40	8	45	837				1 754	2 747
1934	170	669		249	11	65	994				1 960	3 124
1935	408	659	2	383	1	3	1 048		1		1 898	3 355
1936	438	782	5	279		1	1 067		2		2 034	3 541
1937	569	798	7	329		22	1 156		3		2 259	3 987
1938	663	1 074	18	338		1	1 431		4		2 042	4 140
1939	681	985	41	307		2	1 335		5		2 143	4 164
1940	512	1 039	155	208		2	1 404		6		1 481	3 405
1941	495	1 057	39	228			1 324		9		759	2 587
1942	288	617	14	61	4		696		10		400	1 394
1943	134	238		46	19		303		10		441	888
1944	135	239		8	5		252		11		447	845
1945	143	322	2	61			385		11		570	1 109
1946	910	2 050	2	193	12	16	2 273		13		822	4 018
1947	1 168	2 412	6	79		114	2 611		14		894	4 687
1948	1 742	2 616	10	78	40	230	2 974		20		1 610	6 346
1949	1 590	2 407	12	86	46	149	2 700		22		986	5 298
1950	2 954	2 049	11	63	8	127	2 258		27		1 048	6 287
1951	2 818	2 749	12	46	19	35	2 861		37		1 585	7 301
1952	3 013	2 974	72	98	27	42	3 213		44		1 273	7 543
1953	3 599	2 080	87	153	9	52	2 381		48		877	6 905
1954	3 644	2 070	214	108	21	52	2 465		49		1 066	7 224
1955	3 714	2 576	388	151	169	70	3 354		54		908	8 030
1956	3 993	3 278	332	206	113	49	3 978		70	70	1 093	9 134
1957	5 626	1 987	438	259	113	88	2 885		84	84	879	9 474
1958	6 346	1 545	336	389	154	56	2 480		96	96	1 011	9 933

1959	4 993	1 403	386	405	263	45	2 502		102	102	1 022	8 619
1960	3 095	339	517	283	507	49	1 695		123	123	1 034	5 947
1961	1 749	2	666	227	557	70	1 522		199	199	886	4 356
1962	1 020		748	301	345	49	1 443	43	357	400	613	3 476
1963	835		388	58	25	35	506	38	372	410	355	2 106
1964	1 502		807	296	17	31	1 151	34	120	154	573	3 380
1965	3 699	24	665	49	14	67	819	18	210	228	540	5 286
1966	3 627		340			17	357	14	323	337	600	4 921
1967	2 565		160			11	171	9	421	430	574	3 740
1968	2 068		489	12		1	502		373	373	310	3 253
1969	2 349	559	656	113			1 328		448	448	383	4 508
1970	1 482	158	550				708		432	432	529	3 151
1971	2 238	139	210		53		402		564	564	496	3 700
1972	1 528	54					540	890	410	1 300	317	3 199
1973	2 988	411	94		35		540	1 398	352	1 750	530	5 808
1974	3 018	76	100	18		9	203	1 317	473	1 993	557	5 771
1975	2 195		485		51	11	547	1 302	483	1 785	857	5 384
1976	3 101	93	439			4	536	1 703	430	2 133	595	6 363
1977	3 003		518			18	536	1 867	268	2 135	782	6 392

FUENTES: – Petróleo crudo y derivados: 1930-1952, Y. P. F. *Boletín Estadístico,* Anuarios 1 a 10, años 1947 a 1962. 1952-1977, Secretaría de Energía, *Boletín Combustibles,* varios números.

– Carbón mineral: 1930-1955, Y. P. F., *Boletín Estadístico* No. 4 y No. 10, 1962-1965, D. N. E. C., *Boletín 1960-1965,* 1965-1972; Secretaría de Energía, Balance Energético Argentino, 1972-1977; F. Bariloche, *Anexo Estadístico 1978.*

– Gas natural y licuado: Gas del Estado, *Boletín Gas del Estado,* varios números.

Anexo 11
Producción de derivados del petróleo en Argentina 1939-1977 (años seleccionados)
(10³ TEP)

Año	Fuel oil	Gas oil	Diesel oil	Kerosén	Agricol	Naftas (gasolinas)	Combustible Jet	Gas licuado de petróleo	Carbón residual de petróleo	Gas de refinería	TOTAL
1939	1 080	89	273	190		1 071	8				2 711
1940	1 251	83	314	175		1 003	8				2 834
1941	1 389	94	345	181	103	1 047	11			185	3 355
1942	1 399	82	329	165	86	1 015	11			186	3 273
1943	1 476	67	263	180	117	940	11			169	3 223
1944	1 417	54	239	187	126	868	14			159	3 068
1945	1 414	51	216	189	131	814	11			152	2 978
1946	1 342	69	288	272	197	1 037	13			181	3 399
1947	1 470	72	297	291	197	1 170	9			186	3 692
1948	1 776	122	395	312	209	1 308	10			182	4 314
1949	1 869	174	403	299	178	1 308	10			186	4 427
1950	2 344	258	523	429	204	1 609	6			175	5 548
1951	2 316	270	584	539	216	1 568	8			182	5 683
1952	2 504	333	577	526	255	1 606	10			188	5 999
1953	2 874	413	630	648	217	1 611	9			180	6 582
1954	3 260	418	630	656	230	1 680	7			174	7 055
1955	3 387	418	777	689	225	1 773	8			181	7 455
1956	3 241	422	975	798	199	1 675	35			188	7 533
1957	4 631	461	1 124	1 004	199	1 897	45			175	9 536
1958	5 101	606	1 267	1 004	192	1 998	43			173	10 384
1959	5 108	461	1 208	1 053	218	1 747	60		75	167	10 097
1960	5 708	666	992	903	204	2 066	74	82	75	174	10 944
1961	6 201	767	970	916	168	2 500	77	150	94	175	12 018
1962	6 398	1 092	1 013	1 130	168	2 905	109	332	260	248	13 655
1963	5 965	1 479	1 234	946	119	2 753	114	346	356	296	13 608
1964	6 450	1 434	1 093	1 055	130	3 016	141	362	312	327	14 320
1965	7 281	2 012	1 129	968	109	3 811	137	369	318	328	16 462
1966	7 464	2 495	1 239	917	78	4 072	188	371	376	363	17 563
1968	8 495	2 783	1 277	875		4 218	265	478	389	324	19 104
1972	8 141	3 834	2 102	814		4 732	373	750	630	556	21 932
1973	7 798	4 074	1 964	826		5 109	383	867	720	601	22 342
1974	7 480	4 370	1 506	924		4 786	424	733	721	638	21 852
1976	7 325	5 294	853	861		4 252	461	718	681	553	20 998
1977	7 954	5 773	765	819		4 606	507	655	666	613	22 378

FUENTE: Secretaría de Energía, *Boletín Combustibles*, varios números.

Anexo 12
El contenido energético del PIB 1930-1977 y la elasticidad producto de la energía

Año	I PIB cf $10^6$$a. 1960	II Consumo aparente de energía 10^3 TEP	III PIB 10^6 $ a 1965	IV PIB 10^6 US $ 1965	V r= II/IV KEP/US $ 1965	VI Δ PIB / PIB	VII Δ C / C	VIII e Elasticidad VII/VI	IX KEP/ $a 1965 II/III
1930-34	3 937	7 262	11 118	5 898	1.231				0.653
1935-39	4 622	8 484	13 052	6 924	1.225	17.4	16.8	0.97	0.650
1940-44	5 338	9 801	15 074	7 997	1.226	15.5	15.5	1.00	0.624
1945	5 679	9 729	16 037	8 508	1.144	6.4	-0.7	-0.10	0.606
1946	6 186	10 169	17 469	9 267	1.097	8.9	4.5	0.50	0.582
1947	6 874	10 805	19 412	10 298	1.049	11.1	6.3	0.60	0.556
1948	7 250	11 498	20 474	10 862	1.059	5.5	6.4	1.20	0.561
1949	7 156	11 730	20 208	10 720	1.094	-1.3	2.0	-1.60	0.580
1950	6 900	12 393	19 486	10 337	1.199	-3.6	5.7	-1.60	0.636
1951	7 168	12 444	20 242	10 738	1.159	3.8	0.4	0.10	0.615
1952	6 801	13 105	19 211	10 191	1.286	-5.0	5.3	-1.00	0.682
1953	7 172	13 271	20 254	10 745	1.235	5.4	1.3	0.20	0.655
1954	7 465	13 896	21 081	11 183	1.243	4.0	4.7	1.10	0.659
1955	7 995	14 830	22 578	11 978	1.238	7.0	6.7	0.90	0.659
1956	8 218	15 892	23 208	12 312	1.291	2.8	7.2	2.60	0.685
1957	8 639	16 650	24 396	12 942	1.287	5.1	4.8	0.90	0.682
1958	9 168	17 349	25 890	13 735	1.263	6.1	4.2	0.70	0.670
1959	8 377	16 758	24 221	12 849	1.304	-6.4	-3.4	0.50	0.692
1960	9 249	17 986	26 119	13 856	1.298	7.8	7.3	0.90	0.689
1961	9 908	19 546	27 980	14 843	1.317	7.1	8.7	1.20	0.698
1962	9 748	20 155	27 528	14 604	1.380	-1.6	3.1	-1.90	0.732
1963	9 514	20 302	26 867	14 253	1.424	-2.4	0.7	-0.30	0.755
1964	10 498	22 302	29 646	15 727	1.418	10.3	9.8	0.90	0.752
1965	11 458	23 595	32 357	17 164	1.375	9.1	5.8	0.50	0.729
1966	11 530	23 835	32 561	17 274	1.380	0.6	1.0	1.70	0.732
1967	11 841	24 693	33 439	17 739	1.392	2.7	3.6	1.30	0.738
1968	12 345	25 961	34 862	18 494	1.404	4.2	5.1	1.20	0.745
1969	13 404	28 112	37 853	20 081	1.400	8.6	8.3	1.00	0.743
1970	14 121	29 973	39 878	21 155	1.417	5.3	6.6	1.20	0.752
1971	14 800	31 859	41 795	22 172	1.437	4.8	6.3	1.30	0.762
1972	15 262	32 841	43 100	22 865	1.436	3.1	3.0	1.00	0.762
1973	16 196	34 385	45 737	24 264	1.417	6.1	4.7	0.80	0.752
1974	17 125	35 797	50 197	26 630	1.344	9.7	4.1	0.40	0.713
1975	16 884	35 538	49 496	26 258	1.353	-1.4	-0.7	0.50	0.718
1976	16 226	36 718	48 112	25 524	1.439	-2.8	3.3	-1.20	0.763
1977	17 136	38 715	50 213	26 638	1.453	4.4	5.4	1.20	0.771

FUENTE: I. PIB, cf. a) 1930-1950, ONU, *Análisis y Proyecciones del Desarrollo Económico de la Argentina,* Dic. 1958, Parte I, p. 15. La información presentada en pesos de 1950 se pasó a pesos de 1960 según los índices de precio del BCRA, BCRA, *op. cit.*, p. 160.
b) 1950-1973, BCRA, *op. cit.*, p. 117.
c) 1974-1977, BCRA, planillas internas Bs. As., 1979.

II. Anexo 8.

III. A partir del I y corregido según el índice de precios 1965, BCRA, *op. cit.*, p. 160.

IV. Tasa de cambio 1 dólar = 1.885 pesos argentinos en ONU, *Statistical Year Book,* 1966, pp. 578-579.

Anexo 13
El contenido energético total y sectorial en Argentina
(KEP/$ a 1960)

	1939			1948			1953			1963			1973			1977		
	Consumo 10^3 TEP	V.A. 10^6 $ 1960	C/VA KEP/$ 60	C	VA	C/VA	C	VA	C/VA	C	VA	C/VA	C	VA	C/VA	C	VA	C/VA
Agropecuario	402	1 219	0.329	471	1 305	0.361	535	1 492	0.358	969	1 619	0.598	1 315	1 939	0.678	1 686	2 201	0.766
Industria	3 745	1 325	2.830	4 708	2 139	2.201	5 539	2 352	2.354	8 575	3 526	2.432	16 137	7 469	2.161	17 999	7 740	2.325
Industrias Manufactureras y Extractivas	2 709	1 167	2.320	3 512	1 884	1.810	4 138	1 900	2.177	6 265	2 796	2.240	11 920	5 976	1.994	14 024	-	-
Transportes	2 790	504	5.540	3 876	616	6.290	4 314	581	7.425	5 088	731	6.960	9 301	1 198	7.760	9 869	1 244	7.933
Terciario	1 856	2 252	0.824	2 293	3 190	0.720	2 403	2 747	0.874	4 146	3 638	1.139	6 509	5 590	1.164	7 519	6 088	1.235
TOTAL	8 793	5 300	1.650	11 348	7 250	1.560	11 390	7 172	1.588	16 468	9 514	1.731	33 262	16 196	2.054	37 073	17 273	2.146

FUENTE: Para el consumo de energía A8, A14, A33, A34.
Para el valor agregado 1939-48 Facultad de Ciencias Económicas, UNBA, "Producto e Ingreso de la República Argentina", Bs. As. 1964, p. 41; 1953-73 BCRA *op. cit.*, pp. 120-121; 1977 BCRA planillas internas Bs. As. 1979.

NOTA: C: Consumo de energía
VA: Valor agregado
Industria comprende: industria manufacturera
industria extractiva, minas y canteras
construcción

Anexo 14

1. El crecimiento de la población y los factores determinantes

Año	Población a fin de período (10^3)	Creci-miento relativo (%)	Tasa de creci-miento (% anual)	Factores: Crecimiento vegetativo (%)	Factores: Crecimiento por inmigración (%)	TOTAL
1930-40	14 153	18.6	1.70	87	13	100
1940-50	16 922	19.6	1.80	84	16	100
1945-55	18 746	22.6	2.06	79	21	100
1950-60	20 450	20.8	1.91	85	15	100
1960-70	23 589	15.2	1.43	92	2	100
1970-75*	25 287	7.2	1.43	--	--	--

2. DISTRIBUCION DE LA POBLACION ARGENTINA POR REGIONES (en %)

Año / Región	1914	1947	1960	1970
I PAMPEANA	73.6	72.1	71.5	72.2
Donde:				
-Capital Federal y Gran Buenos Aires	25.8	29.7	33.7	35.3
-Resto Buenos Aires	20.4	16.2	14.8	14.6
-Córdoba	9.3	9.4	8.8	9.0
-Entre Ríos	5.4	5.0	4.0	3.5
-La Pampa	1.3	1.1	0.8	0.7
-Santa Fé	11.4	10.7	9.4	9.1
II CUYANA	6.5	6.3	6.8	6.6
III RESTO	19.9	21.6	21.7	21.2
Donde:				
-N.E.	5.9	8.3	8.1	7.8
-N.O.	12.6	11.1	11.0	10.3
-Patagonia	1.4	2.2	2.6	3.1
TOTAL	100	100	100	100

3. LA EVOLUCION DE LA POBLACION URBANA Y RURAL (en %)

Año / Población	1914	1940	1950	1960	1970
Urbana	53	60	65	72	79
Rural	47	40	35	28	21
TOTAL	100	100	100	100	100

*** Se supuso un crecimiento de la población de 1.4% anual.**
FUENTE: A partir de Lattes y Lattes, *op. cit.*, p. 30 y siguientes.

Anexo 15
Sector doméstico: el consumo de energía por formas, 1933-1977
(10^3 TEP)

Año	Gas natural	Gas licuado	Kerosén	Combustible vegetal	Electricidad a la producción	TOTAL (1)	Carbón mineral	Total combustible	Electricidad al consumo	TOTAL (2)
1939			55	770	293	1 245	127	952	64	1 016
1948		30	199	900	520	1 704	55	1 184	114	1 298
1953	107	54	639	306	597	1 703		1 106	127	1 293
1955	109	55	758	300	496	1 718		1 222	109	1 331
1956	136	59	818	290	694	1 997		1 303	152	1 455
1957	170	65	1 010	280	734	2 259		1 525	160	1 685
1958	216	90	1 080	260	761	2 407		1 646	169	1 815
1959	230	92	1 120	250	743	2 435		1 692	165	1 857
1960	253	121	1 230	250	753	2 607		1 854	180	2 034
1961	315	181	1 270	220	909	2 895		1 986	209	2 195
1962	392	247	1 280	190	966	3 075		2 109	225	2 334
1963	450	321	920	180	1 018	2 889		1 871	243	2 114
1964	506	425	910	180	1 022	3 048		2 021	258	2 279
1965	562	525	815	170	1 019	3 091		2 072	278	2 350
1966	619	602	760	170	1 055	3 206		2 151	295	2 446
1967	703	642	785	160	1 119	3 409		2 290	317	2 607
1968	695	682	800	160	1 184	3 521		2 337	341	2 678
1969	765	755	835	150	1 313	3 818		2 505	375	2 880
1970	830	820	850	150	1 404	4 054		2 650	409	3 059
1971	950	910	800	145	1 477	4 282		2 805	430	3 235
1972	995	885	760	140	1 598	4 378		2 780	460	3 240
1973	1 140	940	750	135	1 697	4 662		2 965	480	3 445
1974	1 240	923	852	130	1 803	4 948		3 145	501	3 646
1975	1 350	942	838	120	1 964	5 214		3 250	542	3 792
1976	1 510	950	764	110	2 069	5 403		3 334	570	3 904
1977	1 443	903	763	110	2 112	5 331		3 224	584	3 803

NOTA: (1) Total con electricidad evaluada en la producción.
(2) Total con electricidad evaluada al consumo.

FUENTES: 1939-1948-1953, Anexos 2, 3 y 4.
1955-1977, para los combustibles: Secretaría de Energía, Fundación Bariloche, *Anexo Estadístico 1978.*
para la electricidad: Secretaría de Energía, *Boletín de Electricidad,* varios años.

Anexo 16
Sector doméstico: evolución de los precios del kerosén, del gas natural, del gas licuado y de la electricidad
(en $ a 60)

	1 litro de 8 945 K cal Kerosén		$1m^3$ de 9 300 K cal Gas natural		45kg de 11 000 K.cal./kg. Gas líquido		Electricidad		Indice del costo de vida base
Año	Precio	Indice	Precio	Indice	Precio	Indice	Precio	Indice	1960 = 100
1939	0.078	211					0.049	188	2.6
1940	0.078	211					0.049	188	2.6
1941	0.076	205					0.049	188	2.7
1942	0.074	200					0.051	196	2.9
1943	0.066	178	0.224	622	8.07	280	0.055	211	2.9
1944	0.072	195	0.249	692	8.07	280	0.055	211	2.9
1945	0.061	165	0.175	486	7.06	245	0.053	204	3.4
1946	0.052	141	0.140	389	6.75	234	0.048	185	4.0
1947	0.048	130	0.125	347	6.30	219	0.041	158	4.6
1948	0.065	176	0.114	317	6.94	241	0.042	162	5.2
1949	0.059	159	0.091	253	6.50	226	0.037	142	6.8
1950	0.047	127	0.072	200	5.16	179	0.030	115	8.6
1951	0.034	92	0.053	147	3.76	131	0.023	88	11.8
1952	0.042	114	0.038	106	2.72	94	0.027	104	16.3
1953	0.051	138	0.046	128	3.13	109	0.026	100	17.0
1954	0.051	138	0.047	131	3.45	120	0.026	100	17.6
1955	0.046	124	0.042	117	3.09	107	0.025	96	19.7
1956	0.050	135	0.046	128	3.36	117	0.022	83	22.4
1957	0.036	97	0.047	131	3.42	119	0.022	83	28.0
1958	0.027	73	0.048	133	3.37	117	0.024	92	37.0
1959	0.039	105	0.044	122	3.44	119	0.028	110	78.5
1960	0.037	100	0.036	100	2.88	100	0.026	100	100.0

	1 litro de 8 945 K cal Kerosén		$1m^3$ de 9 300 K cal Gas natural		45kg de 11 000 K.cal./kg. Gas líquido		Electricidad		Indice del costo de vida base
Año	Precio	Indice	Precio	Indice	Precio	Indice	Precio	Indice	1960 = 100
1961	0.034	92	0.030	83	2.32	81	0.024	91	113.7
1962	0.035	95	0.025	69	2.60	90	0.025	98	143.5
1963	0.043	116	0.029	81	2.79	97	0.026	110	180.7
1964	0.036	97	0.025	69	2.28	79	0.022	83	220.7
1965	0.037	100	0.023	64	2.33	81	0.024	94	283.8
1966	0.037	100	0.023	64	2.56	89	0.026	99	374.3
1967	0.035	95	0.028	78	3.03	105	0.025	96	483.7
1968	0.032	86	0.026	72	2.89	101	0.028	107	554.3
1969	0.030	81	0.024	67	2.65	92	0.026	98	604.7
1970	0.022	73	0.021	58	2.33	81	0.022	87	686.8
1971	0.028	76	0.021	58	2.10	73	0.020	78	923.3
1972	0.028	73	0.019	53	2.26	78	0.017	65	1466.2
1973	0.031	86	0.016	44	1.97	68	0.016	62	2350.5
1974	0.033	92	0.019	53	1.97	68	0.016	62	2919.6
1975	0.023	55	0.012	33	1.37	48	0.009	35	8256.5
1976	0.042	114	0.009	25	1.94	67	0.004	15	4489.8
1977	0.035	95	0.015	42	2.97	103	0.004	15	12309.7

FUENTE: Para el índice del costo de vida:
1939-1942, INDEC, Díaz Alejandro, *op. cit.*, p. 405.
1942-1950, INDEC, Gas del Estado, *Boletín Estadístico*, 1972, p. 65.
1950-1977, INDEC, Banco Central de la República Argentina, *Series Cronológicas.*

Para los precios de la energía:
1939-1973, Instituto Argentino del Petróleo, *Petrotecnia*, enero de 1974.
1973-1977, Secretaría de Energía, Fundación Bariloche, *Anexo Estadístico 1978.*

Anexo 17
Sector doméstico.
Los precios del kerosén, del gas natural y del gas licuado
(en $ a 60/10 000 K.cal)
y precios relativos en el sector doméstico

	Kerosén		Gas natural		Gas licuado	
Año	Precio	PGN/PK	Precio	PGL/PGN	Precio	PGL/PK
1939	0.087					
1940	0.087					
1941	0.085					
1942	0.083					
1943	0.074	3.26	0.241	0.68	0.163	2.20
1944	0.080	3.35	0.268	0.61	0.163	2.04
1945	0.068	2.76	0.188	0.76	0.143	2.10
1946	0.058	2.60	0.151	0.90	0.136	2.34
1947	0.054	2.48	0.134	0.95	0.127	2.35
1948	0.073	1.68	0.123	1.14	0.140	1.92
1949	0.066	1.48	0.098	1.34	0.131	1.98
1950	0.053	1.45	0.077	1.35	0.104	1.96
1951	0.038	1.50	0.057	1.33	0.076	2.00
1952	0.047	0.87	0.041	1.34	0.055	1.17
1953	0.057	0.86	0.049	1.29	0.063	1.10
1954	0.057	0.89	0.051	1.37	0.070	1.23
1955	0.051	0.88	0.045	1.38	0.062	1.21
1956	0.056	0.87	0.049	1.39	0.068	1.21
1957	0.040	1.25	0.050	1.40	0.070	1.75
1958	0.030	1.73	0.052	1.31	0.068	2.27
1959	0.044	1.07	0.047	1.47	0.069	1.57
1960	0.041	0.95	0.039	1.49	0.058	1.41
1961	0.038	0.84	0.032	1.47	0.047	1.24
1962	0.039	0.69	0.027	1.96	0.053	1.36
1963	0.048	0.64	0.031	1.81	0.056	1.17
1964	0.040	0.67	0.027	1.70	0.046	1.15
1965	0.041	0.61	0.025	1.88	0.047	1.15
1966	0.041	0.61	0.025	2.04	0.051	1.24
1967	0.039	0.77	0.030	2.03	0.061	1.56
1968	0.036	0.78	0.028	2.07	0.058	1.61
1969	0.034	0.76	0.026	2.08	0.054	1.59
1970	0.025	0.92	0.023	2.04	0.047	1.88
1971	0.031	0.74	0.023	1.83	0.042	1.35
1972	0.031	0.65	0.020	2.30	0.046	1.48
1973	0.035	0.49	0.017	2.35	0.040	1.14
1974	0.037	0.54	0.020	2.00	0.040	1.08
1975	0.026	0.50	0.013	2.08	0.027	1.04
1976	0.047	0.21	0.010	3.90	0.039	0.83
1977	0.039	0.41	0.016	3.75	0.060	1.54

FUENTE: Anexo 16.

Anexo 18
Sector doméstico. El gasto en energía y su incidencia en los gastos totales de consumo
(10^3 $ a 60)

	GASTO EN ENERGIA								
	Kerosén	Gas natural	Gas licuado	Electricidad	TOTAL I	II	III	IV	V
1939	5024	-	-	38465	13489	1685	1471	3156	1.4
1948	15330	4410		58674	18414	3811	2596	6407	1.2
1953	38244	38244	3572	40222	87543	3500	1793	5293	1.7
1955	40591	5150	3580	33300	82621	3971	2308	6279	1.3
1956	48098	6997	4213	40501	99812	4281	3072	7353	1.3
1957	42420	8925	4777	43098	99220	4199	3471	7670	1.3
1958	34020	11794	6427	49536	101776	4126	3206	7932	1.3
1959	51744	11351	6665	57456	127216	3627	3577	7204	1.8
1960	52951	10360	7368	56316	126995	3687	3451	7138	1.8
1961	50673	10584	8932	60857	130146	4168	3433	7601	1.7
1962	52416	11113	13705	70150	147424	4060	3181	7241	2.0
1963	46368	14647	18074	78758	158647	3967	3437	7404	2.1
1964	38220	14345	20527	68290	141382	4567	3905	8472	1.7
1965	35086	14752	25908	83153	158899	5138	3885	9023	1.8
1966	32718	16249	32130	92674	173771	5256	3227	8483	2.0
1967	32146	22144	41120	96750	192160	5394	3239	8633	2.2
1968	70240	20433	41533	116648	288854	5343	3405	8748	2.0
1969	29810	20884	42808	117146	210648	5727	3604	7367	2.2
1970	22313	20054	40467	112387	195211	6022	3577	9599	2.2
1971	26040	22942	40131	106373	195486	6442	3686	10128	1.9
1972	24738	20835	42705	95421	183799	6171	4231	10402	1.8
1973	27583	20349	39480	94851	182243	6982	3326	10308	1.8
1974	33100	26040	38766	97840	195746	7499	3578	11077	1.8
1975	22877	18427	26706	59589	127599	7049	3363	10412	1.2
1976	37703	15855	38902	27828	120288	4229	2018	6247	1.9
1977	31245	24242	56889	28521	140904	---	---	---	---

NOTA: II. Gasto de los asalariados y jubilados.
III. Gasto de los no asalariados.
IV. Gasto total (I + II).
V. Relación I/IV (en %).

FUENTE: Para el gasto de consumo:
1939-48 BCRA, *op. cit.*, Vol. III, Bs. As., 1976, pp. 54-55.
1950-73 BCRA, *op. cit.*, Vol. II, pp. 51 y 29.
1974-76 CEPAL, *Economic Survey of Latin America*, p. 43, 1977.
Para el gasto en energía:
Anexos 14 y 17.

Anexo 19
Industria manufacturera. Crecimiento del consumo de energía por formas e industrias (% anual)

	1939-1953						1939-1973					
	Derivados petróleo	Gas natural	Carbón	Combustibles vegetales	Electricidad	TOTAL	Derivados petróleo	Gas natural	Carbón	Combustibles vegetales	Electricidad	TOTAL
Alimentos, bebida y tabaco	4.4	-	-11.3	1.7	6.8	0.5	3.7	-	-8.7	1.1	5.7	2.5
Textil	6.6		-10.2		7.3	5.9	4.4			-2.9	3.1	3.9
Confección				-15.3	12.4	-0.7					0.8	4.0
Madera y muebles	10.1		- 9.9	1.4	8.9	4.4	5.4		-0.8	-0.9	6.3	2.6
Papel y cartón	5.0		- 9.0	2.8	4.3	4.7	5.1			-3.4	4.2	4.5
Imprenta y publicaciones	1.0		- 9.4	-10.5	3.3	2.3	1.3				3.2	1.9

	1939-1953						1939-1973					
	Derivados petróleo	Gas natural	Carbón	Combustibles vegetales	Electricidad	TOTAL	Derivados petróleo	Gas natural	Carbón	Combustibles vegetales	Electricidad	TOTAL
Cuero	7.8		- 0.0	-11.7	7.1	-1.3	3.3				2.9	-1.0
GRUPO A	5.1		-11.5	- 2.0	6.7	1.7	4.2		-8.4	0.8	4.8	2.8
Productos químicos	8.7		- 0.0	- 7.2	10.9	2.6	8.1		2.5	-2.5	12.3	6.8
Caucho	6.2		- 0.0	1.9	6.6	6.3	4.7			6.7	6.1	5.9
Piedra, vidrio y cerámica	4.6		- 0.4	8.4	8.8	5.4	2.2		2.2	2.0	8.5	4.4
Metales sin maquinaria	13.3		3.0	- 0.2	12.7	7.7	9.7		7.4	1.4	11.1	8.5
Vehículos y maquinaria sin eléctricos	8.4		- 1.5	2.8	8.6	4.9	7.9		0.9		10.0	4.8
Maquinarias y aparatos eléctricos				4.4	18.2	16.0					9.8	8.0
GRUPO B	6.8		0.1	1.7	10.4	5.3	5.6		5.8	-0.2	10.3	6.1
Diversos	-3.0			-7.5		-2.0						1.3
TOTAL INDUSTRIA MANUFACTURERA	5.5		3.9	-0.7	7.8	3.0	4.8		2.8	0.3	7.4	4.4

FUENTE: Anexos 2 a 7.

Anexo 19.1
Industria manufacturera. Crecimiento del consumo de energía por formas e industrias (% anual)

	1953 - 1963						1963 - 1973					
	Derivados petróleo	Gas natural	Carbón	Combustibles vegetales	Electricidad S.P.	TOTAL	Derivados petróleo	Gas natural	Carbón	Combustibles vegetales	Electricidad S. P.	TOTAL
Alimentos, bebida y tabaco	4.5	30.3	-15.7	7.4	-2.7	5.6	2.1	11.3	3.9	-0.8	13.1	2.3
Textil	8.7	38.3		-4.8	-5.9	0.8	2.6	17.7		-0.6	6.8	4.4
Confección	24.0			-12.0	1.8	11.5	1.8				11.0	3.7
Madera y muebles	8.5	20.1		-4.2	-1.1	0.0	-3.6	10.6	12.7	-0.6	10.5	2.8
Papel y cartón	3.6	10.2		-15.0	6.4	3.5	6.8	12.7		0.5	1.7	5.4
Imprenta y publicaciones	5.6	-0.9		-6.7	-0.2	-0.4	-2.3	7.1			6.5	3.9
Cuero	9.9	19.6	-16.4	-11.2	-8.0	-3.5		17.4			9.5	1.9
GRUPO A	4.3	26.2	-15.7	6.6	-2.1	4.4	2.6	12.4	4.6	-0.8	9.4	2.9
Productos químicos	5.1	18.0	-0.9	5.2	9.8	6.9	10.1	21.9	9.9	-3.2	17.1	13.0
Caucho	2.4	68.0		22.8	-5.0	3.7	4.7	10.3		-1.0	17.8	7.7
Piedra, vidrio y cerámica	-5.3	41.9	2.7	-3.3	-2.5	1.2	6.9	6.4	5.7	-0.8	20.2	6.2
Metales sin maquinaria	7.4	24.1	27.9	-13.2	5.8	9.0	7.2	15.6	4.4	21.4	14.5	9.0
Vehículos y maquinaria sin eléctricos	9.8	-6.0	-3.5	-24.2	6.4	-0.4	5.4	8.6	9.4		15.6	10.4
Maquinarias y aparatos eléctricos	2.3	5.6	-15.4	-4.2	-4.4	-1.4	4.3	7.8	20.8		13.8	7.2
GRUPO B	1.9	25.2	15.2	-4.6	4.6	4.2	7.7	12.5	4.9	1.6	16.1	9.2
Diversos												
TOTAL INDUSTRIA MANUFACTURERA	3.2	24.7	10.9	2.7	1.1	4.2	5.3	12.8	4.8	-0.2	13.6	6.6

FUENTE: Anexos 2 a 7.

Anexo 20
Crecimiento del consumo de electricidad y de combustibles en la industria manufacturera
(% anual)

	TOTAL COMBUSTIBLES				ELECTRICIDAD TOTAL				AUTO PRODUCCION			
	1939-53	1953-63	1963-73	1939-73	1939-53	1953-63	1963-73	1939-73	1939-53	1953-63	1963-73	1939-73
Alimentos, bebida y tabaco	-0.0	6.6	1.5	2.3	5.8	-0.1	8.1	4.7	4.0	6.7	4.7	4.9
Textil	5.1	3.4	4.3	4.4	8.6	-2.5	4.1	3.9	13.3	8.4	2.5	2.0
Confección	-5.7	18.4	1.8	3.1	12.3	2.1	7.5	7.8	9.4	23.0	-	-
Madera y muebles	2.7	1.2	-0.4	1.3	7.3	-1.5	7.1	4.9	2.5	4.3	1.4	2.7
Papel y cartón	4.8	2.9	7.2	4.9	6.9	10.8	4.3	7.3	11.0	17.8	5.5	11.3
Imprenta y publicaciones	-0.7	2.8	-	0.5	3.3	-1.6	5.7	2.5	-1.3	4.8	9.6	3.6
Cuero	-3.8	-1.1	-0.1	-1.9	8.1	-8.5	12.2	1.8	6.3	1.9	-12.9	-0.9
GRUPO A	0.8	5.8	2.3	2.7	6.8	1.1	6.1	4.9	6.2	9.8	4.5	6.8
Productos Químicos	1.8	6.6	12.6	6.3	11.6	8.5	10.8	9.8	11.7	7.7	6.0	8.8
Caucho	5.8	7.5	5.6	6.2	7.9	1.1	10.1	6.4	17.1	18.1	3.9	13.3
Piedra, vidrio y cerámica	5.3	1.5	5.6	4.2	5.4	1.1	6.7	4.5	3.9	5.3	0.2	3.2
Metales sin maquinaria	6.7	10.1	8.4	8.1	13.7	8.9	12.1	11.8	16.2	19.8	11.1	15.7
Vehículos y maquinaria sin eléctricos	4.2	-2.5	8.1	3.3	9.2	7.9	10.9	9.3	10.6	18.7	3.2	10.6
Maquinarias y aparatos eléctricos	14.6	0.7	4.8	7.4	18.5	-1.7	8.0	9.1	29.6	19.0	-5.8	15.1
GRUPO B	4.7	4.3	8.3	5.7	9.4	5.6	10.6	8.6	7.9	10.5	6.2	8.1
Diversos												
TOTAL INDUSTRIA MANUFACTURERA	2.3	5.0	5.7	4.1	7.7	3.2	8.9	6.7	6.9	10.2	5.5	7.4

FUENTE: Anexos 2 a 7.

Anexo 21
Valor agregado de la industria manufacturera
(10^6 a $ 1960)

	1939	1946	1948	1953	1958	1963	1966	1971	1973
Alimentos, bebida y tabaco	308.3	454.8	447.6	487.3	700.0	688.7	797.2	955.2	1008.9
Textil	109.8	230.8	293.3	246.5	317.9	232.5	336.1	398.5	449.1
Confección	89.9	117.9	137.0	113.6	175.0	120.5	144.6	158.3	178.4
Madera y muebles	66.5	99.6	102.3	88.6	75.8	63.2	89.9	98.2	98.4
Papel y cartón	15.2	29.9	40.5	34.6	67.1	54.5	82.1	109.2	116.9
Imprenta y publicaciones	106.3	64.7	79.1	59.7	90.4	68.9	89.9	120.1	110.7
Cuero	43.2	74.7	69.5	57.8	64.2	45.9	54.7	60.0	67.7
GRUPO A	739.2	1072.4	1169.3	1088.1	1490.4	1274.2	1594.5	1899.5	2030.1
Productos químicos	46.7	126.2	137.0	144.5	215.8	232.5	351.7	578.6	664.4
Caucho	11.7	14.9	27.0	27.0	40.8	43.0	58.6	92.8	104.6
Piedra, vidrio y cerámica	49.0	76.4	90.7	84.7	125.4	109.1	152.4	229.2	221.4
Metales sin maquinaria	106.3	137.8	183.3	179.1	317.9	321.4	488.5	758.7	830.5
Vehículos y maquinaria sin eléctricos	144.8	122.8	146.6	198.5	390.8	493.6	722.9	1124.4	1445.6
Maquinarias y aparatos eléctricos	15.2	28.3	50.2	84.7	99.2	109.1	152.4	234.7	246.1
GRUPO B	373.7	506.4	634.8	718.5	1189.1	1308.7	1926.4	3045.6	3512.6
Diversos	31.5	41.5	42.4	44.3	62.0	63.2	101.4	147.4	178.3
TOTAL INDUSTRIA MANUFACTURERA	1144.4	1620.3	1846.5	1850.9	2741.5	2646.1	3622.3	5092.5	5721.0

FUENTE: A partir de Naciones Unidas, CEPAL, *El Desarrollo Económico de la Argentina*, Chile, 1958, pp. 5-11; BCRA, *op. cit.*, p. 128; *Censos Industriales* 1939, 1946, 1948, 1953 y 1963.

Anexo 22
El contenido energético de la industria manufacturera por ramas
(KEP/$ a 1960)

	1939	1948	1953	1963	1966	1973
Alimentos, bebida y tabaco	3.736	3.309	2.563	3.146	2.763	2.763
Textil	1.633	0.928	1.625	1.876	1.449	1.498
Confección	0.240	0.171	0.171	0.483	0.399	0.471
Madera y muebles	0.444	0.518	0.611	0.862	0.697	0.732
Papel y cartón	4.717	4.960	3.965	3.576	2.894	2.823
Imprenta y publicaciones	0.121	0.580	0.298	0.247	0.221	0.226
Cuero	0.951	0.637	0.588	0.518	0.464	0.428
GRUPO A	2.040	1.814	1.757	2.316	1.940	1.941
Productos químicos	5.125	2.593	2.401	2.910	3.157	3.468
Caucho	2.205	1.514	2.241	2.028	1.737	1.760
Piedra, vidrio y cerámica	8.853	4.753	10.768	9.466	8.805	8.532
Metales sin maquinaria	1.495	1.317	2.430	3.225	2.688	2.973
Vehículos y maquinaria sin eléctricos	0.893	1.038	1.287	0.495	0.387	0.584
Maquinarias y aparatos eléctricos	0.408	0.464	0.586	0.392	0.281	0.349
GRUPO B	2.650	1.960	2.866	2.384	2.178	2.161
Diversos	4.603	2.222	2.449	0.558	0.937	1.278
TOTAL INDUSTRIA MANUFACTURERA	2.309	1.873	2.205	2.308	2.038	2.055

FUENTE: Anexos 2 a 7 y 21.

Anexo 23
El consumo de energía por obrero empleado en la industria manufacturera (TEP / obrero)

	1939	1948	1953	1963	1966	1973
Alimentos, bebida y tabaco	9.21	8.14	6.47	11.78	11.59	11.76
Textil	2.76	1.93	2.76	4.12	3.29	5.30
Confección	0.65	0.46	0.40	1.02	0.83	0.96
Papel y cartón	7.96	11.82	7.68	10.83	14.61	13.75
Imprenta y publicaciones	0.50	1.48	0.68	0.61	0.46	0.38
Cuero	1.96	1.13	0.94	2.97	2.30	2.42
GRUPO A	4.74	3.95	3.40	6.63	5.82	6.41
Productos químicos	13.43	8.66	7.88	14.72	22.66	[illegible].02
Caucho	4.30	4.54	4.32	7.27	8.48	10.82
Piedra, vidrio y cerámica	16.68	7.86	14.47	19.86	22.00	28.19
Metales sin maquinaria	2.95	2.63	3.85	9.87	10.68	17.27
Vehículos y maquinaria sin electricidad	2.16	1.69	1.76	1.31	1.30	2.66
Maquinaria y aparatos eléctricos	1.24	1.15	1.46	1.34	0.93	1.54
GRUPO B	5.93	4.03	4.98	7.21	8.28	13.11
Diversos	8.53	3.61	3.87	1.77	5.28	8.77
TOTAL INDUSTRIA MANUFACTURERA	5.26	3.97	4.06	6.81	6.99	9.64

FUENTE: Anexos 2 a 7 y 22.

Anexo 24
Fuerza Motriz instalada en la industria manufacturera
(10^3 HP)

	1939			1948			1953			1963		
	Primaria	Electricidad	Total	Primaria	Electricidad	Total	Primaria	Electricidad	Total	Primaria	Electricidad	Total
Alimentos, bebida y tabaco	304	301	605	368	403	771	445	525	969	229	711	1140
Textil	20	82	102	47	162	209	101	261	362	37	334	371
Confección	2	11	13	1	14	15	2	19	21	1	56	57
Papel y cartón	25	37	62	22	55	77	86	100	186	2	203	205
Imprenta y publicaciones	1	28	29	1	54	55	1	43	44	3	63	66
Cuero	6	18	24	7	37	44	8	53	61	3	46	49
GRUPO A	979	537	916	486	828	1314	733	1189	1922	335	1881	2216
Productos químicos	33	47	80	66	110	176	130	164	294	32	295	327
Caucho	1	16	17	1	29	30	11	49	60	3	88	91
Piedra, vidrio y cerámica	61	78	139	74	134	208	129	181	310	30	340	370
Metales sin maquinaria	9	71	80	22	192	214	104	376	480	23	710	733
Vehículos y maquinaria sin electricidad	23	99	122	33	150	183	107	291	398	54	743	798
Maquinaria y aparatos eléctricos	-	6	6	2	24	26	12	61	73	3	87	90
GRUPO B	127	317	444	198	639	837	493	1122	1615	145	2263	2008
Diversos	18	39	57	15	48	63	26	77	103	4	77	81
TOTAL INDUSTRIA MANUFACTURERA	524	893	1417	699	1515	2214	1252	2388	3640	184	4221	4305

FUENTE: Censos Industriales 1939, 1945, 1953 y 1963.

Anexo 25
Industria manufacturera

	Potencia instalada por obrero (HP/obrero)				Energía consumida por HP (TEP/HP)			
	1939	1948	1953	1963	1939	1948	1953	1963
Alimentos, bebida y tabaco	4.84	4.24	5.02	6.19	1.903	1.921	1.289	1.903
Textil	1.57	1.48	2.50	3.50	1.757	1.303	1.106	1.176
Confección	0.39	0.29	0.43	1.00	1.661	1.566	0.929	1.021
Papel y cartón	6.88	4.53	10.33	11.39	1.156	2.609	0.738	0.951
Imprenta y publicaciones	1.21	1.77	1.69	2.36	0.444	1.198	0.404	0.276
Cuero	1.14	1.13	1.69	6.12	1.712	1.007	0.557	0.486
GRUPO A	2.88	2.45	3.41	4.98	1.646	1.614	0.995	1.332
Productos químicos	4.44	4.25	6.68	7.11	3.021	2.018	1.180	2.069
Caucho	2.83	3.33	4.29	7.58	1.518	1,363	1.008	0.958
Piedra, vidrio y cerámica	5.35	3.65	4.92	7.11	3.121	2,072	2,942	2,791
Metales sin maquinaria	1.54	2.33	4.25	6.98	1.919	1.129	0.907	1.414
Vehículos y maquinaria sin electricidad	2.03	2.03	2.74	4.29	1.061	0.834	0.642	0.306
Maquinaria y aparatos eléctricos	1.20	1.30	2.15	2.81	1.033	0.896	0.679	0.476
GRUPO B	2.66	2.71	3.91	5.56	2.231	1.487	1.275	1,296
Diversos					2.544	1.488	1.048	0.436
TOTAL INDUSTRIA MANUFACTURERA	2.82	2.54	3.63	5.24	1.865	1.562	1.121	1.298

FUENTE: Anexos 2 a 7, 24 y 26.

Anexo 26
Obreros empleados en la industria manufacturera
(miles)

	1939	1948	1953	1963	1966	1973
Alimentos, bebidas y tabaco	125	182	193	184	190	232
Textil	65	141	145	106	148	127
Confección	33	51	49	57	62	87
Papel y cartón	9	17	18	18	19	24
Imprenta y publicaciones	24	31	26	28	43	65
Cuero	21	39	36	8	11	12
GRUPO A	318	537	563	445	532	615
Productos químicos	18	41	44	46	49	49
Caucho	6	9	14	12	12	17
Piedra, vidrio y cerámica	26	57	63	52	61	67
Metales sin maquinaria	52	92	113	105	123	143
Vehículos y maquinaria sin electricidad	60	90	145	186	215	247
Maquinaria y aparatos eléctricos	5	20	34	32	46	56
GRUPO B	167	309	413	433	506	579
Diversos	17	26	28	20	18	26
TOTAL INDUSTRIA MANUFACTURERA	502	872	1004	898	1056	1220

FUENTE: Censos Industriales.

Anexo 27
Relación combustible/electricidad consumidos en la industria manufacturera (KEP/KWh)

	1939	1948	1953	1963	1973
Alimentos, bebida y tabaco	3.34	2.74	1.46	2.40	1.16
Textil	0.85	0.39	0.50	0.75	0.72
Confección	3.34	0.82	0.28	1.07	0.55
Cuero	2.50	1.25	0.52	0.98	0.53
Madera y muebles	1.15	0.99	0.58	0.66	0.26
Papel y cartón	0.64	0.81	0.40	0.02	0.04
Imprenta y publicaciones	0.16	0.87	0.10	0.14	0.06
GRUPO B	2.17	1.51	0.92	1.21	0.74
Productos químicos	2.86	0.89	0.61	0.54	0.66
Caucho	0.60	0.66	0.43	0.59	0.37
Metales sin maquinaria	2.46	1.16	0.99	0.87	0.54
Vehículos y maquinarias	2.29	1.41	1.20	0.27	0.21
Maquinaria y aparatos eléctricos	0.76	0.44	0.46	0.42	0.32
Piedra, vidrio y cerámica	2.33	1.35	2.37	1.97	1.71
Diversos	1.85	1.08	0.54	0.29	1.23
GRUPO B	2.30	1.18	1.21	0.85	0.65
TOTAL	2.22	1.37	1.05	1.01	0.69

FUENTE: Anexos 2 a 7.

Anexo 28
Precio de los combustibles en la industria manufacturera
(en $ a 1960/10^4 Kcal)

	Kerosén	Gas oil	Diesel oil	Fuel oil	Carbón Mineral	Gas Natural
1939	0.097	0.044	0.035	0.016	0.019	
1948	0.053	0.027	0.025	0.020	0.022	
1949	0.057	0.024	0.025	0.018	0.021	
1950	0.050	0.021	0.022	0.016	0.020	
1951	0.038	0.023	0.019	0.016	0.017	
1952	0.060	0.018	0.016	0.013	0.012	
1953	0.054	0.018	0.015	0.012	0.008	
1954	0.057	0.017	0.014	0.012	0.008	
1955	0.050	0.015	0.013	0.010	0.008	
1956	0.061	0.049	0.022	0.018	0.014	
1957	0.041	0.041	0.018	0.016	0.020	
1958	0.029	0.029	0.013	0.011	0.014	
1959	0.044	0.064	0.033	0.018	0.024	
1960	0.042	0.054	0.044	0.019	0.020	0.020
1961	0.034	0.050	0.041	0.014	0.018	0.018
1962	0.040	0.045	0.036	0.015	0.015	0.017
1963	0.050	0.045	0.035	0.013	-	0.015
1964	0.041	0.037	0.029	0.011	0.010	0.012
1965	0.041	0.037	0.024	0.017	0.013	0.018
1966	0.044	0.042	0.038	0.014	0.016	0.014
1967	0.042	0.040	0.033	0.013	0.014	0.014
1968	0.038	0.036	0.030	0.012	0.013	0.012
1969	0.036	0.035	0.029	0.011	0.013	0.012
1970	0.032	0.031	0.025	0.010	0.011	0.010
1971	0.041	0.037	0.022	0.010	0.011	0.011
1972	0.039	0.041	0.026	0.009	0.020	0.010
1973	0.044	0.049	0.027	0.010	0.018	0.011
1974	0.047	0.057	0.029	0.011	0.015	0.012
1975	0.027	0.032	0.019	0.007	0.015	0.007
1976	0.037	0.038	0.032	0.008	0.021	0.012

FUENTE: 1939-73: Secretaría de Energía y *Petrotecnia* Enero 1974, p. 25.
1973-76: V. Bravo, *Sustituciones, op. cit.*

Anexo 29

Los gastos en energía en relación a los consumos intermedios de la industria manufacturera (%)

	1939	1946	1948	1953	1963
Alimentos, bebidas y tabaco	3.2	4.3	4.6	3.5	3.2
Textil	4.0	5.2	4.1	4.3	3.0
Confección	0.3	0.6	0.5	0.5	0.9
Cuero	3.2	1.7	1.9	2.4	3.7
Madera y muebles	10.7	9.3	7.5	8.3	13.5
Papel y cartón	3.9	3.0	2.5	3.2	2.6
Imprenta y publicaciones	1.7	1.5	1.8	1.8	3.5
Productos químicos	4.0	6.4	5.6	5.6	10.0
Caucho	5.2	8.5	6.9	7.0	5.6
Piedra, vidrio y cerámica	30.5	34.1	30.6	26.1	37.9
Metales sin maquinaria	4.2	7.7	6.3	6.0	14.0
Vehículos y maquinaria sin electricidad	4.0	7.6	4.1	5.5	4.0
Maquinaria y aparatos eléctricos	2.3	5.0	2.8	2.7	26.0
Diversos	13.8	12.2	13.0	13.2	38.0
TOTAL INDUSTRIA MANUFACTURERA	4.0	5.4	5.0	4.6	5.0

FUENTE: Censos Industriales.

Anexo 30
El consumo de combustibles en la producción de electricidad del servicio público
(10^3 TEP)

	Gas natural	Gas oil y Diesel	Fuel oil	Carbón	Combustibles vegetales	Uranio	TOTAL
1939		44	294	497	9		844
1948		67	812	492	7		1378
1953		167	1317	307	13		1804
1957	9	219	1953	183	4		2368
1958	8	234	2010	220	3		2475
1959	5	284	1908	236	2		2435
1960	43	285	1977	273	1		2579
1961	345	308	1872	174	1		2700
1962					1		2688
1963	446	347	1768	186	1		2748
1964	320	384	2067	153	1		3001
1965	432	429	2013	126	1		3087
1966	471	441	2107	67	1		3087
1967	636	420	2076	115	-		3247
1968	669	448	2170	140	-		3427
1969	457	590	2784	174	-		4005
1970	646	609	2832	218	-		4305
1971	731	783	3065	254	-		4833
1972	1096	745	3349	210	-		5400
1973	1402	753	3101	179	-		5435
1974	1488	663	2675	208	-	296	5330
1975	1560	693	2539	231	-	573	5596
1976	1409	852	2775	225	-	590	5858
1977	1507	1058	3174	149	-	427	6315

FUENTE: Anexos 2 a 7.
Secretaría de Energía, *Boletín Combustibles*, varios números.
Boletín Electricidad, varios números.

Anexo 31
El consumo de combustibles para la autoproducción de electricidad
(10^3 TEP)

Año	Fuel oil	Gas natural	Carbón mineral	Gas oil	Diesel oil	Carbón residual de petróleo	Combustibles vegetales	Gas de alto horno	TOTAL	Consumo específico Kcal./kwh.
1939	40		48		49		111		248	5271
1948	110		30		70		90		300	4500
1953	202				144		134		480	4662
1961	370	112	4		331		98	65	980	3545
1962	355	164	5		363		95	63	1045	3563
1963	348	192	6		381		98	61	1086	3577
1964	383	242	7		423		100	81	1236	3575
1965	411	283	8		429	12	110	110	1393	3513
1966	406	284	12		452	13	98	98	1363	3514
1967	408	290	12		442	15	100	111	1378	3457
1968	390	310	13		479	13	98	119	1422	3400
1969	474	301	13		506	10	98	127	1529	3404
1970	508	319	14		497	12	92	139	1581	3418
1971	468	398	26		446	12	81	140	1571	3358
1972	469	422	32		443	12	71	120	1569	3408
1973	470	400	28		429	12	90	125	1554	3295
1974	468	430	31		396	13	87	130	1555	3388
1975	527	562	6		269	13	79	132	1588	3551
1976	533	620			250	14	76	171	1664	3558
1977	575	708			245	13	82	168	1791	3608
1978	475	627			219	12	76	218	1627	--

FUENTE: 1961-1973, Fundación Bariloche, *Análisis Crítico, op. cit.*, p. 32.
1974-1977, a partir de estimaciones de Fundación Bariloche, sobre la base de Energía, *Boletín de Electricidad.*
1939-1948, Evaluación sobre la base de censos industriales y CEPAL, *El desarrollo . . ., op. cit.*

Anexo 32
Precio de los combustibles a centrales eléctricas
(en $ a 1960/10 000 Kcal)

Año	Gas oil	Diesel oil	Fuel oil	Carbón Mineral	Gas natural
1939	0.050	0.042	0.025		
1948	0.027	0.025	0.020		
1949	0.024	0.022	0.018		
1950	0.021	0.019	0.016		
1951	0.023	0.019	0.016		
1952	0.018	0.016	0.013		
1953	0.017	0.014	0.012		
1954	0.017	0.014	0.012		
1955	0.015	0.013	0.010		
1956	0.049	0.012	0.010		
1957	0.041	0.011	0.009		
1958	0.029	0.013	0.006		
1959	0.064	0.027	0.017		
1960	0.054	0.022	0.014		0.015
1961	0.050	0.024	0.015		0.016
1962	0.045	0.018	0.011		0.016
1963	0.045	0.021	0.012		0.013
1964	0.037	0.017	0.010		0.010
1965	0.037	0.016	0.010	0.010	0.010
1966	0.042	0.018	0.011	0.010	0.010
1967	0.040	0.018	0.010	0.010	0.010
1968	0.036	0.017	0.009	0.009	0.009
1969	0.035	0.016	0.009	0.009	0.009
1970	0.031	0.014	0.008	0.008	0.008
1971	0.037	0.012	0.007	0.008	0.008
1972	0.041	0.014	0.008	0.009	0.008
1973	0.049	0.013	0.007	0.010	0.008
1974	0.057	0.021	0.009	0.009	0.009
1975	0.074	0.011	0.005	0.005	0.005
1976	0.038	0.012	0.008	0.004	0.007

FUENTES: 1939-73, a partir de precios nominales de Secretaría de Energía, *Petrotecnia, op. cit.*
1973-79, a partir de V. Bravo, *Las sustituciones . . ., op. cit.*

Anexo 33
Composición del parque de combustión interna del servicio público y de la autoproducción

A. Servicio público

	Diesel MW	%	Turbinas a gas MW	%	TOTAL MW	%
1963	603	89	72	11	675	100
1966	676	88	88	12	764	100
1970	750	66	393	34	1 143	100
1972	775	52	713	48	1 488	100
1977	796	38	1 277	62	2 073	100

B. Autoproducción

	Vapor MW	%	Combustión interna MW	%	Hidráulica MW	%	TOTAL MW	%
1963	786	53	689	46	21	1	1 496	100
1966	886	53	781	46	24	1	1 691	100
1970	953	53	852	46	25	1	1 830	100
1972	923	52	829	47	24	1	1 776	100
1977	1 013	52	903	47	24	1	1 940	100

FUENTE: Secretaría de Estado de Energía, *Anuario Estadístico, Energía Eléctrica*, varios números.

Anexo 34
El consumo sectorial de electricidad del servicio público y el rendimiento de las centrales térmicas (10^6 KWh)

Año	Industria	Doméstico	Terciario	Transporte	TOTAL	Rendimiento de las centrales térmicas (kep/kwh)
1939	655	785	161	263	1864	0.3735
1948	1491	1397	159	403	3450	0.3722
1953	1894	1547	384	350	4175	0.3858
1954	2120	1635	459	364	4578	0.3723
1955	2275	1332	422	363	4392	0.3728
1956	2487	1858	667	346	5358	0.3375
1957	2514	1959	799	362	5634	0.3746
1958	2606	2064	962	352	5984	0.3689
1959	2623	2016	1080	369	6088	0.3688
1960	2657	2166	1143	368	6334	0.3688
1961	2093	2557	1860	337	6847	0.3554
1962	1985	2751	1957	260	6953	0.3512
1963	2119	2972	2029	226	7346	0.3425
1964	2463	3147	2190	237	8037	0.3248
1965	2851	3394	2384	212	8841	0.3003
1966	3090	3606	2504	177	9377	0.2926
1967	3202	3870	2693	189	9954	0.2891
1968	3559	4166	2962	247	10934	0.2841
1969	4232	4576	3255	276	12339	0.2870
1970	4933	4995	3583	287	13798	0.2810
1971	5825	5253	3854	290	15222	0.2812
1972	6902	5613	4094	289	16898	0.2847
1973	7590	5855	4318	292	18055	0.2898
1974	8285	6115	4404	288	19092	0.2949
1975	8885	6621	4625	288	20419	0.2967
1976	8992	6957	4780	279	21008	0.2974
1977	10087	7132	5072	264	22556	0.2961
1978	10728	7585	5394	284	23991	0.2880

FUENTE: 1939-1953, Censos industriales.
1953-1960, Consejo Federal Inversiones, *Panorama Energético Argentino*, p. 92.
1961-1977, Secretaría de Energía, *Boletín Electricidad*, varios números.

Anexo 35
El consumo de energía en la producción y transformación de hidrocarburos
(10^3 TEP)

	Nafta	Kerosén	Gas natural	Gas licuado	Gas oil	Diesel oil	Fuel oil	Gas de refinación	Carbón residual de petróleo	TOTAL
1939	-	-	362	-	10	10	376	118	157[1]	1033
1948	13	2	399	-	11	17	418	151	180[2]	1195
1950	17	2	397	-	19	25	448	147	72	927
1951	16	1	406	-	21	38	467	148	77	1174
1952	16	1	419	-	27	44	518	151	68	1244
1953	16	2	432	-	35	58	543	1[illegible]5	133[3]	1394
1954	17	1	405	-	32	53	551	145	61	1263
1955	16	2	406	-	36	50	719	150	60	1439
1956	18	2	406	-	38	64	739	156	65	1488
1957	17	2	439	-	33	56	787	160	32	1526
1958	17	2	442	-	37	55	863	157	-	1573
1959	19	3	416	-	36	52	818	150	-	1494
1960	23	4	550	-	50	55	865	158	-	1705
1961	27	4	609	1	61	60	882	169	31	1844
1962	27	3	700	7	67	69	961	226	33	2093
1963	26	6	870	3	61	89	862	244	121	2282
1964	24	4	923	3	75	80	912	247	126	2394
1965	31	5	906	5	74	80	931	240	135	2407
1966	32	4	869	6	72	79	1078	250	156	2546
1967	27	3	901	6	75	99	1100	249	170	2630
1968	23	2	979	2	70	102	1235	211	147	2771
1969	23	2	1049	9	70	98	1470	314	110	3218
1970	26	2	1130	3	68	109	1508	377	135	3358
1971	25	3	1250	7	78	104	1687	418	118	3690
1972	25	2	1224	7	77	112	1843	458	120	3870
1973	23	3	1267	6	64	101	1771	497	130	3862
1974	23	3	1363	7	71	85	1665	533	130	3880
1975	23	5	1354	7	91	72	1640	422	80	3694
1976	23	5	1383	10	144	41	1644	389	109	3748
1977	24	6	1425	18	168	46	1741	381	121	3930

FUENTE: 1), 2) y 3) Censos Industriales 1939, 1948 y 1953.
Y. P. F. *Anuario Estadístico*, pp. 1 a 10.
Secretaría de Energía, *Boletín Combustibles*, varios números.

Anexo 36
El consumo de energía del sector transporte
(10^3 TEP)

Año	Combustibles vegetales	Naftas	Nafta automóvil	Combustible Jet	Gas oil	Fuel oil	Diesel oil	Carbón mineral	Electricidad a la producción	TOTAL
1939	150	566	382		45	685	60	803	98	2790
1948	76	989	390	38	51	1567	53	562	150	3876
1953	250	1175	435	55	149	1409	65	575	135	4248
1954	270	1246	461	59	201	1434	58	578	136	4443
1955	293	1216	451	63	337	1367	86	581	135	4529
1956	296	1192	487	82	351	1447	125	620	129	4729
1957	274	1278	520	91	397	1502	146	549	136	4893
1958	274	1450	568	94	466	1314	173	666	130	5135
1959	193	1168	527	94	447	1288	184	556	136	4593
1960	182	1372	682	125	623	1119	123	464	136	4826
1961	173	1662	780	137	777	1022	112	353	120	5136
1962	163	1768	1004	150	916	971	124	15	91	5202
1963	150	1674	942	162	920	1034	125	3	77	5087
1964	143	1795	1119	175	1262	802	138	38	77	5549
1965	136	1917	1316	184	1429	877	103	94	64	6120
1966	130	2008	1411	201	1540	826	98	171	52	6437
1967	133	2101	1612	244	1719	801	103	111	55	6879
1968	131	2069	1706	270	1938	772	98	54	70	7108
1969	130	2069	1884	230	2188	782	278	53	79	7693
1970	130	2089	2075	340	2500	763	323	24	81	8325
1971	128	2179	2234	394	2870	689	323	8	82	8805
1972	127	2216	2466	383	2856	622	251		82	9003
1973	114	2255	2714	363	2964	499	307		85	9301
1974	42	2115	2665	394	3015	480	215		85	9011
1975	30	1668	2393	396	3606	509	57		85	8744
1976	30	1709	2419	400	3635	462	61		83	8799
1977	30	1772	2724	491	3881	528	105		78	9609
1978	20	1823	2818	536	4004	518	134		82	9935

FUENTE: 1939-1953, Anexos 2 a 7.
1953-1978, Secretaría de Energía, Fundación Bariloche, Anexo 1979.

Anexo 37
El consumo de energía en el ferrocarril y en el transporte comercial carretero
(10^3 TEP)

	Combustibles vegetales	Carbón	Gas oil	Diesel oil	Fuel oil	TOTAL
1948	74	531	-	22	1441	2069
1953	250	560	42	17	1245	2114
1958	274	666	99	32	1150	2221
1963	150	3	132	73	558	916
1968	131	54	175	72	688	1120
1973	114	-	-	269	405	788
1975	30	-	219	38	367	654
1977	30	-	263	-	349	642

	Naftas	Gas oil	TOTAL	Naftas	Gas Oil	TOTAL
1948	989	51	1040	95	5	100
1953	1175	149	1324	89	11	100
1958	1450	360	1810	80	20	100
1963	1674	928	2602	64	36	100
1973	2255	2964	5219	43	57	100
1975	1668	3320	4988	33	67	100
1977	1772	3618	5390	33	67	100

FUENTE: 1948-53, Anexos 2 a 7,
1955-57, a partir de F. Bariloche, *Anexo Estadístico 1979*.

Anexo 38
El consumo de energía en el sector agropecuario
(10^3 TEP)

Año	Combustibles vegetales	F.O. G.O. D.O.	Total
1939	n.d.	144	n.d.
1948	320	206	526
1953	306	229	535
1955	420	160	580
1956	410	201	611
1957	410	256	666
1958	410	282	692
1959	430	254	684
1960	320	300	620
1961	400	375	775
1962	400	442	842
1963	450	519	969
1964	450	713	1663
1965	440	812	1252
1966	420	878	1298
1967	420	815	1235
1968	367	824	1191
1969	369	894	1263
1970	350	877	1227
1971	350	815	1165
1972	350	872	1222
1973	330	985	1315
1974	350	1056	1406
1975	360	1101	1461
1976	370	1247	1607
1977	370	1377	1747

FUENTE: 1939-1953, Anexos 2 a 7.
1953-1977, a partir de Fundación Bariloche, *Anexo Estadístico 1979*.

Anexo 38.1
Superficies cultivadas en la agricultura
(10^6 ha)

1949/1950	22 374	1963/1964	26 548
1950/1951	24 645	1964/1965	25 951
1951/1952	22 537	1965/1966	25 291
1952/1953	22 508	1966/1967	25 937
1953/1954	25 007	1967/1968	26 463
1954/1955	24 385	1968/1969	28 069
1955/1956	24 561	1969/1970	27 712
1956/1957	26 627	1970/1971	25 079
1957/1958	27 258	1971/1972	23 763
1958/1959	26 910	1972/1973	25 220
1959/1960	25 899	1973/1974	22 971
1960/1961	25 085	1974/1975	22 574
1961/1962	26 236	1975/1976	23 044
1962/1963	24 788	1976/1977	24 696

NOTA: La superficie cultivada se refiere a la que comprende:

- los granos y forrajeras, cuya extensión se sitúa alrededor de 20 millones de hectáreas.
- las oleaginosas, de 2.5 a 3 millones de hectáreas.
- los cultivos industriales, aproximadamente un millón de hectáreas.

FUENTE: 1949-50, 1973-74, BCRA, *Estadísticas Agrícolas.*
1974-77, CEPAL, Economic Survey of Latin America, año 1978.
Ministerio de Economía, *Quince meses . . ., op. cit.*

Anexo 39
El consumo de energía en el sector terciario
(10^3 TEP)

Año	Gas natural	Gas licuado	Gas oil	Diesel oil	Fuel oil	Electricidad a la producción	Kerosén	Carbón mineral	TOTAL (1)	Electricidad al consumo	TOTAL (2)
1939		36*	65		192	60	100	158	611	13	564
1948		30*	18	70	243	59	110	60	590	13	543
1953			65	105	381	148			699	31	582
1955	28	2	62	126	475	157			850	35	728
1956	31	2	59	139	485	249				55	771
1957	36	2	62	135	484	299			1018	66	785
1958	46	2	65	159	508	355			1135	79	859
1959	49	2	62	162	423	398			1096	89	787
1960	52	3	57	132	[illegible]	467			1065	94	692
1961	66	5	60	134	[illegible]	661			1182	152	673
1962	86	6	62	104	318	687			1263	160	736
1963	100	7	51	110	295	694			1258	166	730
1964	121	8	55	126	[illegible]	711			1346	180	815
1965	184	10	54	133	372	716			1469	195	948
1966	186	12	68	96	282	734		7	1385	205	849
1967	201	14	70	100	264	778			1427	221	870
1968	201	16	70	91	275	841			1494	243	896
1969	221	18	70	107	330	934			1680	267	1013
1970	246	19	70	72	330	1007			1744	294	1031
1971	311	22	53	90	386	1084			1946	316	1178
1972	288	24	35	54	179	1166			1746	336	916
1973	322	28	26	53	123	1251		44	1847	354	906
1974	364	29	9	45	113	1299			1859	361	921
1975	389	30	9		151	1372			2951	379	958
1976	425	30	9		198	1421			2083	392	1053
1977	425	29	15		217	1502			2188	415	1101

NOTAS: * Corresponde a naftas.
Total (1) Electricidad a la producción, Total (2) Electricidad al consumo.

FUENTE: 1939-1948 y 1953, Anexos 2, 3 y 4.
1955-1977 Combustibles: A partir de Fundación Bariloche, *Anexo Estadístico 1979.*
Electricidad: Secretaría de Energía, *Boletín de Electricidad,* varios números.

BIBLIOGRAFIA

Adams, F., Miovic, D., *On relative fuel efficiency and the output elasticity of energy consumption in western Europe,* Journal of Industrial Economics, vol. XVI, No. 1, 1968.

Allen, R. *The energy coefficient and the energy ratio,* Economics Trends, Aout 1976.

Altomonte, H. y Guzmán, O. *L'evolution des consommations d'énergie et les essais de prevision réalisés en Argentine,* Mémoire de DEA, Sciences Economiques, IEJE, Grenoble, 1978.

Altomonte, H., Bouille, D. y Torres, S. *Análisis crítico a la metodología de los balances energéticos argentinos,* F. Bariloche, Bariloche, 1976

Asociación Argentina de Electrotécnicos y Comité Electrotécnico Argentino. *Revista Electrotécnica,* Número del Cincuentenario, octubre 1963.

Banco Central de la República Argentina (BCRA). *Producto e ingreso de la Argentina 1950-1973,* Buenos Aires 1974, 2 volúmenes.

——, *Estadísticas Agrícolas,* Buenos Aires, 1976.

Berndt, E. y Wood, D. *An Economic Interpretation of the Energie GNP ratio,* Energy Demand, Conservation and Institutional Problems, Macrakis, MIT, Press, 1974.

Braun, O. *Desarrollo del capital monopolista en Argentina,* Buenos Aires, 1971.

Bravo, V. *La legislación de hidrocarburos en Argentina,* Fundación Bariloche, Bariloche, 1971.

——, *El petróleo en Argentina,* Fundación Bariloche, Bariloche, 1971.

Bravo, V. y Suárez, C. *Una política para el aprovisionamiento energético argentino,* Fundación Bariloche, Bariloche, 1972.

Centro de Investigaciones Energéticas. *Análisis de la situación energética argentina y su perspectiva,* Buenos Aires, 1974.

Chateau, B. y Lapillonne, B. *La prévision a long terme de la demande d'énergie essai de renouvellement des méthodes,* These de 3o. cycle, IEJE, Grenoble, 1977.

Conference Mondiale de l'Energie. *Enquete sur les ressources énergétiques,* 1974.

Consejo Federal de Inversiones (CFI). *Programa conjunto para el desarrollo agropecuario e industrial,* Buenos Aires, 1964, 6 vols.

Consejo Nacional de Desarrollo (CONADE). *Evolución del sector energético nacional durante el período 1966-1980,* Buenos Aires, 1966.

——, *Plan Nacional de Desarrollo para el Período 1964-1969,* Buenos Aires, 1965.

——, *Plan Nacional de Desarrollo y Seguridad entre 1971-1975*, Buenos Aires, 1971.

Dagnino Pastore, J. *La industria del tractor en Argentina,* Instituto Torcuato Di Tella, Buenos Aires, 1966.

Darmstadter, J. y Alii. *How Industrial Societies Use Energy,* John Hopkins Press, Ressources for the future, 1977.

——, *Energy in the World Economy,* "Statistical Review of Trends in Output, Trade and Consumption since 1925", John Hopkins Press, Ressources for the future, 1971.

Díaz, Alejandro C. *Ensayos sobre la historia económica argentina,* Amorrortu Ed., Buenos Aires, 1975.

Di Tella, G. y Zimelman, M. *Los ciclos económicos argentinos,* Ed. Paidós, Buenos Aires, 1973, 2 vols.

Dorfman, A. *Evolución industrial argentina,* Ed. Losada, Buenos Aires, 1942.

Esteban, J. *Imperialismo y desarrollo económico, el caso de Argentina,* Ed. Merayo, Buenos Aires, 1972.

Ferrer, A., *Crisis y alternativas de la política económica argentina.* Ed. Fondo de Cultura Económica, Buenos Aires, 1977.

Ferrer, A. y Alii. *Los planes de estabilización en Argentina,* Ed. Paidós, Buenos Aires, 1969.

Flichman, G. *La renta del suelo y el desarrollo económico argentino,* Siglo XXI, México, 1977.

Fundación Bariloche (FB). *Anexo estadístico 1974-1979.*

——, *Estudio sobre los requerimientos futuros de fuentes no convencionales de energía en América Latina,* Bariloche, Argentina, 1979, 7 vols.

Gas del Estado. *Boletín Estadístico Anual,* Buenos Aires, 1961-1977.

Girod, J. *La demande d'énergie: Méthodes et techniques de modélisation,* Energie et Société, CNRS, 1977.

Grenon, M. *Pour une politique de l'énergie,* Marabout Université, París, 1972.

Institut Economique et Juridique de l'Energie (IEJE). *Substitution dans la consommation d'énergie,* Revue d'Economie Politique: L'Energie. Congres des Economistes de Langue Française, Bordeaux-Pau, 1974.

Julien, Lamonde, Latouche. *La méthode des scénarios,* La Documentation Française, Travaux de Prospective, No. 59, París, 1975.

Kaplan, M. *Economía y política del petróleo argentino (1939-1956),* Praxis, Buenos Aires, 1957.

Lattes, A. *Las migraciones en Argentina entre mediados del siglo XIX y principios de 1960.* Desarrollo Económico, No. 48, febrero-marzo 1973, Buenos Aires, pp. 849-865.

Lattes, Z., *El proceso de urbanización en la Argentina, distribución del crecimiento y algunas características de la población urbana*, Desarrollo Económico, No. 48, Buenos Aires, febrero-marzo, 1973, pp. 867-886.

Lattes, A. y Lattes, Z. *La población de Argentina,* INDEC, Buenos Aires, 1975.

Mainguy, Y. *L'Economie de l'énergie,* Dunod, París, 1966.

Martin, J.M. *L'énergie: stratégie des firmes et politique des Etats*, Polycopié, IEP, Grenoble, 1976.

——, *L'energie: réévaluation des besoins et réorientation des techniques*, IEJE, Grenoble, 1979.

Medina, E. *Consommation d'énergie. Essai de comparaisons internationales*, Economie et Statistiques, No. 66, abril 1975.

National Economic Research Associates: *Energy Consumption and GNP in the United States*, New York, 1971.

Naciones Unidas. *Statistical Yearbook*, 1954-1976.

——, Comisión Económica para América Latina (CEPAL). *Análisis y proyecciones del desarrollo económico*, V, El desarrollo económico de la Argentina, México 1959.

——, *El transporte en América Latina*, N. Y. 1965.

—— *Economic Survey of Latin American, 1976-1977.*

Neffa, J. *Division Internationale du travail et emploi*, Document No. 5, DGRST-IREP, Grenoble, 1978.

Oficina de Estudios para la Colaboración Económica Internacional (OECEI), *Argentina Económica y Social*, Fiat, Buenos Aires, 1973, 2 vols.,

Peralta Ramos, M. *Etapas de acumulación y alianzas de clases en Argentina*, Siglo XXI, Buenos Aires, 1972.

Percebois, J. *A propos de quelques concepts utilisés en économie de l'énergie*, Polycopié, IEJE, Grenoble, 1977.

——, *Energie, croissance et calculéconomique*, mayo 1978, pp. 464-491.

Presidencia de la Nación de Argentina. *Plan nacional de desarrollo 1965-1970*, Buenos Aires, 1964.

——, *Plan Trienal 1973-1977*, Buenos Aires, 1973.

——, Instituto Nacional de Estadísticas y Censos, *Censo nacional económico*, resultados generales, Buenos Aires, 1964.

——, *Ministerio de Asuntos Técnicos. IV Censo general de la nación*, Buenos Aires, 1952.

——, Secretaría de Estado de Transporte y Obras Públicas, *Estudio preliminar del transporte de la región metropolitana*, Buenos Aires, 1973, 2 vols.
Política Ferroviaria 1979-1981, Buenos Aires, 1978.
Plan de Corto Plazo, Buenos Aires, 1978, 2 vols.

——, Secretaría de estado de energía. *Anuarios estadísticos energía eléctrica, 1973-1974-1977.*
Boletín combustible, 1963 a 1977.
Plan energético nacional 1977-1985, Buenos Aires, 1977.
Plan nacional eléctrico, agosto, 1973.

Puiseux, L. *Dossier méthodologique de l'énergie et le désarroi postindustriel, La prévision de la consommation d'électricité*, Futuribles, Hachette Littérature, 1974.

Remain, P. *La consommation d'électricité: Essai de prévision par transposition*, Université des Sciences Sociales de Grenoble, IREP-IEJE, Ed. ASREP, Grenoble, 1971.

——, *Reflexions critiques sur les bilans énergétiques*, CNRS, Collection Energie et Société, París, 1977.

Sábato, J. *SEGBA congestión y banco mundial*, Juárez Ed., Buenos Aires, 1971.

Schurr, S. y Netschter, B., *Energy in the American Economy 1850-1975 its History and Prospects*, John Hopkins Press, Baltimore 1960.

Sourouille, J., *El impacto de las empresas transnacionales sobre el empleo y los ingresos: el caso de la Argentina*, ILO Workings Papers, Geneve, 1976.

Suárez, C., *Un modelo de interpretación de la demanda de energía en relación con el PIB*, Fundación Bariloche, Argentina, 1975.

Análisis y proyecciones de la demanda de energía por parte del sector industrial de la República Argentina, Buenos Aires, 1964.

Sintes Olives, F., *La Electricidad en la industria argentina*, Buenos Aires, 1943.

Universidad Nacional de Buenos Aires. Facultad de Ciencias Económicas, *Producto e ingreso de la república Argentina*", Buenos Aires, 1964.

Yacimientos Petrolíferos Fiscales (YPF). *Boletín Estadístico*, 1947-1962.

Este facsimilar de
Perspectivas energéticas y crecimiento económico en Argentina
es propiedad de El Colegio de México
y se terminó de imprimir en Librántida bajo el modelo de distribución bajo demanda.
www.librantida.com

Made in the USA
Monee, IL
18 October 2026

66035467R00146